微积分
（上册）

刚蕾 田春红 主编

蔡剑 沈仙华 朱晓颖 副主编

清华大学出版社

北京

内 容 简 介

全书以经济、管理和理工类学生易于接受的方式科学、系统地介绍高等数学的基本内容,本书强调概念和内容的直观引入及知识间的联系;强调数学思维和应用能力的培养;强调有关概念、方法与经济管理的联系,并适应现代经济、金融、管理学发展的需要.

本书分上、下两册出版.上册包括:函数与极限,导数与微分,微分中值定理与导数应用,不定积分,定积分及其应用.书中例题习题较多,每章最后还有总复习题,书末附有部分习题答案与提示.本书适合于高等学校经济管理类各专业的读者,也可作为理工类专业的教材.

图书在版编目(CIP)数据

微积分.上册/刚蕾、田春红主编.—北京:清华大学出版社,2017(2022.7重印)
ISBN 978-7-302-48007-5

Ⅰ.①微… Ⅱ.①刚…②田… Ⅲ.①微积分－高等学校－教材 Ⅳ.①O172

中国版本图书馆 CIP 数据核字(2017)第 205690 号

责任编辑:佟丽霞
封面设计:常雪影
责任校对:赵丽敏
责任印制:宋 林

出版发行:清华大学出版社
　　　　网　　　址:http://www.tup.com.cn,http://www.wqbook.com
　　　　地　　　址:北京清华大学学研大厦 A 座　　　　　　邮　　编:100084
　　　　社 总 机:010-83470000　　　　　　　　　　　　　　邮　　购:010-62786544
　　　　投稿与读者服务:010-62776969,c-service@tup.tsinghua.edu.cn
　　　　质量反馈:010-62772015,zhiliang@tup.tsinghua.edu.cn
印 装 者:三河市少明印务有限公司
经　　销:全国新华书店
开　　本:185mm×260mm　　印　张:11.75　　　　字　　数:286 千字
版　　次:2017 年 8 月第 1 版　　　　　　　　　　印　　次:2022 年 7 月第 6 次印刷
定　　价:34.00元

产品编号:075942-02

前言

经过多年的教学改革实践，随着高等院校本科教学质量工程的推进，民办高校和独立学院对微积分的教学提出了更高的目标. 为满足新形势下培养高素质专门人才所必须具有的微积分知识的实际需要，迫切需要编写新的微积分教材以适应分类教学的要求. 本书是编者在多年本科教学的基础上，在经典教材的理论框架下按照突出数学思想和数学方法、淡化运算技巧、强调应用实例的原则编写而成的.

微积分课程的教学与教材改革，一直是学院各级领导与教师们的工作重点. 为了更好地满足当前经管类各专业对微积分的实际需求及配合其专业课程教学，提高学生应用数学知识解决实际问题的能力，力求将经管类各专业的相关应用实例融入到教材中，培养学生应用数学知识解决专业实际问题的能力. 本书体现了以下特色：

首先，适当降低了部分内容的深度和广度的要求，特别是淡化了各种运算技巧，但提高了数学思想和数学应用方面的要求，这样既能面对高等教育大众化的现实，又能兼顾学生的可接受性以及与中学数学教学的衔接.

其次，加强基本能力的培养，本书例题习题较多，每章最后还有总复习题，书末附有部分习题答案与提示，以帮助读者加强训练与检测学习效果，从而巩固相关知识.

《微积分》分上、下两册，均由具有丰富教学经验的一线教师编写完成. 本书的编写者在多年的本科教学中积累了丰富的经验，了解学生在学习微积分中的困难与需求，所以尽最大努力从严密的数学语言描述中，保留反映数学思想本质的内容，摒弃非本质的内容，以提升学生运用数学思想和数学方法解决实际问题的能力.

本书为上册，包括：第 1 章函数与极限；第 2 章导数与微分；第 3 章微分中值定理与导数应用；第 4 章不定积分；第 5 章定积分及其应用. 上册由刚蕾、田春红主编，蔡剑、沈仙华、朱晓颖副主编，由刚蕾负责全书的统稿及修改定稿.

本书的编写采纳了同行们提出的一些宝贵意见和建议，本书的出版也得到了出版社的大力支持，在此表示衷心的感谢！

由于时间仓促，加之编者水平有限，书中缺点和错误在所难免，恳请广大同行、读者批评指正.

编　者

2017 年 4 月

目 录

微积分（上册）

第1章 函数与极限 ·· 1

1.1 函数 ·· 1

  1.1.1 预备知识 ·· 1

  1.1.2 区间和邻域 ·· 2

  1.1.3 函数的定义 ·· 3

  1.1.4 函数的性质 ·· 4

  1.1.5 初等函数 ·· 6

  1.1.6 参数方程 ·· 10

  1.1.7 极坐标 ·· 11

  习题 1-1 ·· 11

1.2 数列的极限 ·· 12

  1.2.1 数列极限的定义 ·································· 12

  1.2.2 收敛数列的性质 ·································· 15

  1.2.3 数列极限的四则运算 ·························· 16

  习题 1-2 ·· 16

1.3 函数的极限 ·· 17

  1.3.1 自变量趋于无穷大时函数的极限 ········· 17

  1.3.2 自变量趋向有限值时函数的极限 ········· 18

  1.3.3 函数极限的性质 ·································· 20

  1.3.4 无穷大与无穷小 ·································· 20

  习题 1-3 ·· 22

1.4 极限运算法则 ·· 22

  1.4.1 无穷小的运算 ····································· 22

  1.4.2 极限四则运算法则 ······························ 23

  习题 1-4 ·· 25

1.5 两个重要极限 无穷小的比较 ······················· 26

  1.5.1 极限存在准则 ····································· 26

  1.5.2 两个重要极限 ····································· 26

  1.5.3 无穷小的比较 ····································· 29

  习题 1-5 ·· 30

1.6 函数的连续性与间断点 ································· 31

1.6.1 函数的连续性 ·· 31

1.6.2 函数的间断点 ·· 32

1.6.3 初等函数的连续性 ·· 33

1.6.4 闭区间上连续函数的性质 ·· 34

习题1-6 ··· 35

总习题1 ··· 36

第2章 导数与微分 ·· 38

2.1 导数 ··· 38

2.1.1 引例 ·· 38

2.1.2 导数的概念 ·· 39

2.1.3 导数的几何意义 ·· 42

2.1.4 函数的可导性与连续性的关系 ··· 43

习题2-1 ··· 45

2.2 函数的求导法则 ·· 46

2.2.1 导数的四则运算法则 ·· 46

2.2.2 反函数的求导法则 ··· 47

2.2.3 复合函数的求导法则 ·· 49

2.2.4 初等函数的求导法则 ·· 51

习题2-2 ··· 52

2.3 高阶导数 ··· 53

习题2-3 ··· 55

2.4 隐函数和参数方程所确定的函数的导数 ···································· 56

2.4.1 隐函数的导数 ··· 56

2.4.2 对数求导法 ·· 57

2.4.3 由参数方程所确定的函数的导数 ······································· 58

习题2-4 ··· 60

2.5 函数的微分 ··· 61

2.5.1 微分的定义 ·· 61

2.5.2 函数可微的条件 ·· 62

2.5.3 微分的几何意义 ·· 63

2.5.4 基本初等函数的微分公式与微分运算法则 ·························· 63

2.5.5 微分形式不变性 ·· 64

2.5.6 微分在近似计算中的应用 ··· 65

习题2-5 ··· 65

2.6 导数在经济学中的应用 ··· 66

习题2-6 ··· 69

总习题2 ··· 69

第 3 章　微分中值定理与导数应用 ·· 72

3.1　微分中值定理 ·· 72

3.1.1　罗尔定理 ·· 72

3.1.2　拉格朗日中值定理 ·· 74

3.1.3　柯西中值定理 ·· 76

习题 3-1 ··· 76

3.2　洛必达法则 ·· 77

3.2.1　洛必达求导法则 ··· 77

3.2.2　其他几种类型的未定式 ·· 79

习题 3-2 ··· 81

3.3　函数的单调性 ··· 81

习题 3-3 ··· 83

3.4　函数的极值与最大值和最小值 ··· 84

3.4.1　函数的极值及其求法 ··· 84

3.4.2　函数的最大值和最小值 ·· 87

习题 3-4 ··· 89

3.5　曲线的凹凸性与拐点 ·· 89

3.5.1　曲线的凹凸性 ··· 89

3.5.2　曲线的拐点 ··· 91

习题 3-5 ··· 92

3.6　函数图形 ··· 92

3.6.1　曲线的渐近线 ··· 92

3.6.2　函数图形的描绘 ·· 93

习题 3-6 ··· 95

3.7　导数在经济学中的应用 ··· 95

3.7.1　最大利润问题 ··· 95

3.7.2　平均成本最小化问题 ··· 96

习题 3-7 ··· 98

总习题 3 ··· 98

第 4 章　不定积分 ··· 101

4.1　不定积分的概念与性质 ··· 101

4.1.1　原函数的概念 ··· 101

4.1.2　不定积分的概念 ·· 102

4.1.3　不定积分的性质 ·· 103

4.1.4　基本积分公式 ··· 104

4.1.5　直接积分法 ·· 104

习题 4-1 ·· 105

4.2 换元积分法 ·· 106

4.2.1 第一类换元积分法（凑微分法） ·························· 106

4.2.2 第二类换元积分法 ·· 111

习题 4-2 ·· 115

4.3 分部积分法 ·· 116

习题 4-3 ·· 120

4.4 有理函数与可化为有理函数的积分 ······························ 120

4.4.1 有理函数的积分 ·· 120

4.4.2 可化为有理函数的积分 ···································· 124

习题 4-4 ·· 125

总习题 4 ·· 126

第 5 章 定积分及其应用 ·· 128

5.1 定积分的概念与性质 ·· 128

5.1.1 实际问题举例 ·· 128

5.1.2 定积分的概念 ·· 130

5.1.3 可积函数类 ·· 131

5.1.4 定积分的几何意义 ·· 131

5.1.5 定积分的性质 ·· 132

习题 5-1 ·· 134

5.2 微积分基本公式 ·· 135

5.2.1 变速直线运动中位置函数与速度函数之间的联系 ·········· 135

5.2.2 积分上限的函数及其导数 ·································· 135

5.2.3 牛顿-莱布尼茨公式 ······································ 138

习题 5-2 ·· 139

5.3 定积分的换元积分法与分部积分法 ······························ 140

5.3.1 定积分的换元积分法 ······································ 140

5.3.2 定积分的分部积分法 ······································ 144

习题 5-3 ·· 146

5.4 反常积分 ·· 147

5.4.1 无穷限反常积分 ·· 147

5.4.2 无界函数的反常积分 ······································ 150

习题 5-4 ·· 151

5.5 定积分的几何应用 ·· 152

5.5.1 定积分的元素法 ·· 152

5.5.2 平面图形的面积 ·· 153

5.5.3 特殊立体的体积 ·· 156

习题 5-5 ·· 157

5.6 定积分在经济分析中的应用 ······································ 158

5.6.1　由边际函数求总函数 ·························· 158

5.6.2　其他经济问题中的应用 ···················· 160

习题 5-6 ································· 162

总习题 5 ································· 163

习题答案与提示 ································· 166

函数与极限

初等数学研究的对象是常量,而高等数学研究的对象是变量.变量之间的依赖关系称为函数.极限概念是微积分的基本概念,极限是研究函数微分与积分的重要工具.本章主要介绍函数、极限和函数的连续性等基本内容.

1.1 函数

1.1.1 预备知识

1. 数学归纳法

适用范围:只适用于证明与正整数 n 有关的命题.

证明步骤:

(1) n 取第一个可取值 n_0(例如 $n_0=1$ 或 $n_0=2$ 等)时,证明命题正确;

(2) 假设当 $n=k(k\in\mathbb{N}^+$ 且 $k\geqslant n_0)$ 时结论正确,证明当 $n=k+1$ 时结论也正确.

由这两个步骤,就可以断定命题对于从 n_0 开始以后的所有整数 n 都正确.

例1 用数学归纳法证明: $1^2+2^2+\cdots+n^2=\dfrac{1}{6}n(n+1)(2n+1)$.

证 (1) 当 $n=1$ 时,等式左边 $=1^2=1$,右边 $=\dfrac{1}{6}\times1\times2\times3=1$,等式成立.

(2) 假设当 $n=k$ 时,等式成立,即

$$1^2+2^2+\cdots+k^2=\frac{1}{6}k(k+1)(2k+1),$$

那么当 $n=k+1$ 时,

$$左边 =1^2+2^2+\cdots+k^2+(k+1)^2=\frac{1}{6}k(k+1)(2k+1)+(k+1)^2$$

$$=\frac{1}{6}(k+1)(2k^2+7k+6)=\frac{1}{6}(k+1)[(k+1)+1][2(k+1)+1]$$

$$=右边.$$

故当 $n=k+1$ 时,等式也成立.

综上可知,等式对任何 $n\in\mathbb{N}^+$ 都成立.

2. 一些常用的三角函数公式

（1）同角三角函数间的关系：

$$\sin^2\alpha + \cos^2\alpha = 1;\quad \tan^2\alpha + 1 = \sec^2\alpha;$$

$$\cot^2\alpha + 1 = \csc^2\alpha;\quad \csc\alpha = \frac{1}{\sin\alpha};$$

$$\sec\alpha = \frac{1}{\cos\alpha};\qquad \tan\alpha = \frac{1}{\cot\alpha};$$

$$\tan\alpha = \frac{\sin\alpha}{\cos\alpha};\qquad \cot\alpha = \frac{\cos\alpha}{\sin\alpha}.$$

（2）三角函数的积化和差公式：

$$\sin\alpha\cos\beta = \frac{1}{2}[\sin(\alpha+\beta) + \sin(\alpha-\beta)];$$

$$\cos\alpha\sin\beta = \frac{1}{2}[\sin(\alpha+\beta) - \sin(\alpha-\beta)];$$

$$\cos\alpha\cos\beta = \frac{1}{2}[\cos(\alpha+\beta) + \cos(\alpha-\beta)];$$

$$\sin\alpha\sin\beta = -\frac{1}{2}[\cos(\alpha+\beta) - \cos(\alpha-\beta)].$$

当 $\alpha=\beta$ 时，即为倍角公式：

$$\sin 2\alpha = 2\sin\alpha\cos\alpha;$$

$$\cos 2\alpha = \cos^2\alpha - \sin^2\alpha = 1 - 2\sin^2\alpha = 2\cos^2\alpha - 1;$$

$$\tan 2\alpha = \frac{2\tan\alpha}{1 - \tan^2\alpha}.$$

（3）三角函数的和差化积公式：

$$\sin\alpha + \sin\beta = 2\sin\frac{\alpha+\beta}{2}\cos\frac{\alpha-\beta}{2};$$

$$\sin\alpha - \sin\beta = 2\cos\frac{\alpha+\beta}{2}\sin\frac{\alpha-\beta}{2};$$

$$\cos\alpha + \cos\beta = 2\cos\frac{\alpha+\beta}{2}\cos\frac{\alpha-\beta}{2};$$

$$\cos\alpha - \cos\beta = -2\sin\frac{\alpha+\beta}{2}\sin\frac{\alpha-\beta}{2}.$$

（4）三角函数的万能公式：

$$\sin\alpha = \frac{2\tan\frac{\alpha}{2}}{1 + \tan^2\frac{\alpha}{2}};\quad \cos\alpha = \frac{1 - \tan^2\frac{\alpha}{2}}{1 + \tan^2\frac{\alpha}{2}};\quad \tan\alpha = \frac{2\tan\frac{\alpha}{2}}{1 - \tan^2\frac{\alpha}{2}}.$$

1.1.2　区间和邻域

1. 区间

定义 1　设实数 a 和 b，且 $a<b$，则称数集 $\{x\mid a<x<b\}$ 为**开区间**，记为 (a,b)，即

$$(a,b) = \{x\mid a<x<b\};$$

类似地,$[a,b]=\{x\,|\,a\leqslant x\leqslant b\}$ 称为**闭区间**.

而称数集

$$[a,b)=\{x\,|\,a\leqslant x<b\},$$
$$(a,b]=\{x\,|\,a<x\leqslant b\}$$

为**半开半闭区间**.

以上区间都称为**有限区间**,区间长度为 $b-a$.

除了有限区间外,还有**无限区间**,无限区间有:

$$(a,+\infty)=\{x\,|\,x>a\};\quad [a,+\infty)=\{x\,|\,x\geqslant a\};$$
$$(-\infty,b)=\{x\,|\,x<b\};\quad (-\infty,b]=\{x\,|\,x\leqslant b\}.$$

全体实数的集合 $\mathbb{R}$ 也可记作 $(-\infty,+\infty)$,它也是无限区间.

2. 邻域

定义2 设 δ 是任一正实数,则开区间 $(a-\delta,a+\delta)$ 称为点 a 的 δ 邻域,记为
$$U(a,\delta)=\{x\,|\,|\,x-a\,|<\delta\}.$$

数集

$$\{x\,|\,0<|\,x-a\,|<\delta\}$$

称为点 a 的去心 δ 邻域,如图 1-1 所示,记作 $\mathring{U}(a,\delta)$,即

$$\mathring{U}(a,\delta)=\{x\,|\,0<|\,x-a\,|<\delta\}.$$

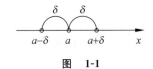

图 1-1

1.1.3 函数的定义

定义3 设 D 是 $\mathbb{R}$ 的非空子集,则从 D 到 $\mathbb{R}$ 的对应关系 f 称为定义在 D 上的函数,记为

$$y=f(x),\quad x\in D,$$

其中,x 称为自变量,y 称为因变量,D 称为函数 f 的定义域,记为 D_f. 集合 $R_f=\{y\,|\,y=f(x),x\in D\}$ 称为函数 f 的值域,R_f 也记成 $f(D)$.

在平面直角坐标系下,点集

$$\{(x,y)\,|\,y=f(x),x\in D\}$$

称为函数 $y=f(x)(x\in D)$ 的**图像**.

下面举几个函数的例子.

例2 函数

$$y=3$$

的定义域 $D=(-\infty,+\infty)$,值域 $R_f=\{3\}$,它的图形是一条平行于 x 轴的直线,如图 1-2 所示.

例3 函数

$$y=|\,x\,|=\begin{cases}x,&x\geqslant 0,\\-x,&x<0\end{cases}$$

的定义域 $D=(-\infty,+\infty)$,值域 $R_f=[0,+\infty)$,它的图形如图 1-3 所示. 这个函数称为**绝对值函数**.

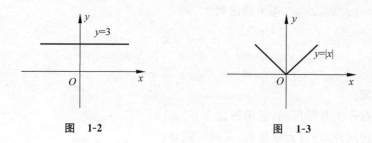

图 1-2　　　　　　　　　　　　图 1-3

例 4　函数

$$y = \mathrm{sgn}x = \begin{cases} 1, & x > 0, \\ 0, & x = 0, \\ -1, & x < 0 \end{cases}$$

称为**符号函数**,它的定义域 $D = (-\infty, +\infty)$,值域 $R_f = \{-1, 0, 1\}$,它的图像如图 1-4 所示,对于任何实数 x,下列关系成立:

$$x = \mathrm{sgn}x \cdot |x|.$$

例 5　取整函数

$$y = [x]$$

表示不超过 x 的最大整数,它的图像如图 1-5 所示,如

$$[1.35] = 1, \quad [-3.4] = -4, \quad [-2] = -2.$$

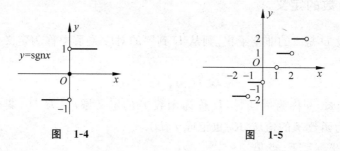

图 1-4　　　　　　　　　　　　图 1-5

有时一个函数要用几个式子来表示,这种在自变量的不同变化范围中,对应关系用几个不同式子表示的函数,称为**分段函数**.需要注意的是分段函数是一个函数,不是几个函数.

1.1.4　函数的性质

1. 奇偶性

定义 4　设函数 $f(x)$ 的定义域 D 关于原点对称.如果对于任意的 $x \in D$,都有

$$f(-x) = f(x),$$

则称函数 $f(x)$ 为**偶函数**;如果对于任意的 $x \in D$,都有

$$f(-x) = -f(x),$$

则称函数 $f(x)$ 为**奇函数**.

偶函数的图像关于 y 轴对称,奇函数的图像关于原点对称.

容易证明,两个奇(偶)函数之和仍是奇(偶)函数,两个奇(偶)函数之积是偶函数;一个

奇函数与一个偶函数之积是奇函数.

例 6 判断函数 $f(x)=\begin{cases}2+3x, & x\leqslant 0 \\ 2-3x, & x>0\end{cases}$ 的奇偶性.

解 由于

$$f(-x)=\begin{cases}2+3(-x), & -x\leqslant 0, \\ 2-3(-x), & -x>0\end{cases}=\begin{cases}2-3x, & x\geqslant 0; \\ 2+3x, & x<0\end{cases}=f(x),$$

故 $f(x)$ 是偶函数.

2. 周期性

定义 5 设函数 $f(x)$ 的定义域为 D. 如果存在一个正数 T,使得对于任意的 $x\in D$,有 $(x\pm T)\in D$,且

$$f(x+T)=f(x)$$

恒成立,则称 $f(x)$ 为**周期函数**,T 称为 $f(x)$ 的**周期**. 通常所说周期函数的周期是指最小正周期.

例如函数 $y=\sin x$,$y=\cos x$ 都是以 2π 为周期的周期函数,函数 $y=\tan x$,$y=|\sin x|$ 是以 π 为周期的周期函数.

例 7 求函数 $y=\cos(3x+5)$ 的周期.

解 因为如果存在 $T>0$,使得对于任意 $x\in\mathbb{R}$ 有

$$\cos[3(x+T)+5]=\cos(3x+5+3T)=\cos(3x+5),$$

则最小的正 T 应满足 $3T=2\pi$,即 $T=\dfrac{2\pi}{3}$,所以该函数的周期为 $T=\dfrac{2\pi}{3}$.

3. 单调性

定义 6 设函数 $f(x)$ 的定义域为 D,对于 D 上任意两点 x_1,x_2,当 $x_1<x_2$ 时,如果恒有

$$f(x_1)<f(x_2),$$

则称函数 $f(x)$ 在定义域 D 上是**单调增加**的;如果恒有

$$f(x_1)>f(x_2),$$

则称函数 $f(x)$ 在定义域 D 上是**单调减少**的.

4. 有界性

定义 7 设函数 $f(x)$ 的定义域为 D. 如果存在数 M_1,使得对任意的 $x\in D$ 都有

$$f(x)\leqslant M_1,$$

则称函数 $f(x)$ 在 D 上有**上界**,M_1 称为函数 $f(x)$ 在 D 上的一个上界. 如果存在数 M_2,使得对任意的 $x\in D$ 都有

$$f(x)\geqslant M_2,$$

则称函数 $f(x)$ 在 D 上有**下界**,M_2 称为函数 $f(x)$ 在 D 上的一个下界. 如果存在正数 M,使得对任意的 $x\in D$ 都有

$$|f(x)|\leqslant M,$$

则称函数 $f(x)$ 在 D 上**有界**. 如果这样的 M 不存在,就称函数 $f(x)$ 在 D 上**无界**.

例如,$y=\sin x$ 在 $(-\infty,+\infty)$ 上有界;$y=2^x$ 在 $(-\infty,+\infty)$ 上无界,但如定义域取有限区间,则它也是有界的. 可见,函数的有界性与讨论的区间 D 有关.

1.1.5　初等函数

1. 反函数

定义 8　设函数 $y = f(x)$ 的定义域为 D_f，值域为 $R_f = f(D_f)$．若对 R_f 中每一值 y_0，D_f 中必有唯一一个值 x_0，使 $f(x_0) = y_0$，则令 x_0 与 y_0 相对应，便可在 R_f 上确定一个函数，称此函数为函数 $y = f(x)$ 的**反函数**，记作

$$x = f^{-1}(y), \quad y \in R_f.$$

习惯上，总是将自变量用 x 表示，因变量用 y 表示，所以 $y = f(x)(x \in D_f)$ 的反函数常写成

$$y = f^{-1}(x), \quad x \in R_f.$$

对每个 $y \in R_f$，只能有一个 $x \in D_f$ 使得 $y = f(x)$，从而可以确定新的函数 $x = f^{-1}(y)$．因此，由反函数定义不难证明单调函数必有反函数．但反之不然，即有反函数的函数不一定是单调的．

一般说来，并非每个函数都可以唯一确定一个反函数．

例 8　$y = x^2 (x \in \mathbb{R})$，它在定义域 D 上不单调，对于给定的 $y > 0$，有两个 x 与之对应，即 $x = \pm\sqrt{y}$．所以不能确定一个反函数．但在 $(-\infty, 0)$ 上 $y = x^2$ 单调减少，在 $(0, +\infty)$ 上 $y = x^2$ 单调增加．所以

$$y = x^2 (x \in (-\infty, 0)) \text{ 有反函数 } y = -\sqrt{x}(x \in (0, +\infty));$$

$$y = x^2 (x \in (0, +\infty)) \text{ 有反函数 } y = \sqrt{x}(x \in (0, +\infty)).$$

如果把函数 $y = f(x)$ 和它的反函数 $y = f^{-1}(x)$ 的图像画在同一坐标平面上，这两个图像关于 $y = x$ 对称．如图 1-6 所示．

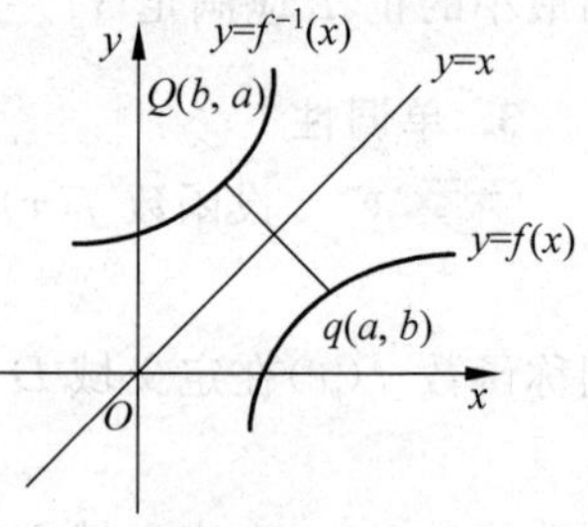

2. 基本初等函数

常数函数、幂函数、指数函数、对数函数、三角函数和反三角函数统称为**基本初等函数**．其主要性质归纳如下：

（1）常数函数

$$y = C \quad (C \text{ 为常数}).$$

其定义域为 $(-\infty, +\infty)$，图像是一条平行于 x 轴，且在 y 轴上的截距为 C 的直线．

图　1-6

（2）幂函数

$$y = x^\alpha \quad (\alpha \text{ 为常数}).$$

幂函数的定义域要视 α 而定，例如，当 $\alpha = \dfrac{1}{3}$ 时，其定义域是 $(-\infty, +\infty)$，当 $\alpha = \dfrac{1}{2}$ 时，其定义域是 $[0, +\infty)$．但不论 α 是什么值，它在 $(0, +\infty)$ 内总有定义，并且图像总是过点 $(1,1)$，如图 1-7 所示．

（3）指数函数

$$y = a^x \quad (a > 0 \text{ 且 } a \neq 1).$$

它的定义域是 $(-\infty, +\infty)$，值域为 $(0, +\infty)$，其图像总是在 x 轴的上方，且过点 $(0,1)$．当 $a > 1$ 时，函数单调增加；当 $0 < a < 1$ 时，函数单调减少．如图 1-8 所示．

（4）对数函数

$$y = \log_a x \quad (a > 0 \text{ 且 } a \neq 1).$$

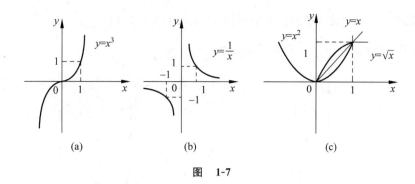

图　1-7

它的定义域是 $(0,+\infty)$，值域为 $(-\infty,+\infty)$，其图像总是过点 $(1,0)$. 当 $a>1$ 时，函数单调增加；当 $0<a<1$ 时，函数单调减少. 如图 1-9 所示. 对数函数与指数函数互为反函数.

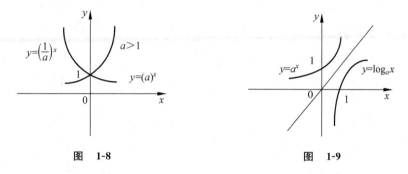

图　1-8　　　　　　　　　　　　　　　图　1-9

（5）三角函数

三角函数共有六个，它们是：

正弦函数 $y=\sin x$（图 1-10）；余弦函数 $y=\cos x$（图 1-11）；

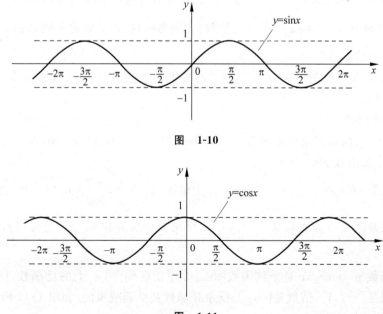

图　1-10

图　1-11

正切函数 $y=\tan x$(图 1-12)；余切函数 $y=\cot x$(图 1-13)；

正割函数 $y=\sec x=\dfrac{1}{\cos x}$；余割函数 $y=\csc x=\dfrac{1}{\sin x}$.

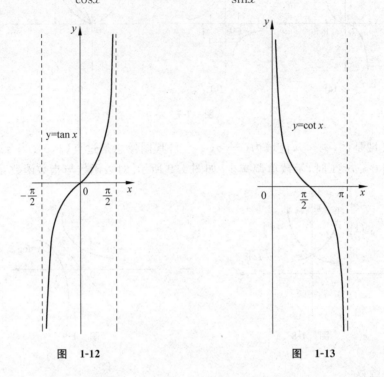

图　1-12　　　　　　　　　图　1-13

正弦函数 $\sin x$ 和余弦函数 $\cos x$ 的定义域都是 $(-\infty,+\infty)$，值域都是 $[-1,1]$；它们都是以 2π 为周期的周期函数；正弦函数 $\sin x$ 是奇函数，余弦函数 $\cos x$ 是偶函数.

正切函数 $\tan x$ 和余切函数 $\cot x$ 都是以 π 为周期的周期函数，它们都是奇函数. 正切函数 $\tan x$ 的定义域是 $\left\{x\mid x\neq n\pi+\dfrac{\pi}{2},n\text{ 是整数}\right\}$；余切函数 $\cot x$ 的定义域是 $\{x\mid x\neq n\pi,n\text{ 是整数}\}$，它们的值域都是 $(-\infty,+\infty)$.

正割函数 $\sec x$ 和余割函数 $\csc x$ 的性质通常借助余弦函数 $\cos x$ 和正弦函数 $\sin x$ 去理解，不作专门讨论.

（6）反三角函数

常用的反三角函数有反正弦函数 $y=\arcsin x$，反余弦函数 $y=\arccos x$，反正切函数 $y=\arctan x$ 和反余切函数 $y=\text{arccot}x$.

反正弦函数 $\arcsin x$ 是正弦函数 $\sin x$ 在主值区间 $\left[-\dfrac{\pi}{2},\dfrac{\pi}{2}\right]$ 上的反函数，因此，反正弦函数的定义域是 $[-1,1]$，值域是 $\left[-\dfrac{\pi}{2},\dfrac{\pi}{2}\right]$. 反正弦函数是单调增加的奇函数. 如图 1-14 所示.

反余弦函数 $y=\arccos x$ 是余弦函数 $\cos x$ 在主值区间 $[0,\pi]$ 上的反函数，因此，反余弦函数的定义域是 $[-1,1]$，值域是 $[0,\pi]$. 反余弦函数是单调减少的. 如图 1-15 所示.

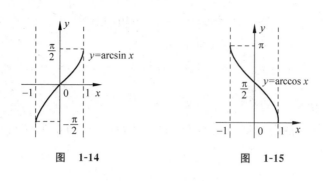

图 1-14　　　　　　　图 1-15

反正切函数 $\arctan x$ 是正切函数 $\tan x$ 在主值区间 $\left(-\dfrac{\pi}{2},\dfrac{\pi}{2}\right)$ 内的反函数,因此,反正切函数的定义域是 $(-\infty,+\infty)$,值域是 $\left(-\dfrac{\pi}{2},\dfrac{\pi}{2}\right)$. 反正切函数是单调增加的奇函数.如图 1-16 所示.

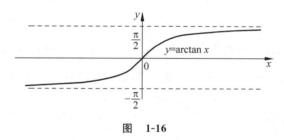

图　1-16

反余切函数 $\operatorname{arccot} x$ 是余切函数 $\cot x$ 在主值区间 $(0,\pi)$ 上的反函数,因此,其定义域是 $(-\infty,+\infty)$,值域是 $(0,\pi)$. 反余切函数是单调减少的.如图 1-17 所示.

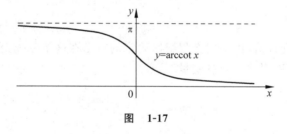

图　1-17

3. 复合函数

定义 9　设函数 $y=f(u)$ 的定义域为 D_1,函数 $u=g(x)$ 在 D 上有定义,且 $g(D)\subset D_1$,则由下式确定的函数

$$y=f(g(x)),\quad x\in D$$

称为由函数 $y=f(u)$ 和函数 $u=g(x)$ 构成的**复合函数**,它的定义域为 D,变量 u 称为中间变量.

函数 f 与函数 g 能构成复合函数的条件是:函数 g 的值域 $g(D)$ 必须含在 f 的定义域内,即 $g(D)\subset D_f$(至少 $g(D)\bigcap D_f\neq\varnothing$,$\varnothing$ 是空集),否则不能构成复合函数.由多个函数构成复合函数的过程称为函数的复合运算.

例 9　设 $y=u^3$,$u=\sin v$,$v=\ln x$,则这三个函数构成的复合函数为

$$y = (\sin v)^3 = \left[\sin(\ln x)\right]^3.$$

例 10　函数 $y = \sqrt{\lg(\sin x^2)}$ 可看成函数

$$y = \sqrt{u}, \quad u = \lg v, \quad v = \sin w, \quad w = x^2$$

的复合,其中 u,v,w 是中间变量.

4. 函数的四则运算

设函数 $f(x),g(x)$ 的定义域分别为 D_1,D_2,记 $D = D_1 \bigcap D_2$,且 $D \neq \varnothing$,在 D 上,通过加、减、乘、除四则运算可定义四个新的函数

$$f(x) \pm g(x), \quad f(x) \cdot g(x), \quad \frac{f(x)}{g(x)}(g(x) \neq 0).$$

5. 初等函数

由基本初等函数经过有限次四则运算或有限次复合运算得到的并可用一个式子表示的函数称为**初等函数**.例如

$$y = 3x^2 + 5x + 4, \quad y = \arctan\frac{1}{x}, \quad y = \mathrm{e}^{-x}$$

等都是初等函数.

又如工程上常用到以 e 为底的指数函数 $y = \mathrm{e}^x$ 和 $y = \mathrm{e}^{-x}$ 所构成的**双曲正弦函数** $\mathrm{sh}x = \dfrac{\mathrm{e}^x - \mathrm{e}^{-x}}{2}$,**双曲余弦函数** $\mathrm{ch}x = \dfrac{\mathrm{e}^x + \mathrm{e}^{-x}}{2}$,它们也都是初等函数.

1.1.6　参数方程

定义 10　在取定的平面坐标系中,如果曲线上任意一点 $M(x,y)$ 中的 x,y 都是变量 t 的函数,即

$$\begin{cases} x = \varphi(t), \\ y = \psi(t), \end{cases}$$

并且对于 t 的每一个允许值,由上述方程组所确定的点都在这条曲线上,那么此方程组就叫做这条曲线的**参数方程**,其中 t 叫参变量.

(1) 圆的参数方程

$$\begin{cases} x = R\cos t, \\ y = R\sin t, \end{cases} \quad 0 \leqslant t \leqslant 2\pi.$$

(2) 椭圆的参数方程

$$\begin{cases} x = a\cos t, \\ y = b\sin t, \end{cases} \quad 0 \leqslant t \leqslant 2\pi.$$

(3) 星形线的参数方程

$$\begin{cases} x = a\cos^3 t, \\ y = b\sin^3 t, \end{cases} \quad 0 \leqslant t \leqslant 2\pi.$$

(4) 摆线一拱的参数方程

$$\begin{cases} x = a(t - \sin t), \\ y = b(1 - \cos t), \end{cases} \quad 0 \leqslant t \leqslant 2\pi.$$

1.1.7 极坐标

定义 11 在平面上由一定点 O,一条定轴 Ox 轴,以及选定一个长度单位和角度的正方向(通常取逆时针方向)所组成的坐标系称为**极坐标系**,其中定点 O 称为**极点**,定轴 Ox 轴称为**极轴**,如图 1-18 所示,点 P 用 (r,θ) 表示.其中 r 表示点 P 到极点 O 的距离,θ 表示射线 OP 与极轴 Ox 轴正向的夹角,这里 $r\geqslant 0,0\leqslant\theta<+\infty$.

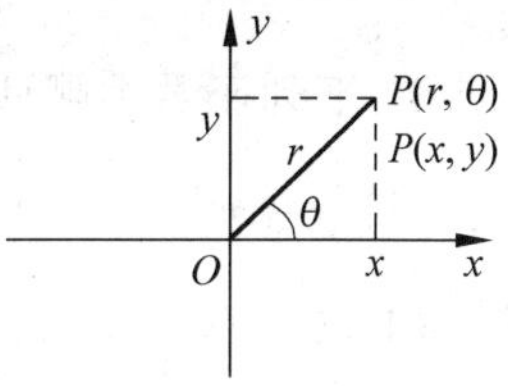

若取极点为坐标原点,极轴作为 x 轴建立直角坐标系,可以得到极坐标与直角坐标的关系

$$x = r\cos\theta, \quad y = r\sin\theta,$$

或

$$r = \sqrt{x^2 + y^2}, \quad \theta = \arctan\frac{y}{x}.$$

图 1-18

称曲线上的动点 $P(r,\theta)$ 的极坐标 r 与 θ 所满足的等式为曲线的**极坐标方程**.

例 11 将极坐标方程 $r=2\sin\theta$ 化为直角坐标方程,并说明它表示什么曲线.

解 方程两边同乘以 r 得

$$r^2 = 2r\sin\theta,$$

即

$$x^2 + y^2 = 2y,$$

或

$$x^2 + (y-1)^2 = 1,$$

它表示圆心在点 $(0,1)$,半径为 1 的圆.

下面给出几个特殊曲线的极坐标方程.

(1) 心形线的极坐标方程为

$$r = a(1 + \cos\theta).$$

(2) 双纽线的极坐标方程为

$$r^2 = a^2\cos 2\theta.$$

(3) 阿基米德螺线的极坐标方程为

$$r = a\theta.$$

习题 1-1

1. 求下列函数的自然定义域:

(1) $y=\dfrac{1}{x}-\sqrt{1-x^2}$;

(2) $y=\sqrt{4-x^2}+\dfrac{1}{\sqrt{x-1}}$;

(3) $y=\arcsin\dfrac{x-1}{2}$;

(4) $y=\sqrt{3-x}+\arctan\dfrac{1}{x}$;

(5) $y=\dfrac{\lg(3-x)}{\sqrt{|x|-1}}$;

(6) $y=\dfrac{1}{x}\ln\dfrac{1-x}{1+x}$.

2. 求下列函数的反函数:

(1) $f(x)=\dfrac{1-x}{1+x}$;　　　　　　(2) $y=\dfrac{2^x}{2^x-1}$.

3. 设函数 $f(x)=\dfrac{x}{1-x}$,求 $f(f(x))$.

4. 下列函数中哪些是偶函数,哪些是奇函数,哪些既非奇函数又非偶函数?

(1) $y=x^2(1-x^2)$;　　　　　(2) $y=3x^2-x^3$;　　　　　(3) $y=\dfrac{e^x+e^{-x}}{2}$;

(4) $y=|x\sin x|e^{\cos x}$;　　　(5) $y=\tan x-\sec x+1$;　　　(6) $y=x(x-3)(x+3)$.

5. 设 $f(x)=\begin{cases}1, & |x|<1 \\ 0, & |x|=1,\ g(x)=e^x,\text{求 } f(g(x)) \text{ 和 } g(f(x)). \\ -1, & |x|>1,\end{cases}$

6. 下列函数可以看成由哪些函数复合而成:

(1) $y=\sqrt{\ln\sqrt{x}}$;　　(2) $y=\lg^2(\arccos x^3)$;　　(3) $y=e^{\sin^2 x}$;　　(4) $y=\tan^2\sqrt{5-2x}$.

7. 某公司全年需购某商品 1000 台,每台购进价为 4000 元,分若干批进货,每批进货台数相同,一批商品售完后马上进下一批货,每进货一次需消耗费用 2000 元,如果商品均匀投放市场(即平均年库存量为批量的一半),该商品每年每台库存费为进货价格的 4%.试将该公司全年在该商品上的投资总额表示为批量的函数.

8. 设 $y=r\cos t$,t 为参数,将方程 $x^2+y^2-2rx=0$ 化为参数方程.

9. 把参数方程 $\begin{cases}x=t+\dfrac{1}{t}, \\ y=t-\dfrac{1}{t}\end{cases}$ (t 为参数)化为直角坐标方程,并说明它表示什么曲线.

10. 把 $r=\dfrac{3}{1-2\cos\theta}$ 化为直角坐标方程.

11. 把 $x^2+y^2=2x$ 化为极坐标方程.

1.2　数列的极限

1.2.1　数列极限的定义

极限思想是由于求某些实际问题的精确解而产生的. 例如,我国古代数学家刘徽(公元 3 世纪)利用圆内接正多边形来推算圆面积的方法——割圆术,就是极限思想在几何学上的应用. 又如,春秋战国时期的哲学家庄子(公元前 4 世纪)在《庄子·天下篇》中对"截丈问题"有一段名言:"一尺之棰,日取其半,万世不竭",其中也隐含了深刻的极限思想.

极限是研究变量的变化趋势的基本工具,高等数学中许多基本概念,例如连续、导数、定积分、无穷级数等都建立在极限的基础上. 极限方法也是研究函数的一种最基本的方法. 本节将首先给出数列极限的定义.

定义 1　如果按照某一法则,对每个 $n\in\mathbb{N}^+$,都对应着一个确定的实数 x_n,把这些实数排列起来,得到

$$x_1, x_2, x_3, \cdots, x_n, \cdots$$

称其为**数列**,记为$\{x_n\}$,其中x_n称为数列的**通项**.

例 1 以下都是数列的例子.

(1) $1, \dfrac{1}{2}, \dfrac{1}{4}, \cdots, \dfrac{1}{2^{n-1}}, \cdots$;

(2) $1, -\dfrac{1}{2}, \dfrac{1}{3}, -\dfrac{1}{4}, \cdots, \dfrac{(-1)^{n-1}}{n}, \cdots$;

(3) $\dfrac{1}{2}, \dfrac{2}{3}, \dfrac{3}{4}, \cdots, \dfrac{n}{n+1}, \cdots$;

(4) $1, -1, 1, -1, \cdots, (-1)^{n+1}, \cdots$;

(5) $1, \sqrt{2}, \sqrt{3}, \cdots, \sqrt{n}, \cdots$.

对于数列,我们最关注的是它在无限变化过程中的趋势,即当n无限增大时,x_n是否无限趋于一个常数.

定义 2 设$\{x_n\}$是一数列,如果存在常数a,当n无限增大时,x_n无限接近(或趋近)于a,则称数列$\{x_n\}$收敛,并称a为$\{x_n\}$的**极限**,或称数列$\{x_n\}$**收敛**于a,记作

$$\lim_{n\to\infty} x_n = a \quad \text{或} \quad x_n \to a (n \to \infty).$$

如果不存在这样的常数a,则称数列$\{x_n\}$**发散**,也可说极限$\lim\limits_{n\to\infty} x_n$**不存在**.

例 2 判别例 1 中的数列是否收敛,若收敛,求出其极限.

解 (1) 当n无限增大时,$\dfrac{1}{2^{n-1}}$无限接近于 0,故数列$\left\{\dfrac{1}{2^{n-1}}\right\}$收敛,其极限为 0;

(2) 数列虽然在 0 点两侧无限次来回变动,但当n无限增大时$\dfrac{(-1)^{n-1}}{n}$也无限接近于 0,故数列$\left\{\dfrac{(-1)^{n-1}}{n}\right\}$收敛,其极限为 0;

(3) 当n无限增大时,$\dfrac{n}{n+1}$无限接近于 1,故$\left\{\dfrac{n}{n+1}\right\}$收敛,其极限为 1;

(4) 数列无限循环地在 1 和-1中来回取值,故不可能存在一个常数a,使得当n无限增大时,$(-1)^{n+1}$与a无限接近,从而数列$\{(-1)^{n+1}\}$发散;

(5) 随着n的无限增大$\sqrt{n}$也无限增大,故数列$\{\sqrt{n}\}$发散.

为方便起见,有时也将当$n\to\infty$时,$|x_n|$无限增大的情况说成是$\{x_n\}$趋向于∞,或者说其极限为∞,并记作

$$\lim_{n\to\infty} x_n = \infty,$$

但这并不表明$\{x_n\}$是收敛的.

若当n足够大时,$x_n > 0$(或$x_n < 0$),且当$n\to\infty$时$|x_n|$无限增大,则称$\{x_n\}$趋近于$+\infty$(或$-\infty$),记作

$$\lim_{n\to\infty} x_n = +\infty \quad (\text{或} \lim_{n\to\infty} x_n = -\infty).$$

例如,对例 1(5)中的数列$\{\sqrt{n}\}$,有$\lim\limits_{n\to\infty}\sqrt{n} = +\infty$.

从定义 2 给出的数列极限概念的定性描述可见,下标n的变化过程与数列$\{x_n\}$的变化趋势均借助了"无限"这样一个明显带有直观模糊性的形容词.但在数学中仅凭直观是不可

靠的,必须将凭直观产生的定性描述转化为用数学语言表达的定量描述.

观察数列 $\{x_n\} = \left\{\dfrac{3n+(-1)^{n-1}}{n}\right\}$,当 n 无限增大时的变化趋势. 因为

$$|x_n - 3| = \left|\dfrac{3n+(-1)^{n-1}}{n} - 3\right| = \left|\dfrac{(-1)^{n-1}}{n}\right| = \dfrac{1}{n},$$

易见,当 n 无限增大时,x_n 与 3 的距离无限接近于 0,若以确定的数学语言来描述这种趋势,即有:对于任意给定的正数 ε(不论它多么小),总可以找到正整数 N,使得当 $n > N$ 时,恒有

$$|x_n - 3| = \dfrac{1}{n} < \varepsilon.$$

受此启发,可以给出用数学语言表达的数列极限的定量描述.

定义 3　设有数列 $\{x_n\}$ 与常数 a,若对于任意给定的正数 ε(不论它多么小),总存在正整数 N,使得对于 $n > N$ 时的一切 x_n,不等式

$$|x_n - a| < \varepsilon$$

都成立,则称常数 a 为数列 $\{x_n\}$ 的极限,或称数列 $\{x_n\}$ 收敛于 a,记为

$$\lim_{n \to \infty} x_n = a,$$

或 $x_n \to a (n \to \infty)$.

如果一个数列没有极限,就称该数列是 **发散** 的.

注:定义中"对于任意给定的正数 ε …… $|x_n - a| < \varepsilon$"实际上表达了 x_n 无限接近于 a 的意思. 此外,定义中的 N 与任意给定的正数 ε 有关.

收敛数列的几何意义:不等式 $|x_n - a| < \varepsilon$ 等价于 $a - \varepsilon < x_n < a + \varepsilon$,所以当 $n > N$ 时,所有的点 x_n 都落在开区间 $(a - \varepsilon, a + \varepsilon)$ 内,而落在这个区间之外的点至多只有 N 个. 如图 1-19 所示.

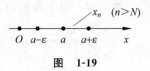

图　1-19

数列极限的定义并未给出求极限的方法,只给出了论证数列 $\{x_n\}$ 的极限为 a 的方法,常称为 ε-N **论证法**,其论证步骤为:

(1) 任意给定正数 ε;

(2) 由 $|x_n - a| < \varepsilon$ 开始分析倒推,推出 $n > \varphi(\varepsilon)$;

(3) 取 $N \geqslant [\varphi(\varepsilon)]$,再用 ε-N 语言叙述结论.

例 3　证明 $\lim\limits_{n \to \infty} \dfrac{3n+(-1)^{n-1}}{n} = 3$.

证　由

$$|x_n - 3| = \left|\dfrac{3n+(-1)^{n-1}}{n} - 3\right| = \left|\dfrac{(-1)^{n-1}}{n}\right| = \dfrac{1}{n},$$

易见,对任意的 $\varepsilon > 0$,要使 $|x_n - 3| < \varepsilon$,只要 $\dfrac{1}{n} < \varepsilon$,即 $n > \dfrac{1}{\varepsilon}$,取 $N = \left[\dfrac{1}{\varepsilon}\right]$,则对任意给定的 $\varepsilon > 0$,当 $n > N$ 时,就有

$$\left|\dfrac{3n+(-1)^{n-1}}{n} - 3\right| < \varepsilon,$$

即 $\lim\limits_{n \to \infty} \dfrac{3n+(-1)^{n-1}}{n} = 3$. ■

例 4　用数列极限定义证明 $\lim\limits_{n \to \infty} \dfrac{n^2 - 2}{n^2 + n + 1} = 1$.

证　由

$$\mid x_n - 1 \mid = \left| \frac{n^2 - 2}{n^2 + n + 1} - 1 \right| = \frac{3 + n}{n^2 + n + 1} < \frac{n + n}{n^2} = \frac{2}{n} \quad (n > 3)$$

易见,对任意给定的 $\varepsilon > 0$,要使 $|x_n - 1| < \varepsilon$,只要 $\frac{2}{n} < \varepsilon$,即 $n > \frac{2}{\varepsilon}$,取 $N = \max\left\{\left[\frac{2}{\varepsilon}\right], 3\right\}$,则对任意给定的 $\varepsilon > 0$,当 $n > N$ 时,就有

$$\left| \frac{n^2 - 2}{n^2 + n + 1} - 1 \right| < \varepsilon,$$

即 $\lim\limits_{n \to \infty} \dfrac{n^2 - 2}{n^2 + n + 1} = 1.$ ∎

1.2.2 收敛数列的性质

定理 1（极限的唯一性）　收敛数列的极限一定唯一.

证　反证法. 假设 $\lim\limits_{n \to \infty} x_n = a, \lim\limits_{n \to \infty} x_n = b$,且 $a \neq b$. 不妨设 $a < b$,取 $\varepsilon = \dfrac{b - a}{2}$,由数列极限定义,$\exists N_1 > 0, N_2 > 0$,使得当 $n > N_1$ 时,恒有

$$\mid x_n - a \mid < \frac{b - a}{2}. \tag{1.1}$$

当 $n > N_2$ 时,恒有

$$\mid x_n - b \mid < \frac{b - a}{2}. \tag{1.2}$$

取 $N = \max\{N_1, N_2\}$,则当 $n > N$ 时,式(1.1)和式(1.2)同时成立. 由式(1.1)有

$$x_n < \frac{b + a}{2},$$

但由式(1.2)有

$$x_n > \frac{b + a}{2}.$$

这是不可能的,矛盾,证得结论. ∎

定理 2（收敛数列的有界性）　如果数列 $\{x_n\}$ 收敛,则存在正数 M,使得对所有的 $n \in \mathbb{N}^+$,都有 $|x_n| \leqslant M$.

证　设 $\lim\limits_{n \to \infty} x_n = a$,根据数列极限的定义,对于 $\varepsilon = 1$,则 $\exists N > 0$,使当 $n > N$ 时,恒有

$$\mid x_n - a \mid < 1,$$

即

$$a - 1 < x_n < a + 1.$$

取 $M = \max\{|x_1|, \cdots, |x_N|, |a - 1|, |a + 1|\}$,那么数列 $\{x_n\}$ 中的一切 x_n 都满足不等式 $|x_n| \leqslant M$. 故 $\{x_n\}$ 有界. ∎

注：数列有界是数列收敛的必要条件,但不是充分条件,即有界数列不一定收敛. 例如 $x_n = (-1)^n$,虽有 $|x_n| \leqslant 1$,但 $\{(-1)^n\}$ 发散.

定理 3（收敛数列的保号性）　若 $\lim\limits_{n \to \infty} x_n = a$,且 $a > 0$(或 $a < 0$),则存在 $N > 0$,当 $n > N$ 时都有 $x_n > 0$(或 $x_n < 0$).

推论 如果数列 $\{x_n\}$ 从某项起有 $x_n \geqslant 0$（或 $x_n \leqslant 0$），且 $\lim\limits_{n\to\infty} x_n = a$，则 $a \geqslant 0$（或 $a \leqslant 0$）.

1.2.3 数列极限的四则运算

若 $\lim\limits_{n\to\infty} x_n = A, \lim\limits_{n\to\infty} y_n = B$，则

$$\lim_{n\to\infty}(x_n \pm y_n) = \lim_{n\to\infty} x_n \pm \lim_{n\to\infty} y_n = A \pm B;$$

$$\lim_{n\to\infty}(x_n y_n) = \lim_{n\to\infty} x_n \cdot \lim_{n\to\infty} y_n = AB;$$

$$\lim_{n\to\infty} \frac{x_n}{y_n} = \frac{\lim\limits_{n\to\infty} x_n}{\lim\limits_{n\to\infty} y_n} = \frac{A}{B} \quad (y_n \neq 0, B \neq 0).$$

例 5 求 $\lim\limits_{n\to\infty} \dfrac{3n^2+5}{2n^2+4n+1}$.

解 $\lim\limits_{n\to\infty} \dfrac{3n^2+5}{2n^2+4n+1} = \lim\limits_{n\to\infty} \dfrac{3+\dfrac{5}{n^2}}{2+\dfrac{4}{n}+\dfrac{1}{n^2}} = \dfrac{\lim\limits_{n\to\infty}3 + \lim\limits_{n\to\infty}\dfrac{5}{n^2}}{\lim\limits_{n\to\infty}2 + \lim\limits_{n\to\infty}\dfrac{4}{n} + \lim\limits_{n\to\infty}\dfrac{1}{n^2}} = \dfrac{3}{2}$.

习题 1-2

1. 观察一般项 x_n 如下的数列 $\{x_n\}$ 的变化趋势，写出它们的极限：

(1) $x_n = \dfrac{1}{5^n}$;

(2) $x_n = (-1)^n \dfrac{1}{n^2}$;

(3) $x_n = 6 + \dfrac{1}{n^6}$;

(4) $x_n = \dfrac{2n-2}{3n+2}$;

(5) $x_n = (-1)^n n^3$.

2. 利用数列极限的定义证明：

(1) $\lim\limits_{n\to\infty} \dfrac{4n+1}{5n-1} = \dfrac{4}{5}$;

(2) $\lim\limits_{n\to\infty} \dfrac{n+2}{n^2-2} \sin n = 0$.

3. 计算下列极限：

(1) $\lim\limits_{n\to\infty} \dfrac{n^2+2}{3n^2-n-1}$;

(2) $\lim\limits_{n\to\infty} \dfrac{n^2+n}{n^4-3n^2+1}$;

(3) $\lim\limits_{n\to\infty} \left(1 + \dfrac{1}{2} + \dfrac{1}{4} + \cdots + \dfrac{1}{2^n}\right)$;

(4) $\lim\limits_{n\to\infty} \dfrac{1+2+3+\cdots+(n-1)}{n^2}$;

(5) $\lim\limits_{n\to\infty} \dfrac{(n+1)(n+2)(n+3)}{4n^3}$.

4. 计算 $\lim\limits_{n\to\infty} \left(\dfrac{1}{1 \cdot 2} + \dfrac{1}{2 \cdot 3} + \cdots + \dfrac{1}{n(n+1)}\right)$.

5. 证明：若 $\lim\limits_{n\to\infty} x_n = a$，则 $\lim\limits_{n\to\infty}|x_n| = |a|$. 反之是否成立？

6. 设数列 $\{x_n\}$ 有界，又 $\lim\limits_{n\to\infty} y_n = 0$，证明：$\lim\limits_{n\to\infty} x_n y_n = 0$.

7. 对数列 $\{x_n\}$，若 $\lim\limits_{k\to\infty} x_{2k-1} = a, \lim\limits_{k\to\infty} x_{2k} = a$，证明：$\lim\limits_{n\to\infty} x_n = a$.

1.3　函数的极限

数列可以看成以正整数 n 为自变量的函数,即 $x_n = f(n)$,因此,数列极限是函数极限的一种特殊情形.关于函数 $f(x)$ 的极限,根据自变量的不同变化过程有不同的分类,我们主要讨论两种情形:

(1) 自变量趋于无穷大时函数的极限;

(2) 自变量趋于有限值时函数的极限.

1.3.1　自变量趋于无穷大时函数的极限

例如,函数

$$y = 1 + \frac{1}{x} \quad (x \neq 0),$$

当 $|x|$ 无限增大时,y 无限地接近于 1,如图 1-20 所示.一般地,我们有下列函数极限的定义.

定义1　设当 $|x|$ 大于某一正数时函数 $f(x)$ 有定义.如果对于任意给定的正数 ε(不论它多么小),总存在着正数 X,使得对于满足不等式 $|x| > X$ 的一切 x,总有

$$|f(x) - A| < \varepsilon,$$

则称常数 A 为函数 $f(x)$ 当 $x \to \infty$ 时的极限,记作

$$\lim_{x \to \infty} f(x) = A \quad 或 \quad f(x) \to A \quad (x \to \infty).$$

注:定义中 ε 刻画了 $f(x)$ 与 A 的接近程度,X 刻画了 $|x|$ 充分大的程度,X 是随 ε 而确定的.

$\lim\limits_{x \to \infty} f(x) = A$ 的几何意义:作直线 $y = A - \varepsilon$ 和 $y = A + \varepsilon$,则总存在一个正数 X,使得当 $|x| > X$ 时,函数 $y = f(x)$ 的图形位于这两条直线之间(图 1-21).

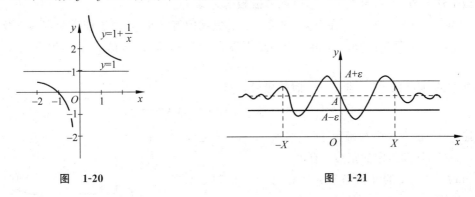

图　1-20　　　　　　　　　　　　　　图　1-21

如果 $x > 0$ 且无限增大(记作 $x \to +\infty$),那么只要把定义 1 中的 $|x| > X$ 改为 $x > X$,就得到 $\lim\limits_{x \to +\infty} f(x) = A$ 的定义.同样,$x < 0$ 而 $|x|$ 无限增大(记作 $x \to -\infty$),那么只要把定义 1 中的 $|x| > X$ 改为 $x < -X$,就得到 $\lim\limits_{x \to -\infty} f(x) = A$ 的定义.

极限 $\lim\limits_{x \to +\infty} f(x) = A$ 与 $\lim\limits_{x \to -\infty} f(x) = A$ 称为**单侧极限**.

定理 1 $\lim\limits_{x\to\infty}f(x)=A$ 的充要条件是 $\lim\limits_{x\to+\infty}f(x)=\lim\limits_{x\to-\infty}f(x)=A.$

对于函数 $f(x)=\arctan x$,易见

$$\lim_{x\to-\infty}\arctan x=-\frac{\pi}{2}, \quad \lim_{x\to+\infty}\arctan x=\frac{\pi}{2}.$$

所以 $\lim\limits_{x\to\infty}\arctan x$ 不存在.

例 1 用极限定义证明 $\lim\limits_{x\to\infty}\dfrac{\sin x}{x}=0.$

证 因为

$$\left|\frac{\sin x}{x}-0\right|=\left|\frac{\sin x}{x}\right|\leqslant\frac{1}{|x|},$$

于是,对任意给定的 $\varepsilon>0$,可取 $X=\dfrac{1}{\varepsilon}$,则当 $|x|>X$ 时,恒有

$$\left|\frac{\sin x}{x}-0\right|<\varepsilon,$$

故 $\lim\limits_{x\to\infty}\dfrac{\sin x}{x}=0.$ ■

1.3.2 自变量趋向有限值时函数的极限

现在研究自变量 x 趋于有限值 x_0(即 $x\to x_0$)时,函数 $f(x)$ 的变化趋势. 如果在 $x\to x_0$ 的过程中,对应的函数值 $f(x)$ 无限接近于确定的数值 A,可用

$$|f(x)-A|<\varepsilon \quad (这里 \varepsilon 是任意给定的正数)$$

来表达. 又因为函数值 $f(x)$ 无限接近于 A 是在 $x\to x_0$ 的过程中实现的,所以对于任意给定的正数 ε,只要求充分接近于 x_0 的 x 的函数值 $f(x)$ 满足不等式 $|f(x)-A|<\varepsilon$,而充分接近于 x_0 的 x 可以表达为

$$0<|x-x_0|<\delta, \quad \delta 为某个正数.$$

由上述分析,可给出当 $x\to x_0$ 时函数极限的定义.

定义 2 设函数 $f(x)$ 在点 x_0 的某一去心邻域内有定义. 若对于任意给定的正数 ε(不论它多么小),总存在正数 δ,使得对于满足不等式 $0<|x-x_0|<\delta$ 的一切 x,恒有

$$|f(x)-A|<\varepsilon,$$

则称常数 A **为函数** $f(x)$ **当** $x\to x_0$ **时的极限**,记作

$$\lim_{x\to x_0}f(x)=A \quad 或 \quad f(x)\to A\ (x\to x_0).$$

注:(1) 函数极限与函数 $f(x)$ 在点 x_0 是否有定义无关;
(2) δ 与任意给定的正数 ε 有关.

$\lim\limits_{x\to x_0}f(x)=A$ **的几何解释**:任意给定一正数 ε,作平行于 x 轴的两条直线 $y=A+\varepsilon$ 和 $y=A-\varepsilon$. 根据定义,对于给定的 ε,存在点 x_0 的一个 δ 去心邻域 $0<|x-x_0|<\delta$,当 $y=f(x)$ 的图形上的点的横坐标 x 落在该邻域内时,这些点对应的纵坐标落在直线 $y=A-\varepsilon$ 和 $y=A+\varepsilon$ 之间,如图 1-22 所示.

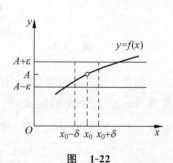

图 1-22

例 2 利用定义证明 $\lim\limits_{x \to x_0} C = C$($C$ 为常数).

证 对于任意给定的 $\varepsilon > 0$,不等式
$$|f(x) - C| = |C - C| \equiv 0 < \varepsilon,$$
对任何 x 都成立,故可取 δ 为任意正数,当 $0 < |x - x_0| < \delta$ 时,必有
$$|C - C| < \varepsilon,$$
所以,
$$\lim\limits_{x \to x_0} C = C. \quad ■$$

例 3 利用定义证明 $\lim\limits_{x \to 3} \dfrac{x^2 - 9}{x - 3} = 6$.

证 函数在点 $x = 3$ 处没有定义,又因为
$$|f(x) - A| = \left|\frac{x^2 - 9}{x - 3} - 6\right| = |x - 3|,$$
所以,对任意给定的 $\varepsilon > 0$,要使 $|f(x) - A| < \varepsilon$,只要取 $\delta = \varepsilon$,则当 $0 < |x - 3| < \delta$ 时,就有
$$\left|\frac{x^2 - 9}{x - 3} - 6\right| < \varepsilon,$$
故
$$\lim\limits_{x \to 3} \frac{x^2 - 9}{x - 3} = 6. \quad ■$$

因为 $0 < |x - x_0| < \delta$ 等价于 $x_0 - \delta < x < x_0$ 和 $x_0 < x < x_0 + \delta$,下面我们分两种情况讨论:

如果自变量 x 从 x_0 的左侧趋于 x_0(记作 $x \to x_0^-$),那么只要把极限 $\lim\limits_{x \to x_0} f(x) = A$ 定义中的 $0 < |x - x_0| < \delta$ 改为 $x_0 - \delta < x < x_0$,就可得
$$f(x_0^-) = \lim\limits_{x \to x_0^-} f(x) = A,$$
则称 A 为 $f(x)$ 在 x_0 左极限.

如果自变量 x 从 x_0 的右侧趋于 x_0(记作 $x \to x_0^+$),那么只要把极限 $\lim\limits_{x \to x_0} f(x) = A$ 定义中的 $0 < |x - x_0| < \delta$ 改为 $x_0 < x < x_0 + \delta$,就可得
$$f(x_0^+) = \lim\limits_{x \to x_0^+} f(x) = A,$$
则称 A 为 $f(x)$ 在 x_0 **右极限**.

有时也将 $f(x_0^-)$ 写成 $f(x_0 - 0)$,将 $f(x_0^+)$ 写成 $f(x_0 + 0)$.

左极限与右极限统称为**单侧极限**.

定理 2 $\lim\limits_{x \to x_0} f(x) = A$ 的充分必要条件为
$$\lim\limits_{x \to x_0^-} f(x) = \lim\limits_{x \to x_0^+} f(x) = A.$$

例 4 设函数
$$f(x) = \begin{cases} x - 1, & x < 0, \\ 0, & x = 0, \\ x + 1, & x > 0. \end{cases}$$
求证:当 $x \to x_0$ 时 $f(x)$ 的极限不存在.

证 当 $x \to 0$ 时,

$$\lim_{x\to 0^-}f(x)=\lim_{x\to 0^-}(x-1)=-1;$$

$$\lim_{x\to 0^+}f(x)=\lim_{x\to 0^+}(x+1)=1.$$

因为左极限和右极限都存在但不相等,所以$\lim_{x\to 0}f(x)$不存在.

例 5　设 $f(x)=\dfrac{1-5^{\frac{1}{x}}}{1+5^{\frac{1}{x}}}$ 求 $\lim_{x\to 0}f(x)$.

解　$f(x)$ 在 $x=0$ 处没有定义,而

$$\lim_{x\to 0^+}f(x)=\lim_{x\to 0^+}\frac{5^{-\frac{1}{x}}-1}{5^{-\frac{1}{x}}+1}=-1,\qquad \lim_{x\to 0^-}f(x)=\lim_{x\to 0^-}\frac{1-5^{\frac{1}{x}}}{1+5^{\frac{1}{x}}}=1,$$

因为 $\lim_{x\to 0^+}f(x)\neq\lim_{x\to 0^-}f(x)$,故 $\lim_{x\to 0}f(x)$ 不存在.

1.3.3　函数极限的性质

性质 1(唯一性)　若 $\lim_{x\to x_0}f(x)$ 存在,则极限值唯一.

性质 2(局部有界性)　若 $\lim_{x\to x_0}f(x)$ 存在,则 $f(x)$ 在点 x_0 的某个去心邻域中有界. 即存在常数 $M>0$ 和 $\delta>0$,使得对于任意 $x\in\overset{\circ}{U}(x_0,\delta)$,有 $|f(x)|\leqslant M$.

证　因为 $\lim_{x\to x_0}f(x)=A$,取 $\varepsilon=1$,则存在 $\delta>0$,当 $0<|x-x_0|<\delta$ 时,有

$$|f(x)-A|<\varepsilon=1.$$

则

$$|f(x)|\leqslant|f(x)-A|+|A|<|A|+1,$$

取 $M=|A|+1$,则结论成立.

性质 3(局部保号性)　假设 $\lim_{x\to x_0}f(x)=A$.

(1) 若 $A>0(A<0)$,则对 x_0 的某一去心邻域中所有 x,有

$$f(x)>0(f(x)<0);$$

(2) 若对 x_0 的某一去心邻域的所有 x 有 $f(x)\geqslant 0(f(x)\leqslant 0)$,则

$$A\geqslant 0(A\leqslant 0).$$

1.3.4　无穷大与无穷小

1. 无穷小

定义 3　若在自变量的某个变化过程中 $f(x)$ 的极限为 0,则称 $f(x)$ 是这一变化过程中的无穷小量,简称为无穷小.

例如 $\lim_{x\to 1}\dfrac{x-1}{x+1}=0$,故 $\dfrac{x-1}{x+1}$ 为 $x\to 1$ 时的无穷小.

又如 $\lim_{x\to\infty}\dfrac{1}{x^2}=0$,故 $\dfrac{1}{x^2}$ 是 $x\to\infty$ 时的无穷小.

注:0 是无穷小,除 0 以外无论多么小的数都不是无穷小.

定理 3　在自变量的同一变化过程中, $f(x)$ 具有极限 A 的充分必要条件是 $f(x)=$

$A+\alpha$,其中 α 是同一变化过程中的无穷小.

证 必要性. 因为 $\lim\limits_{x\to x_0}f(x)=A$,则对任意 $\varepsilon>0$,存在 $\delta>0$,使得当 $0<|x-x_0|<\delta$ 时,恒有

$$|f(x)-A|<\varepsilon.$$

令 $\alpha(x)=f(x)-A$,则

$$|\alpha(x)|=|\alpha(x)-0|=|f(x)-A|<\varepsilon,$$

即

$$\lim_{x\to x_0}\alpha(x)=0.$$

充分性. 因为 $f(x)=\alpha(x)+A$,且 $\lim\limits_{x\to x_0}\alpha(x)=0$,于是任意 $\varepsilon>0$,存在 $\delta>0$,使得当 $0<|x-x_0|<\delta$ 时,有

$$|\alpha(x)|=|f(x)-A|<\varepsilon.$$

即 $\lim\limits_{x\to x_0}f(x)=A.$

例如,$\lim\limits_{x\to3}\dfrac{x^2-9}{x+3}=6$,而 $\dfrac{x^2-9}{x-3}=6+(x-3)$,其中 $\lim\limits_{x\to3}(x-3)=0$.

2. 无穷大

定义 4 如果对于任意给定的正数 M(不论它多么大),总存在正数 δ(或正数 X),使得满足不等式 $0<|x-x_0|<\delta$(或 $|x|>X$)的一切 x 所对应的函数值 $f(x)$ 都满足不等式

$$|f(x)|>M,$$

则称函数 $f(x)$ 当 $x\to x_0$(或 $x\to\infty$)时为**无穷大**,记作

$$\lim_{x\to x_0}f(x)=\infty \quad (\text{或}\lim_{x\to\infty}f(x)=\infty).$$

注:当 $x\to x_0$(或 $x\to\infty$)时为无穷大的函数 $f(x)$,按通常的意义来说,极限是不存在的. 但是为了叙述函数的这一性态的方便,我们也说"函数的极限是无穷大".

如果在无穷大的定义中,把 $|f(x)|>M$ 换为 $f(x)>M$(或 $f(x)<-M$),记为

$$\lim_{\substack{x\to x_0\\(x\to\infty)}}f(x)=+\infty \quad (\text{或}\lim_{\substack{x\to x_0\\(x\to\infty)}}f(x)=-\infty).$$

例如,

$$\lim_{x\to2}\frac{1}{x-2}=\infty, \quad \lim_{x\to2^+}\frac{1}{x-2}=+\infty, \quad \lim_{x\to2^-}\frac{1}{x-2}=-\infty.$$

定理 4 在自变量同一变化过程中,如果 $f(x)$ 为无穷大,则 $\dfrac{1}{f(x)}$ 为无穷小;反之,若 $f(x)$ 为无穷小,且 $f(x)\neq0$,则 $\dfrac{1}{f(x)}$ 为无穷大.

证 设 $\lim\limits_{x\to x_0}f(x)=\infty$,则对任意给定的 $\varepsilon>0$,取 $M=\dfrac{1}{\varepsilon}$,存在 $\delta>0$,使得当 $0<|x-x_0|<\delta$ 时,有

$$|f(x)|>M=\frac{1}{\varepsilon}, \quad 即 \quad \left|\frac{1}{f(x)}\right|<\varepsilon.$$

所以 $\dfrac{1}{f(x)}$ 当 $x\to x_0$ 时为无穷小.

反之, 设 $\lim\limits_{x \to x_0} f(x) = 0$, 且 $f(x) \ne 0$, 则对于任意给定的 $M > 0$, 取 $M = \dfrac{1}{\varepsilon}$, 存在 $\delta > 0$, 当 $0 < |x - x_0| < \delta$, 恒有

$$|f(x)| < \frac{1}{M}, \quad \text{即} \quad \left| \frac{1}{f(x)} \right| > M.$$

所以 $\dfrac{1}{f(x)}$ 当 $x \to x_0$ 时为无穷大.

习题 1-3

1. 设函数 $f(x) = \begin{cases} x, & x < 3, \\ 3x - 1, & x \geqslant 3. \end{cases}$ 讨论当 $x \to 3$ 时 $f(x)$ 的左极限和右极限.

2. 当 $x \to 0$ 时, 讨论下列函数极限的存在性:

(1) $f(x) = \dfrac{|x|}{x}$;　　(2) $f(x) = \begin{cases} \dfrac{1}{2-x}, & x < 0, \\ 0, & x = 0, \\ x + \dfrac{1}{2}, & x > 0; \end{cases}$　　(3) $f(x) = \begin{cases} \cos x, & x < 0, \\ x, & x \geqslant 0. \end{cases}$

1.4　极限运算法则

在下面的讨论中, 为方便, 只讨论 $x \to x_0$ 时的情形, 但结论对 $x \to x_0^+$ (或 $x_0^-, \infty, +\infty, -\infty$) 均成立.

1.4.1　无穷小的运算

定理 1　两个无穷小的和是无穷小.

证　设 $\lim\limits_{x \to x_0} \alpha = 0, \lim\limits_{x \to x_0} \beta = 0$, 则对任意给定的 $\varepsilon > 0$, 一方面, 存在 $\delta_1 > 0$, 当 $0 < |x - x_0| < \delta_1$ 时, 有

$$|\alpha| < \frac{\varepsilon}{2};$$

另一方面, 存在 $\delta_2 > 0$, 当 $0 < |x - x_0| < \delta_2$ 时, 有

$$|\beta| < \frac{\varepsilon}{2}.$$

取 $\delta = \min\{\delta_1, \delta_2\}$, 则当 $0 < |x - x_0| < \delta$ 时, 恒有

$$|\alpha + \beta| \leqslant |\alpha| + |\beta| < \frac{\varepsilon}{2} + \frac{\varepsilon}{2} = \varepsilon,$$

所以 $\lim\limits_{x \to x_0} (\alpha + \beta) = 0$, 即 $\alpha + \beta$ 是当 $x \to x_0$ 时的无穷小.

推论　有限个无穷小的和也是无穷小.

注: 无穷多个无穷小的和未必是无穷小.

例如, $n \to \infty$ 时, $\frac{1}{n^2}, \frac{2}{n^2}, \cdots, \frac{n}{n^2}$ 是无穷小,但

$$\lim_{n \to \infty} \left(\frac{1}{n^2} + \frac{2}{n^2} + \cdots + \frac{n}{n^2} \right) = \lim_{n \to \infty} \frac{n(n+1)}{2n^2} = \lim_{n \to \infty} \frac{1 + \frac{1}{n}}{2} = \frac{1}{2},$$

即当 $n \to \infty$ 时, $\frac{1}{n^2} + \frac{2}{n^2} + \cdots + \frac{n}{n^2}$ 不是无穷小.

定理 2 有界函数与无穷小的乘积是无穷小.

证 设函数 u 在 $0 < |x - x_0| < \delta_1$ 内有界,则存在 $M > 0$,当 $0 < |x - x_0| < \delta_1$ 时,有

$$|u| \leqslant M.$$

设 $\lim\limits_{x \to x_0} \alpha = 0$,则对于任意给定的 $\varepsilon > 0$,存在 $\delta_2 > 0$,当 $0 < |x - x_0| < \delta_2$ 时,有

$$|\alpha| \leqslant \frac{\varepsilon}{M}.$$

取 $\delta = \min\{\delta_1, \delta_2\}$,则当 $0 < |x - x_0| < \delta$ 时,恒有

$$|u \cdot \alpha| = |u| \cdot |\alpha| < M \cdot \frac{\varepsilon}{M} = \varepsilon.$$

所以当 $x \to x_0$ 时, $u \cdot \alpha$ 为无穷小.

推论 1 常数与无穷小的乘积是无穷小.

推论 2 有限个无穷小的乘积也是无穷小.

例 1 求 $\lim\limits_{x \to \infty} \frac{\sin x}{x}$.

解 因为

$$\lim_{x \to \infty} \frac{\sin x}{x} = \lim_{x \to \infty} \frac{1}{x} \cdot \sin x,$$

当 $x \to \infty$ 时, $\frac{1}{x}$ 是无穷小量, $\sin x$ 是有界量($|\sin x| \leqslant 1$),故

$$\lim_{x \to \infty} \frac{\sin x}{x} = 0.$$

1.4.2 极限四则运算法则

定理 3 设 $\lim\limits_{x \to x_0} f(x) = A$, $\lim\limits_{x \to x_0} g(x) = B$. 则

(1) $\lim\limits_{x \to x_0} [f(x) \pm g(x)] = \lim\limits_{x \to x_0} f(x) \pm \lim\limits_{x \to x_0} g(x) = A \pm B$;

(2) $\lim\limits_{x \to x_0} [f(x) g(x)] = \lim\limits_{x \to x_0} f(x) \cdot \lim\limits_{x \to x_0} g(x) = AB$;

(3) $\lim\limits_{x \to x_0} \dfrac{f(x)}{g(x)} = \dfrac{\lim\limits_{x \to x_0} f(x)}{\lim\limits_{x \to x_0} g(x)} = \dfrac{A}{B} (B \neq 0)$.

证 只证(1). 因为 $\lim\limits_{x \to x_0} f(x) = A$, $\lim\limits_{x \to x_0} g(x) = B$,所以

$$f(x) = A + \alpha, \quad g(x) = B + \beta,$$

其中 α, β 为无穷小,于是

$$f(x) \pm g(x) = (A + \alpha) \pm (B + \beta) = (A \pm B) + (\alpha \pm \beta).$$

因为 $\alpha \pm \beta$ 为无穷小,所以有

$$\lim_{x \to x_0}[f(x) \pm g(x)] = A \pm B = \lim_{x \to x_0}f(x) \pm \lim_{x \to x_0}g(x).$$

(1)和(2)可推广到有限个函数情形. 对于(2)有如下推论.

推论 1 如果 $\lim\limits_{x \to x_0}f(x)$ 存在, C 为常数, 则

$$\lim_{x \to x_0}[Cf(x)] = C\lim_{x \to x_0}f(x).$$

推论 2 如果 $\lim\limits_{x \to x_0}f(x)$ 存在, n 是正整数, 则

$$\lim_{x \to x_0}[f(x)]^n = [\lim_{x \to x_0}f(x)]^n.$$

例 2 求 $\lim\limits_{x \to 2}(2x^2 - x + 3)$.

解 $\lim\limits_{x \to 2}(2x^2 - x + 3) = 2\lim\limits_{x \to 2}x^2 - \lim\limits_{x \to 2}x + \lim\limits_{x \to 2}3 = 2 \cdot 2^2 - 2 + 3 = 9$.

例 3 求 $\lim\limits_{x \to 1}\dfrac{x+1}{x^2 - 3x + 2}$.

解 因为 $\lim\limits_{x \to 1}(x^2 - 3x + 2) = 0, \lim\limits_{x \to 1}(x + 1) = 2$, 所以不能应用商的极限运算法则. 但因为 $\lim\limits_{x \to 1}\dfrac{x^2 - 3x + 2}{x + 1} = 0$, 所以有

$$\lim_{x \to 1}\frac{x + 1}{x^2 - 3x + 2} = \infty.$$

例 4 求 $\lim\limits_{x \to 3}\dfrac{x^2 + 2x - 15}{x^2 - 2x - 3}$.

解 $\lim\limits_{x \to 3}\dfrac{x^2 + 2x - 15}{x^2 - 2x - 3} = \lim\limits_{x \to 3}\dfrac{(x - 3)(x + 5)}{(x - 3)(x + 1)} = \lim\limits_{x \to 3}\dfrac{x + 5}{x + 1} = 2$.

例 5 求 $\lim\limits_{x \to \infty}\dfrac{3x^3 + 5x^2 - 2}{7x^3 - 4x^2 + 5}$.

解 因为分子与分母的极限都是 ∞, 所以不能用极限运算法则. 分子和分母同除以 x^3, 然后再用极限运算法则, 得

$$\lim_{x \to \infty}\frac{3x^3 + 5x^2 - 2}{7x^3 - 4x^2 + 5} = \lim_{x \to \infty}\frac{3 + \dfrac{5}{x} - \dfrac{2}{x^3}}{7 - \dfrac{4}{x} + \dfrac{5}{x^3}} = \frac{3}{7}.$$

例 6 求 $\lim\limits_{x \to \infty}\dfrac{2x^2 - 5x + 3}{5x^3 - x^2 + 1}$.

解 $\lim\limits_{x \to \infty}\dfrac{2x^2 - 5x + 3}{5x^3 - x^2 + 1} = \lim\limits_{x \to \infty}\dfrac{\dfrac{2}{x} - \dfrac{5}{x^2} + \dfrac{3}{x^3}}{5 - \dfrac{1}{x} + \dfrac{1}{x^3}} = \dfrac{0}{5} = 0$.

例 7 求 $\lim\limits_{x \to \infty}\dfrac{5x^3 - x^2 + 1}{2x^2 - 5x + 3}$.

解 由例 6 可知 $\lim\limits_{x \to \infty}\dfrac{5x^3 - x^2 + 1}{2x^2 - 5x + 3} = \infty$.

由例 5～例 7 可得一般情形, 当 $a_0 \neq 0, b_0 \neq 0, m$ 和 n 为非负整数时, 有

$$\lim_{x \to \infty}\frac{a_0 x^m + a_1 x^{m-1} + \cdots + a_m}{b_0 x^n + b_1 x^{n-1} + \cdots + b_n} = \begin{cases} \dfrac{a_0}{b_0}, & \text{当 } m = n, \\ 0, & \text{当 } m < n, \\ \infty, & \text{当 } m > n. \end{cases}$$

例 8 求 $\lim\limits_{x\to 0}\dfrac{\sqrt{1+x^2}-1}{x}$.

解

$$\lim_{x\to 0}\frac{\sqrt{1+x^2}-1}{x}=\lim_{x\to 0}\frac{(\sqrt{1+x^2}-1)(\sqrt{1+x^2}+1)}{x(\sqrt{1+x^2}+1)}=\lim_{x\to 0}\frac{x}{\sqrt{1+x^2}+1}=\frac{0}{2}=0.$$

定理 4（复合函数的极限运算法则） 设函数 $y=f[g(x)]$ 是由函数 $y=f(u)$ 与函数 $u=g(x)$ 复合而成的. 若 $\lim\limits_{x\to x_0}g(x)=u_0$，$\lim\limits_{u\to u_0}f(u)=A$，且存在 $\delta_0>0$，使得 $x\in \mathring{U}(x_0,\delta_0)$ 时，$g(x)\neq u_0$，则有

$$\lim_{x\to x_0}f[g(x)]=A.$$

证明略.

在定理中，若把 $\lim\limits_{x\to x_0}g(x)=u_0$ 换成 $\lim\limits_{x\to x_0}g(x)=\infty$ 或 $\lim\limits_{x\to\infty}g(x)=\infty$，而把 $\lim\limits_{u\to u_0}f(u)=A$ 换成 $\lim\limits_{u\to\infty}f(u)=A$，结论仍成立.

例 9 求 $\lim\limits_{x\to 2}\ln\left[\dfrac{x^2-4}{4(x-2)}\right]$.

解 令 $u=\dfrac{x^2-4}{4(x-2)}$，则当 $x\to 2$ 时，$u=\dfrac{x^2-4}{4(x-2)}=\dfrac{x+2}{4}\to 1$，故

$$原式 = \lim_{u\to 1}\ln u = 0.$$

另解 $\lim\limits_{x\to 2}\ln\left[\dfrac{x^2-4}{4(x-2)}\right]=\ln\left[\lim\limits_{x\to 2}\dfrac{x^2-4}{4(x-2)}\right]=\ln\left(\lim\limits_{x\to 2}\dfrac{x+2}{4}\right)=\ln 1=0.$

习题 1-4

1. 计算下列极限：

(1) $\lim\limits_{x\to 1}(3x^2+4\sqrt{x}-2)$；

(2) $\lim\limits_{x\to 2}\dfrac{x^2+5}{x-3}$；

(3) $\lim\limits_{x\to\sqrt{3}}\dfrac{x^2-3}{x^2+1}$；

(4) $\lim\limits_{x\to 1}\dfrac{x^2-2x+1}{x^2-1}$；

(5) $\lim\limits_{x\to\infty}\left(2-\dfrac{1}{x}+\dfrac{1}{x^2}\right)$；

(6) $\lim\limits_{x\to\infty}\dfrac{x^2+x}{x^4-3x^2+1}$；

(7) $\lim\limits_{x\to 4}\dfrac{x^2-6x+8}{x^2-5x+4}$；

(8) $\lim\limits_{x\to 0}\dfrac{4x^3-2x^2+x}{3x^2+2x}$；

(9) $\lim\limits_{h\to 0}\dfrac{(x+h)^2-x^2}{h}$；

(10) $\lim\limits_{x\to\infty}\left(1+\dfrac{1}{x}\right)\left(2-\dfrac{1}{x^2}\right)$；

(11) $\lim\limits_{x\to+\infty}\dfrac{\cos x}{e^x+e^{-x}}$；

(12) $\lim\limits_{x\to\infty}\dfrac{4x-3}{3x^2-2x+5}\sin x$；

(13) $\lim\limits_{x\to -8}\dfrac{\sqrt{1-x}-3}{2+\sqrt[3]{x}}$；

(14) $\lim\limits_{x\to 2}\dfrac{x^3+2x^2}{(x-2)^2}$.

2. 计算下列极限：

(1) $\lim\limits_{x\to 0}x^3\cos\dfrac{1}{x}$；

(2) $\lim\limits_{x\to\infty}\dfrac{\arctan x}{x}$；

(3) $\lim\limits_{x\to\infty}\dfrac{3x^2+1}{x^3+x}(3+\cos x)$.

3. 若 $\lim\limits_{x\to 3}\dfrac{x^2-2x+k}{x-3}=4$，求 k 的值.

4. 若 $\lim\limits_{x\to\infty}\left(\dfrac{x^2+1}{x+1}-ax-b\right)=0$，求 a,b 的值.

1.5　两个重要极限　无穷小的比较

1.5.1　极限存在准则

定理 1（夹逼准则）　如果数列 $\{x_n\},\{y_n\},\{z_n\}$ 满足下列条件：

(1) $y_n\leqslant x_n\leqslant z_n (n=1,2,3,\cdots)$；

(2) $\lim\limits_{n\to\infty}y_n=a,\lim\limits_{n\to\infty}z_n=a$.

则数列 $\{x_n\}$ 的极限存在，且 $\lim\limits_{n\to\infty}x_n=a$.

证明略.

例 1　求 $\lim\limits_{n\to\infty}\left(\dfrac{1}{\sqrt{n^2+1}}+\dfrac{1}{\sqrt{n^2+2}}+\cdots+\dfrac{1}{\sqrt{n^2+n}}\right)$.

解　设 $x_n=\dfrac{1}{\sqrt{n^2+1}}+\dfrac{1}{\sqrt{n^2+2}}+\cdots+\dfrac{1}{\sqrt{n^2+n}},y_n=\dfrac{n}{\sqrt{n^2+n}},z_n=\dfrac{n}{\sqrt{n^2+1}}$. 易知

(1) $y_n\leqslant x_n\leqslant z_n(n=1,2,3,\cdots)$；

(2) $\lim\limits_{n\to\infty}\dfrac{n}{\sqrt{n^2+n}}=1,\lim\limits_{n\to\infty}\dfrac{n}{\sqrt{n^2+1}}=1$.

所以由定理 1 可知

$$\lim_{n\to\infty}\left(\frac{1}{\sqrt{n^2+1}}+\frac{1}{\sqrt{n^2+2}}+\cdots+\frac{1}{\sqrt{n^2+n}}\right)=1.$$

对于函数极限，也有类似的夹逼准则.

定理 1′　如果函数 $f(x),g(x),h(x)$ 满足下列条件：

(1) 当 $x\in\mathring{U}(x_0,\delta)$ 时，有 $f(x)\leqslant g(x)\leqslant h(x)$；

(2) $\lim\limits_{x\to x_0}f(x)=A,\lim\limits_{x\to x_0}h(x)=A$.

则 $\lim\limits_{x\to x_0}g(x)$ 存在，且 $\lim\limits_{x\to x_0}g(x)=A$.

注：若存在正数 M，当 $|x|>M$ 时，定理 1′中 $x\to x_0$ 改为 $x\to\infty$ 也有类似结论.

定理 2（单调有界原理）　单调有界数列必有极限. 具体地说，单调递增有上界的数列必有极限；单调递减有下界的数列也必有极限.

例如对于 $x_n=1-\dfrac{1}{n}$，可知 $\{x_n\}$ 是单调增加的，且 $x_n\leqslant 1$，所以其极限存在. 易知

$$\lim_{n\to\infty}\left(1-\frac{1}{n}\right)=1.$$

1.5.2　两个重要极限

1. $\lim\limits_{x\to 0}\dfrac{\sin x}{x}=1$

证　因为 $\dfrac{\sin(-x)}{-x}=\dfrac{\sin x}{x}$，所以，当 x 改变符号时，$\dfrac{\sin x}{x}$ 的值不变，故只讨论 $x\to 0^+$ 的

情形.

如图 1-23 所示,在单位圆中,设 $\angle AOB = x\left(0 < x < \dfrac{\pi}{2}\right), BC = \sin x,$

$AD = \tan x, \overset{\frown}{AB} = x,$ 因为

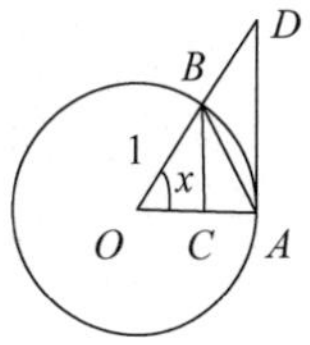

$$S_{\triangle AOB} < S_{扇形 AOB} < S_{\triangle AOD},$$

所以

$$\frac{1}{2}\sin x < \frac{1}{2}x < \frac{1}{2}\tan x,$$

图 1-23

有 $1 < \dfrac{x}{\sin x} < \dfrac{1}{\cos x},$ 则

$$\cos x < \frac{\sin x}{x} < 1.$$

因为 $\lim\limits_{x \to 0^+} \cos x = 1,$ 所以由夹逼定理 $1'$ 得

$$\lim_{x \to 0^+} \frac{\sin x}{x} = 1.$$

一般地,有

$$\lim_{\varphi(x) \to 0} \frac{\sin \varphi(x)}{\varphi(x)} = 1.$$

例 2 求 $\lim\limits_{x \to 0} \dfrac{\tan x}{x}.$

解 $\lim\limits_{x \to 0} \dfrac{\tan x}{x} = \lim\limits_{x \to 0}\left(\dfrac{\sin x}{x} \cdot \dfrac{1}{\cos x}\right) = 1.$

例 3 求 $\lim\limits_{x \to 0} \dfrac{\sin 3x}{\sin 5x}.$

解 $\lim\limits_{x \to 0} \dfrac{\sin 3x}{\sin 5x} = \lim\limits_{x \to 0}\left(\dfrac{\sin 3x}{3x} \cdot \dfrac{5x}{\sin 5x} \cdot \dfrac{3}{5}\right) = \dfrac{3}{5}.$

例 4 求 $\lim\limits_{x \to 0} \dfrac{1 - \cos x}{x^2}.$

解 $\lim\limits_{x \to 0} \dfrac{1 - \cos x}{x^2} = \lim\limits_{x \to 0} \dfrac{2\sin^2 \frac{x}{2}}{x^2} = \dfrac{1}{2}\lim\limits_{x \to 0}\left(\dfrac{\sin \frac{x}{2}}{\frac{x}{2}}\right)^2 = \dfrac{1}{2} \times 1^2 = \dfrac{1}{2}.$

2. $\lim\limits_{x \to \infty}\left(1 + \dfrac{1}{x}\right)^x = e$

证 只证 $\lim\limits_{n \to \infty}\left(1 + \dfrac{1}{n}\right)^n$ 的存在性. 设 $x_n = \left(1 + \dfrac{1}{n}\right)^n,$ 由二项式定理得

$$x_n = 1 + \frac{n}{1!}\frac{1}{n} + \frac{n(n-1)}{2!}\frac{1}{n^2} + \frac{n(n-1)(n-2)}{3!}\frac{1}{n^3}$$

$$+ \cdots + \frac{n(n-1)(n-2)\cdots(n-n+1)}{n!}\frac{1}{n^n}$$

$$= 1 + 1 + \frac{1}{2!}\left(1 - \frac{1}{n}\right) + \frac{1}{3!}\left(1 - \frac{1}{n}\right)\left(1 - \frac{2}{n}\right) + \cdots + \frac{1}{n!}\left(1 - \frac{1}{n}\right)\cdots\left(1 - \frac{n-1}{n}\right),$$

类似地,有

$$x_{n+1} = 1 + 1 + \frac{1}{2!}\left(1 - \frac{1}{n+1}\right) + \frac{1}{3!}\left(1 - \frac{1}{n+1}\right)\left(1 - \frac{2}{n+1}\right) + \cdots$$

$$+ \frac{1}{n!}\left(1 - \frac{1}{n+1}\right)\left(1 - \frac{2}{n+1}\right)\cdots\left(1 - \frac{n-1}{n+1}\right)$$

$$+ \frac{1}{(n+1)!}\left(1 - \frac{1}{n+1}\right)\left(1 - \frac{2}{n+1}\right)\cdots\left(1 - \frac{n}{n+1}\right).$$

比较 x_n, x_{n+1} 有

$$x_n < x_{n+1},$$

即 $\{x_n\}$ 单调递增.

又因为

$$x_n < 1 + 1 + \frac{1}{2!} + \frac{1}{3!} + \cdots + \frac{1}{n!} < 1 + 1 + \frac{1}{2} + \frac{1}{2^2} + \cdots + \frac{1}{2^{n-1}}$$

$$= 1 + \frac{1 - \frac{1}{2^n}}{1 - \frac{1}{2}} = 3 - \frac{1}{2^{n-1}} < 3.$$

即 $\{x_n\}$ 有上界. 故由单调有界原理知

$$\lim_{n \to \infty}\left(1 + \frac{1}{n}\right)^n \text{ 存在}.$$

此极限值用 e 表示,e = 2.718281828459045… 是一个无理数,即

$$\lim_{n \to \infty}\left(1 + \frac{1}{n}\right)^n = \text{e}.$$

可以证明,对于实数自变量 x,也有

$$\lim_{x \to \infty}\left(1 + \frac{1}{x}\right)^x = \text{e}.$$

对于该极限,如果再令 $x = \frac{1}{t}$,则有

$$\lim_{x \to \infty}\left(1 + \frac{1}{x}\right)^x = \lim_{t \to 0}(1 + t)^{\frac{1}{t}} = \text{e},$$

即

$$\lim_{x \to 0}(1 + x)^{\frac{1}{x}} = \text{e},$$

这是第二个重要极限公式的另外一种表现形式.

例 5　求 $\lim\limits_{x \to \infty}\left(1 - \frac{1}{x}\right)^x$.

解　$\lim\limits_{x \to \infty}\left(1 - \frac{1}{x}\right)^x = \left[\lim\limits_{x \to \infty}\left(1 + \frac{1}{-x}\right)^{-x}\right]^{-1} = \text{e}^{-1}.$

例 6　求 $\lim\limits_{x \to \infty}\left(1 + \frac{a}{x}\right)^{bx}$.

解　$\lim\limits_{x \to \infty}\left(1 + \frac{a}{x}\right)^{bx} = \left[\lim\limits_{x \to \infty}\left(1 + \frac{a}{x}\right)^{\frac{x}{a}}\right]^{ab} = \text{e}^{ab}.$

一般地,

$$\lim_{\varphi(x) \to \infty} \left(1 + \frac{1}{\varphi(x)}\right)^{\varphi(x)} = e, \qquad \lim_{\varphi(x) \to 0} (1 + \varphi(x))^{\frac{1}{\varphi(x)}} = e.$$

例 7 求 $\lim\limits_{x \to \infty} \left(\dfrac{x-1}{x+1}\right)^{x}$.

解

$$\lim_{x \to \infty} \left(\frac{x-1}{x+1}\right)^{x} = \lim_{x \to \infty} \left(1 + \frac{-2}{x+1}\right)^{x} = \lim_{x \to \infty} \left[\left(1 + \frac{-2}{x+1}\right)^{\frac{x+1}{-2}}\right]^{-2} \cdot \left(1 + \frac{-2}{x+1}\right)^{-1} = e^{-2}.$$

1.5.3 无穷小的比较

当 $x \to 0$ 时,$x, x^3, \sin x$ 都是无穷小量,而

$$\lim_{x \to 0} \frac{x}{x^3} = \infty, \qquad \lim_{x \to 0} \frac{\sin x}{x} = 1, \qquad \lim_{x \to 0} \frac{x^3}{x} = 0,$$

可以看出不同无穷小的比值的极限是不相同的,这反映了不同无穷小趋于零的"快慢"程度是不一样的.

定义 1 设 $\lim\limits_{x \to x_0} \alpha(x) = 0, \lim\limits_{x \to x_0} \beta(x) = 0$,

(1) 如果 $\lim\limits_{x \to x_0} \dfrac{\beta(x)}{\alpha(x)} = 0$,则称 $\beta(x)$ 是比 $\alpha(x)$ 高阶的无穷小,记作 $\beta = o(\alpha)$;

(2) 如果 $\lim\limits_{x \to x_0} \dfrac{\beta(x)}{\alpha(x)} = \infty$,则称 $\beta(x)$ 是比 $\alpha(x)$ 低阶的无穷小;

(3) 如果 $\lim\limits_{x \to x_0} \dfrac{\beta(x)}{\alpha(x)} = C(C \neq 0)$,则称 $\beta(x)$ 与 $\alpha(x)$ 是同阶无穷小;特别地,如果 $\lim\limits_{x \to x_0} \dfrac{\beta(x)}{\alpha(x)} = 1$,

则称 $\beta(x)$ 与 $\alpha(x)$ 是等价无穷小,记作 $\beta \sim \alpha$.

例如,当 $x \to 0$ 时,$x^3 = o(x), \sin x \sim x, 1 - \cos x$ 与 x^2 是同阶无穷小.

定理 3 在自变量的同一变化过程中,设 $\alpha \sim \alpha', \beta \sim \beta'$,且 $\lim \dfrac{\beta'}{\alpha'}$ 存在,则

$$\lim \frac{\beta}{\alpha} = \lim \frac{\beta'}{\alpha'}.$$

证 $\lim \dfrac{\beta}{\alpha} = \lim \left(\dfrac{\beta}{\beta'} \cdot \dfrac{\beta'}{\alpha'} \cdot \dfrac{\alpha'}{\alpha}\right) = \lim \dfrac{\beta}{\beta'} \cdot \lim \dfrac{\beta'}{\alpha'} \cdot \lim \dfrac{\alpha'}{\alpha} = \lim \dfrac{\beta'}{\alpha'}.$ ∎

不难证明: $x \to 0$ 时,

$$\sin x \sim x, \tan x \sim x, \arcsin x \sim x, \arctan x \sim x, \ln(1+x) \sim x,$$

$$e^x - 1 \sim x, 1 - \cos x \sim \frac{1}{2}x^2, (1+x)^{\alpha} - 1 \sim \alpha x \quad \left(如 \sqrt{1+x} - 1 \sim \frac{1}{2}x\right).$$

例 8 求 $\lim\limits_{x \to 0} \dfrac{\sin 3x}{\tan 2x}$.

解 因为 $x \to 0$ 时,$\sin 3x \sim 3x, \tan 2x \sim 2x$,所以

$$\lim_{x \to 0} \frac{\sin 3x}{\tan 2x} = \lim_{x \to 0} \frac{3x}{2x} = \frac{3}{2}.$$

例 9 求 $\lim\limits_{x \to 0} \dfrac{\ln(1+5x)}{e^{4x}-1}$.

解 因为 $x \to 0$ 时，$\ln(1+5x) \sim 5x$，$e^{4x}-1 \sim 4x$，所以

$$\lim_{x \to 0} \frac{\ln(1+5x)}{e^{4x}-1} = \lim_{x \to 0} \frac{5x}{4x} = \frac{5}{4}.$$

例 10 求 $\lim\limits_{x \to 0} \dfrac{\tan x - \sin x}{x^3}$.

解 因为 $x \to 0$ 时，$1 - \cos x \sim \dfrac{1}{2}x^2$，$\tan x \sim x$，所以

$$\lim_{x \to 0} \frac{\tan x - \sin x}{x^3} = \lim_{x \to 0} \frac{\tan x(1-\cos x)}{x^3} = \lim_{x \to 0} \frac{x \cdot \frac{1}{2}x^2}{x^3} = \frac{1}{2}.$$

注：在极限的加减运算中，不能随便用等价无穷小替换. 对于例 10，下列解法是错误的.

$$\lim_{x \to 0} \frac{\tan x - \sin x}{x^3} = \lim_{x \to 0} \frac{x-x}{x^3} = \lim_{x \to 0} \frac{0}{x^3} = 0.$$

例 11 求 $\lim\limits_{x \to 0} \dfrac{\sqrt{1+x\sin x}-1}{e^{2x^2}-1}$.

解 因为 $x \to 0$ 时，$\sqrt{1+x\sin x}-1 \sim \dfrac{x\sin x}{2}$，$e^{2x^2}-1 \sim 2x^2$，所以

$$\lim_{x \to 0} \frac{\sqrt{1+x\sin x}-1}{e^{2x^2}-1} = \lim_{x \to 0} \frac{\frac{1}{2}x\sin x}{2x^2} = \frac{1}{4}.$$

习题 1-5

1. 计算下列极限：

(1) $\lim\limits_{x \to 0} \dfrac{\tan 3x}{x}$；

(2) $\lim\limits_{x \to 0} x\sin\dfrac{1}{x}$；

(3) $\lim\limits_{x \to 0} x\cot x$；

(4) $\lim\limits_{x \to 0} \dfrac{\tan x - \sin x}{x^3}$；

(5) $\lim\limits_{x \to 0} \dfrac{1-\cos 2x}{x\sin x}$；

(6) $\lim\limits_{x \to \infty} \dfrac{x}{\sqrt{1-\cos x}}$；

(7) $\lim\limits_{x \to \pi} \dfrac{\sin x}{\pi - x}$；

(8) $\lim\limits_{x \to 0} \dfrac{2\arcsin x}{3x}$；

(9) $\lim\limits_{x \to 0} \dfrac{x - \sin x}{x + \sin x}$.

2. 计算下列极限：

(1) $\lim\limits_{x \to 0} (1-x)^{1/x}$；

(2) $\lim\limits_{x \to 0} (1+2x)^{1/x}$；

(3) $\lim\limits_{x \to \infty} \left(\dfrac{1+x}{x}\right)^{2x}$；

(4) $\lim\limits_{x \to \infty} \left(1-\dfrac{1}{x}\right)^{kx} (k \in \mathbb{N})$；

(5) $\lim\limits_{x \to \infty} \left(\dfrac{x}{x+1}\right)^{x+3}$；

(6) $\lim\limits_{x \to \infty} \left(\dfrac{x+a}{x-a}\right)^{x}$.

3. 利用等价无穷小替换计算下列极限：

(1) $\lim\limits_{x \to 0} \dfrac{\ln(1-2x)}{\sin 5x}$；

(2) $\lim\limits_{x \to 0} \dfrac{\sin 2x(e^x-1)}{\tan x^2}$；

(3) $\lim\limits_{x \to 0} \dfrac{\sqrt{1+x\sin x}-1}{1-\cos x}$；

(4) $\lim\limits_{x \to 0} \dfrac{1}{x}\left(\dfrac{1}{\sin x}-\dfrac{1}{\tan x}\right)$.

1.6 函数的连续性与间断点

1.6.1 函数的连续性

自然界中有许多现象,如气温的变化、植物的生长和时间的变化等,都是连续变化的.这种现象在函数关系上的反映,就是函数的连续性.

设函数 $y=f(x)$ 在点 x_0 的某一邻域内有定义.当自变量 x 在此邻域内从 x_0 变到 $x_0+\Delta x$ 时,函数 y 相应地从 $f(x_0)$ 变到 $f(x_0+\Delta x)$.我们称 Δx 为**自变量的增量**,称 $f(x_0+\Delta x)-f(x_0)$ 为**函数的增量**,记为 Δy,即

$$\Delta y = f(x_0+\Delta x)-f(x_0).$$

这里 Δx 和 Δy 可取正值、负值或零.

当保持 x_0 不变而 Δx 变动时,Δy 也随着变动,由图 1-24 可直观看到,当 $\Delta x \to 0$ 时,$\Delta y \to 0$.

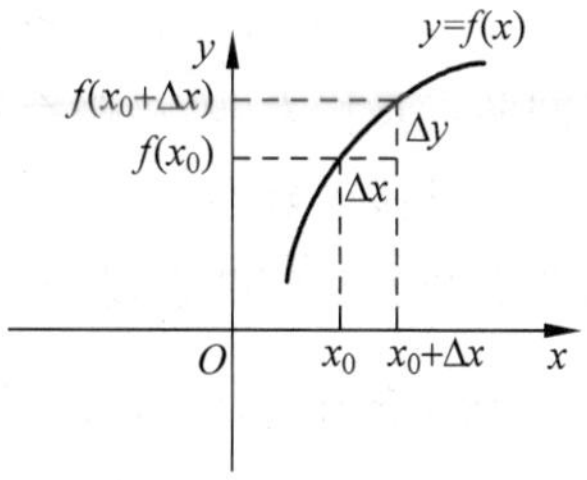

定义 1 设函数 $y=f(x)$ 在点 x_0 的某邻域内有定义,如果

$$\lim_{\Delta x \to 0} \Delta y = \lim_{\Delta x \to 0}[f(x_0+\Delta x)-f(x_0)] = 0,$$

那么就称函数 $y=f(x)$ 在点 x_0 连续.

设 $x=x_0+\Delta x$,则

$$\Delta x \to 0 \Leftrightarrow x \to x_0.$$

$$\lim_{\Delta x \to 0}[f(x_0+\Delta x)-f(x_0)] = 0 \Leftrightarrow \lim_{x \to x_0} f(x) = f(x_0).$$

图 1-24

定义 2 设函数 $y=f(x)$ 在点 x_0 的某一邻域内有定义,如果

$$\lim_{x \to x_0} f(x) = f(x_0),$$

那么就称函数 $f(x)$ 在点 x_0 连续.

下面介绍左连续及右连续的概念.

如果 $\lim\limits_{x \to x_0^-} f(x) = f(x_0)$,则称 $f(x)$ 在点 x_0 处**左连续**;如果 $\lim\limits_{x \to x_0^+} f(x) = f(x_0)$,则称 $f(x)$ 在点 x_0 处**右连续**.

函数 $y=f(x)$ 在点 x_0 处连续 $\Leftrightarrow f(x)$ 在点 x_0 处既左连续又右连续.

若函数 $f(x)$ 在区间 I 上每一点都连续,则称 $f(x)$ 在区间 I 上连续.

对定义在 $[a,b]$ 上的函数 $f(x)$,如果它在 (a,b) 内每一点都连续,且左端点 a 处右连续,在右端点 b 处左连续,则称 $f(x)$ 在 $[a,b]$ 上连续.

例 1 证明函数 $y=x^2$ 在 $\mathbb{R}$ 上每一点都连续.

证 设 x_0 是任意一点,因为

$$\Delta y = (x_0+\Delta x)^2 - x_0^2 = 2x_0\Delta x + (\Delta x)^2,$$

所以,

$$\lim_{\Delta x \to 0} \Delta y = \lim_{\Delta x \to 0}[2x_0\Delta x + (\Delta x)^2] = 0,$$

从而 $y=x^2$ 在点 x_0 处连续.由 x_0 的任意性知 $y=x^2$ 在 $\mathbb{R}$ 上连续. ∎

1.6.2　函数的间断点

定义 3　如果函数 $f(x)$ 在点 x_0 的某邻域内有定义,但在点 x_0 处不连续,则称 $f(x)$ 在点 x_0 处间断,x_0 称为 $f(x)$ 的间断点.

由定义 3,如果 $f(x)$ 在点 x_0 处有下列三种情形之一,则 x_0 为 $f(x)$ 的间断点.

(1) $f(x)$ 在点 x_0 处无定义;

(2) $f(x)$ 在点 x_0 处有定义,但 $\lim\limits_{x \to x_0} f(x)$ 不存在;

(3) $f(x)$ 在点 x_0 处有定义,且 $\lim\limits_{x \to x_0} f(x)$ 也存在,但 $\lim\limits_{x \to x_0} f(x) \neq f(x_0)$.

函数的间断点有多种类型,但总的说来,函数的间断点可分为两类:设点 x_0 为函数 $f(x)$ 的间断点,如果该函数在 x_0 处左、右极限都存在,则称点 x_0 为**第一类间断点**;一般说来,第一类间断点包括**可去间断点**和**跳跃间断点**,可去间断点是指极限存在的间断点,跳跃间断点是指左、右极限存在但不相等的间断点.

如果该函数在点 x_0 处左、右极限至少有一个不存在,则称点 x_0 为**第二类间断点**. 无穷间断点和振荡间断点属于第二类间断点.

例 2　指出函数 $y = \dfrac{x^2 - 1}{x - 1}$ 的间断点.

解　函数 $y = \dfrac{x^2 - 1}{x - 1}$ 在 $x = 1$ 处无定义,所以函数在 $x = 1$ 处间断,但是

$$\lim_{x \to 1} \frac{x^2 - 1}{x - 1} = \lim_{x \to 1}(x + 1) = 2,$$

如果补充定义:令 $x = 1$ 时 $y = 2$,则所给函数在 $x = 1$ 处连续. 可见,函数在 $x = 1$ 处的间断性可以去掉,所以 $x = 1$ 称为该函数的**可去间断点**.

例 3　讨论函数

$$f(x) = \begin{cases} x - 1, & x < 0, \\ 0, & x = 0, \\ x + 1, & x > 0 \end{cases}$$

在 $x = 0$ 处的连续性.

解　$f(0) = 0$,但

$$\lim_{x \to 0^-} f(x) = \lim_{x \to 0^-}(x - 1) = -1,$$

$$\lim_{x \to 0^+} f(x) = \lim_{x \to 0^+}(x + 1) = 1,$$

左、右极限都存在,但不相等,故 $\lim\limits_{x \to 0} f(x)$ 不存在,所以 $x = 0$ 是函数 $f(x)$ 的间断点(图 1-25).因为 $y = f(x)$ 的图形在 $x = 0$ 处产生跳跃现象,所以称 $x = 0$ 为函数 $f(x)$ 的**跳跃间断点**.

例 4　指出函数 $f(x) = \dfrac{1}{x - 2}$ 的间断点.

解　函数 $f(x) = \dfrac{1}{x - 2}$ 在点 $x = 2$ 处无定义,所以函数在 $x = 2$

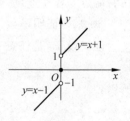

图　1-25

处间断. 因为

$$\lim_{x \to 2} \frac{1}{x-2} = \infty,$$

所以称此类间断点为**无穷间断点**.

例 5 指出函数 $f(x) = \sin \frac{1}{x}$ 的间断点.

解 函数 $f(x) = \sin \frac{1}{x}$ 在 $x=0$ 处无定义,所以函数在 $x=0$ 处间断. 当 $x \to 0$ 时,函数值在 -1 与 $+1$ 之间变动无限多次,所以点 $x=0$ 称为函数 $\sin \frac{1}{x}$ 的**振荡间断点**.

1.6.3 初等函数的连续性

1. 连续函数的四则运算

定理 1 设函数 $f(x)$ 和 $g(x)$ 在点 x_0 处连续,则 $f(x) \pm g(x)$,$f(x) \cdot g(x)$,$\frac{f(x)}{g(x)}(g(x_0) \neq 0)$ 都在点 x_0 处连续.

例如,因为 $\sin x, \cos x$ 在 $(-\infty, +\infty)$ 内连续,所以 $\tan x = \frac{\sin x}{\cos x}$ 在其定义域内是连续的.

2. 反函数的连续性

定理 2 设函数 $y = f(x)$ 在区间 I_x 上单调且连续,那么它的反函数 $x = f^{-1}(y)$ 在对应的区间 $I_y = \{y \mid y = f(x), x \in I_x\}$ 上也单调且连续.

例如,$y = \sin x$ 在闭区间 $\left[-\frac{\pi}{2}, \frac{\pi}{2}\right]$ 上单调增加且连续,所以它的反函数 $y = \arcsin x$ 在闭区间 $[-1, 1]$ 上也是单调增加且连续的.

3. 复合函数的连续性

定理 3 设函数 $y = f[g(x)]$ 是由函数 $y = f(u)$ 与函数 $u = g(x)$ 复合而成的. 若 $u = g(x)$ 在点 x_0 处连续,且 $g(x_0) = u_0$,而函数 $y = f(u)$ 在点 u_0 处连续,则复合函数 $y = f[g(x)]$ 点 x_0 处连续.

由定理 3 有

$$\lim_{x \to x_0} f[g(x)] = f[\lim_{x \to x_0} g(x)] = f[g(\lim_{x \to x_0} x)] = f[g(x_0)],$$

把定理 3 中的 $x \to x_0$ 换成 $x \to \infty$,可得类似的定理.

例 6 求 $\lim_{x \to 0} 2^{\frac{\sin 3x}{x}}$.

解 $\lim_{x \to 0} 2^{\frac{\sin 3x}{x}} = 2^{\lim_{x \to 0} \frac{\sin 3x}{x}} = 2^3 = 8.$

4. 初等函数的连续性

我们指出,指数函数 $a^x(a>0, a \neq 1)$ 对于一切实数 x 都有定义,且在区间 $(-\infty, +\infty)$ 内是单调和连续的,它的值域为 $(0, +\infty)$.

由指数函数的单调性和连续性,引用定理 2 可得:对数函数 $\log_a x (a>0, a \neq 1)$ 在区间 $(0, +\infty)$ 内单调且连续.

不难证明,一切基本初等函数在其定义域内都是连续的,**一切初等函数在其定义区间上**

也都是连续的.

利用函数的连续性可以比较简单地计算一些极限.

例 7 求 $\lim\limits_{x\to 0}\dfrac{\ln(1+x)}{x}$.

解 $\lim\limits_{x\to 0}\dfrac{\ln(1+x)}{x}=\lim\limits_{x\to 0}\ln(1+x)^{\frac{1}{x}}=\ln\left[\lim\limits_{x\to 0}(1+x)^{\frac{1}{x}}\right]=\ln e=1.$

从而有 $x\to 0$ 时, $\ln(1+x)\sim x$.

例 8 求 $\lim\limits_{x\to 0}\dfrac{\sqrt{1+x^2}-1}{x^2}$.

解 $\lim\limits_{x\to 0}\dfrac{\sqrt{1+x^2}-1}{x^2}=\lim\limits_{x\to 0}\dfrac{(\sqrt{1+x^2}-1)(\sqrt{1+x^2}+1)}{x^2(\sqrt{1+x^2}+1)}=\lim\limits_{x\to 0}\dfrac{x^2}{x^2(\sqrt{1+x^2}+1)}=\dfrac{1}{2}.$

例 9 求 $\lim\limits_{x\to 0}(1+3x)^{\frac{2}{\sin x}}$.

解 $\lim\limits_{x\to 0}(1+3x)^{\frac{2}{\sin x}}=\lim\limits_{x\to 0}\left[(1+3x)^{\frac{1}{3x}}\right]^{\frac{3x\cdot 2}{\sin x}}=e^{\lim\limits_{x\to 0}\frac{6x}{\sin x}}=e^6.$

1.6.4 闭区间上连续函数的性质

1. 最大值与最小值定理

对于区间 I 上的函数 $f(x)$, 如果存在 $x_0\in I$, 使得对于任意的 $x\in I$, 都有 $f(x)\leqslant f(x_0)$(或 $f(x)\geqslant f(x_0)$), 则称 $f(x_0)$ 是函数 $f(x)$ 在 I 上的**最大值**(或**最小值**).

定理 4 若函数 $f(x)$ 在闭区间 $[a,b]$ 上连续, 则 $f(x)$ 在 $[a,b]$ 上一定取得最大值和最小值.

例如, $f(x)=\sin x$ 在 $\left[-\dfrac{\pi}{2},\dfrac{\pi}{2}\right]$ 上连续, $f\left(-\dfrac{\pi}{2}\right)=-1$ 是函数的最小值, $f\left(\dfrac{\pi}{2}\right)=1$ 是函数的最大值.

推论 若函数 $f(x)$ 在闭区间 $[a,b]$ 上连续, 则 $f(x)$ 在 $[a,b]$ 上一定有界.

证 由于 $f(x)$ 在 $[a,b]$ 上连续, 则一定存在最大值 M 和最小值 m, 取 $K=\max\{|M|,|m|\}$, 则对任意 $x\in[a,b]$ 有

$$|f(x)|\leqslant M,$$

即在 $[a,b]$ 上 $f(x)$ 有界. ■

注: 如果函数在 (a,b) 内连续, 或函数在 $[a,b]$ 上有间断点, 那么函数在该区间上不一定有界, 也不一定有最大值或最小值.

2. 介值定理

如果存在 x_0, 使得 $f(x_0)=0$, 则称 x_0 是 $f(x)$ 的一个零点.

定理 5 (零点定理) 如果函数 $f(x)$ 在闭区间 $[a,b]$ 上连续, 且 $f(a)\cdot f(b)<0$, 则至少存在一点 $\xi\in(a,b)$, 使得

$$f(\xi)=0.$$

证明略.

例 10 证明方程 $x^3-4x^2+1=0$ 在 $(0,1)$ 内至少有一个根.

证 令 $f(x)=x^3-4x^2+1$, 显然 $f(x)$ 在 $[0,1]$ 上连续, 且

$$f(0) = 1 > 0, \quad f(1) = -2 < 0.$$

由零点定理可知,在$(0,1)$内至少有一点ξ,使得

$$f(\xi) = 0.$$

即

$$\xi^3 - 4\xi^2 + 1 = 0, \quad \xi \in (0,1),$$

这说明$x = \xi$为方程的一个根,故方程$x^3 - 4x^2 + 1 = 0$在$(0,1)$内至少有一个根. ■

定理 6（**介值定理**）　如果函数$f(x)$在闭区间$[a,b]$上连续,且$f(a) = A, f(b) = B(A \neq B)$,则对于$A$与$B$之间任意的一个数$C$,至少存在一点$\xi \in (a,b)$,使得

$$f(\xi) = C.$$

证　设$\varphi(x) = f(x) - C$,则$\varphi(x)$在$[a,b]$上连续,且

$$\varphi(a) = f(a) - C = A - C,$$
$$\varphi(b) = f(b) - C = B - C,$$
$$\varphi(a) \cdot \varphi(b) < 0.$$

由零点定理可知,在(a,b)内至少存在一点ξ,使得

$$\varphi(\xi) = 0,$$

即$f(\xi) = C$. ■

推论　闭区间上的连续函数必取得介于最小值m与最大值M之间的任何值.

习题 1-6

1. 研究下列函数的连续性,并画出函数的图形.

(1) $f(x) = \begin{cases} x^2, & 0 \leqslant x \leqslant 1, \\ 2-x, & 1 < x \leqslant 2; \end{cases}$　(2) $f(x) = \begin{cases} x, & -1 \leqslant x \leqslant 1, \\ 1, & x < -1 \text{ 或 } x > 1. \end{cases}$

2. 下列函数$f(x)$在$x = 0$处是否连续? 为什么?

(1) $f(x) = \begin{cases} x^3 \sin \dfrac{1}{x}, & x \neq 0, \\ 0, & x = 0; \end{cases}$　(2) $f(x) = \begin{cases} e^x, & x \leqslant 0, \\ \dfrac{\sin x}{x}, & x > 0. \end{cases}$

3. 判断下列函数在指定点所属的间断点类型,如果是可去间断点,则请补充或改变函数的定义使它连续.

(1) $y = \dfrac{1}{(x+2)^2}, x = -2$;　(2) $y = \dfrac{x^2-1}{x^2-3x+2}, x = 1, x = 2$;

(3) $y = \dfrac{1}{x} \ln(1-x), x = 0$;　(4) $y = \cos^2 \dfrac{1}{x}, x = 0$;

(5) $y = \begin{cases} x-1, & x \leqslant 1, \\ 3-x, & x > 1, \end{cases} x = 1$;　(6) $y = \begin{cases} 2x-1, & x > 1, \\ 0, & x = 1, \\ 3-x, & x < 1, \end{cases} x = 1$.

4. 设$f(x) = \begin{cases} e^x, & x < 0, \\ a+x, & x \geqslant 0, \end{cases}$ 应当如何选择数a,使得$f(x)$成为$(-\infty, +\infty)$内的连续函数?

5. 设 $f(x)=\begin{cases} a+x^2, & x<0, \\ 1, & x=0, \\ \ln(b+x+x^2), & x>0, \end{cases}$ 已知 $f(x)$ 在 $x=0$ 处连续,试确定 a 和 b 的值.

6. 证明方程 $x^3-4x^2+1=0$ 在区间 $(0,1)$ 内至少有一个根.

7. 证明方程 $\sin x+x+1=0$ 在 $\left(-\dfrac{\pi}{2},\dfrac{\pi}{2}\right)$ 内至少有一个实根.

8. 证明曲线 $y=x^4-3x^2+7x-10$ 在 $x=1$ 与 $x=2$ 之间至少与 x 轴有一个交点.

9. 证明:若 $f(x)$ 在 $[a,b]$ 上连续,$a<x_1<x_2<\cdots<x_n<b$,则在 $[x_1,x_n]$ 上有 ξ,使

$$f(\xi)=\frac{f(x_1)+f(x_2)+\cdots+f(x_n)}{n}.$$

10. 设 $f(x)$ 在 $[0,2a]$ 连续,且 $f(0)=f(2a)$,证明:在 $[0,a]$ 上至少存在一点 ξ,使

$$f(\xi)=f(\xi+a).$$

总习题 1

1. 填空题

(1) 设 $f(x)=\begin{cases} 1, & |x|\leqslant 1, \\ 0, & |x|>1, \end{cases}$ 则 $f(f(x))=$ _____.

(2) 已知当 $x\to 0$ 时,$(1+ax^2)^{\frac{1}{3}}-1$ 与 $\cos x-1$ 是等价无穷小,则 $a=$ _____.

(3) $\lim\limits_{x\to 0}(1+3x)^{\frac{2}{\sin x}}=$ _____.

(4) 设 $\lim\limits_{x\to\infty}\left(\dfrac{x+2a}{x-a}\right)^x=8$,则 $a=$ _____.

(5) $f(x)$ 当 $x\to x_0$ 时的右极限 $f(x_0^+)$ 及左极限 $f(x_0^-)$ 都存在且相等是 $\lim\limits_{x\to x_0}f(x)$ 存在的 _____条件.

2. 求函数 $y=\sqrt{3-x}+\arcsin\dfrac{3-2x}{5}$ 的定义域.

3. 设函数 $f(x)$ 的定义域是 $[0,1)$,求 $f\left(\dfrac{x}{x+1}\right)$ 的定义域.

4. 证明 $f(x)=\dfrac{\sqrt{1+x^2}+x-1}{\sqrt{1+x^2}+x+1}$ 是奇函数 $(x\in\mathbb{R})$.

5. 设 $f\left(\dfrac{1}{x}\right)=x+\sqrt{1+x^2}\ (x\neq 0)$,求 $f(x)$.

6. 设 $\varphi(x+1)=\begin{cases} x^2, & 0\leqslant x\leqslant 1, \\ 2x, & 1<x\leqslant 2, \end{cases}$ 求 $\varphi(x)$.

7. 设 $f(x)=e^{x^2}$,$f[\varphi(x)]=1-x$,且 $\varphi(x)\geqslant 0$,求 $\varphi(x)$ 及其定义域.

8. 计算下列极限:

(1) $\lim\limits_{x\to 1}\dfrac{x^n-1}{x-1}$($n$ 为正整数);

(2) $\lim\limits_{x\to 4}\dfrac{\sqrt{2x+1}-3}{\sqrt{x-2}-\sqrt{2}}$;

(3) $\lim\limits_{x\to+\infty}(\sqrt{(x+p)(x+q)}-x)$;　　(4) $\lim\limits_{x\to\infty}\dfrac{x^2+1}{x^3+x}(3+\cos x)$.

9. 设 $f(x)=\begin{cases}1/x^2, & x<0,\\ 0, & x=0,\\ x^2-2x, & 0<x\leqslant2,\\ 3x-6, & 2<x.\end{cases}$ 讨论 $x\to0$ 及 $x\to2$ 时，$f(x)$ 的极限是否存在，并且

求 $\lim\limits_{x\to-\infty}f(x)$ 及 $\lim\limits_{x\to+\infty}f(x)$.

10. 计算下列极限：

(1) $\lim\limits_{n\to\infty}2^n\sin\dfrac{x}{2^n}(x\neq0)$;　　(2) $\lim\limits_{x\to\infty}\dfrac{3x^2+5}{5x+3}\sin\dfrac{2}{x}$;

(3) $\lim\limits_{x\to0}\dfrac{\sqrt{1+\tan x}-\sqrt{1+\sin x}}{x(1-\cos x)}$.

11. 计算下列极限：

(1) $\lim\limits_{x\to0}(1+x\mathrm{e}^x)^{\frac{1}{x}}$;　　(2) $\lim\limits_{x\to\frac{\pi}{2}}(1+\cos x)^{2\sec x}$;

(3) $\lim\limits_{x\to0}\left(\dfrac{1+\tan x}{1+\sin x}\right)^{\frac{1}{x^3}}$.

12. 利用等价无穷小性质求下列极限：

(1) $\lim\limits_{x\to0}\dfrac{(\sin x^n)}{(\sin x)^m}\ (m,n\in\mathbb{N})$;　　(2) $\lim\limits_{x\to0}\dfrac{\sin^2 3x}{\ln(1+2x)}$;

(3) $\lim\limits_{x\to0}\dfrac{(1+\alpha x)^{1/n}}{x}\ (n\in\mathbb{N})$;　　(4) $\lim\limits_{x\to0}\dfrac{\sin x-\tan x}{(\sqrt[3]{1+x}-1)(\sqrt{1+\sin x}-1)}$;

(5) $\lim\limits_{x\to0}\dfrac{\sqrt{1+x\sin x}-\cos x}{\sin^2\dfrac{x}{2}}$.

13. 已知 $\lim\limits_{x\to1}\dfrac{x^2+ax+b}{x-1}=3$，试求 a 和 b 的值.

14. 下列函数 $f(x)$ 在 $x=0$ 处是否连续？为什么？

(1) $f(x)=\begin{cases}\mathrm{e}^{-\frac{1}{x^2}}, & x\neq0,\\ 0, & x=0;\end{cases}$　　(2) $f(x)=\begin{cases}\dfrac{\sin x}{|x|}, & x\neq0,\\ 1, & x=0.\end{cases}$

15. 试确定 a 的值，使函数 $f(x)=\begin{cases}x^2+a, & x\leqslant0,\\ x\sin\dfrac{1}{x}, & x>0\end{cases}$ 在 $(-\infty,+\infty)$ 内连续.

16. 讨论函数 $f(x)=\lim\limits_{n\to\infty}\dfrac{1+x^{2n}}{1+x^{2n}}x$ 的连续性，若有间断点，判断其类型.

17. 设 $f(x)$ 在 $[a,b]$ 上连续，且 $a<c<d<b$，证明：对任意的正数 m,n，在 $[a,b]$ 上必存在点 ξ 使

$$mf(c)+nf(d)=(m+n)f(\xi).$$

导数与微分

数学中研究导数、微分及其应用的部分称为**微分学**，研究不定积分、定积分及其应用的部分称为**积分学**. 微分学与积分学统称为**微积分学**.

在第 1 章中研究了函数，函数概念刻画了因变量随自变量变化的依赖关系，但是，对研究运动过程来说，仅知道变量之间的依赖关系是不够的，还需要进一步知道因变量随自变量变化的快慢程度. 微分学是高等数学的重要组成部分，它的基本概念是导数与微分，其中导数反映出函数相对于自变量的变化快慢的程度，而微分则指出当变量存在微小变化时，函数大体上变化多少.

本章将详细讨论导数、微分的概念，建立导数与微分的基本公式和运算法则，解决初等函数的求导与微分问题.

2.1 导数

下列三类问题导致了微分学的产生：

(1)求变速运动的瞬时速度；(2)求曲线上某一点处的切线；(3)求最大值和最小值.

这三类实际问题的现实原型在数学上都可归结为函数相对于自变量变化而变化的快慢程度，即所谓**函数的变化率**问题. 牛顿从第一个问题出发，莱布尼茨从第二个问题出发，分别给出了导数的概念.

2.1.1 引例

引例 1 变速直线运动的瞬时速度.

假设一物体作变速直线运动，在 $[0, t]$ 这段时间内所经过的位移为 s，则 s 是时间 t 的函数 $s = s(t)$. 求该物体在时刻 $t_0 \in [0, t]$ 的瞬时速度 $v(t_0)$.

首先考虑物体在时刻 t_0 附近很短一段时间内的运动. 设物体从 t_0 到 $t_0 + \Delta t$ 这段时间间隔内位移从 $s(t_0)$ 变到 $s(t_0 + \Delta t)$，其改变量为

$$\Delta s = s(t_0 + \Delta t) - s(t_0),$$

在这段时间间隔内的平均速度为

$$\bar{v} = \frac{\Delta s}{\Delta t} = \frac{s(t_0 + \Delta t) - s(t_0)}{\Delta t}.$$

当时间间隔很小时,可以认为物体在时间 $[t_0, t_0 + \Delta t]$ 内近似地做匀速运动. 因此,可以用 $\bar{v}$ 作为 $v(t_0)$ 的近似值. 当时间间隔 $\Delta t \to 0$ 时,把平均速度 $\bar{v}$ 的极限称为时刻 t_0 的瞬时速度,即

$$v(t_0) = \lim_{\Delta t \to 0} \frac{\Delta s}{\Delta t} = \lim_{\Delta t \to 0} \frac{s(t_0 + \Delta t) - s(t_0)}{\Delta t}.$$

引例 2 平面曲线的切线斜率

设曲线 C 是函数 $y = f(x)$ 的图形,求曲线 C 在点 $M(x_0, y_0)$ 处切线的斜率.

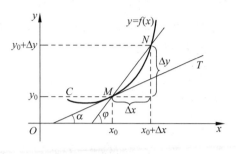

图 2-1

如图 2-1,设点 $N(x_0 + \Delta x, y_0 + \Delta y)(\Delta x \neq 0)$ 为曲线 C 上的另一点,连接点 M 和点 N 的直线 MN 称为曲线 C 的割线. 设割线 MN 的倾角为 φ,其斜率为

$$\tan \varphi = \frac{\Delta y}{\Delta x} = \frac{f(x_0 + \Delta x) - f(x_0)}{\Delta x}.$$

所以当点 N 沿曲线 C 趋近于点 M 时,割线 MN 的倾角 φ 趋近于切线 MT 的倾角 α,故割线 MN 的斜率为 $\tan \varphi$ 趋近于切线 MT 的斜率 $\tan \alpha$. 因此,曲线 C 在点 $M(x_0, y_0)$ 处的切线斜率为

$$\tan \alpha = \lim_{\Delta x \to 0} \tan \varphi = \lim_{\Delta x \to 0} \frac{\Delta y}{\Delta x} = \lim_{\Delta x \to 0} \frac{f(x_0 + \Delta x) - f(x_0)}{\Delta x}.$$

上面两例的实际意义完全不同,但都是某个量 $y = f(x)$ 的变化率问题,其计算归结为如下的极限问题:

$$\lim_{\Delta x \to 0} \frac{\Delta y}{\Delta x} = \lim_{\Delta x \to 0} \frac{f(x_0 + \Delta x) - f(x_0)}{\Delta x}.$$

其中 $\dfrac{f(x_0 + \Delta x) - f(x_0)}{\Delta x}$ 为函数增量与自变量的改变量之比,表示函数的平均变化率,而当 $\Delta x \to 0$ 时,平均变化率的极限即为函数 $y = f(x)$ 在点 x_0 的变化率.

在实际生活中还有许多不同类型的变化率问题,例如细杆的线密度、电流、人口增长率以及经济学中的边际成本、边际利润等,这就要求我们用统一的方式来处理,从而得出导数的概念.

2.1.2 导数的概念

1. 导数定义

定义 1 设 $y = f(x)$ 在点 x_0 的某个邻域内有定义,当自变量 x 在 x_0 处取得增量 Δx (点 $x_0 + \Delta x$ 仍在该邻域内)时,相应地,函数 y 取得增量

$$\Delta y = f(x_0 + \Delta x) - f(x_0),$$

如果当 $\Delta x \to 0$ 时,极限

$$\lim_{\Delta x \to 0} \frac{\Delta y}{\Delta x} = \lim_{\Delta x \to 0} \frac{f(x_0 + \Delta x) - f(x_0)}{\Delta x} \tag{2.1}$$

存在,则称此极限值为函数 $y = f(x)$ 在点 x_0 处的**导数**,并称函数 $y = f(x)$ 在点 x_0 处**可导**,记为

$$f'(x_0), y' \Big|_{x=x_0}, \frac{\mathrm{d}y}{\mathrm{d}x} \Big|_{x=x_0} \quad \text{或} \quad \frac{\mathrm{d}f}{\mathrm{d}x} \Big|_{x=x_0}.$$

函数 $f(x)$ 在点 x_0 处可导有时也称为函数 $f(x)$ 在点 x_0 处**具有导数**或**导数存在**.

导数的定义也可采取不同的表达形式.

例如,在式(2.1)中,令 $h = \Delta x$,则

$$f'(x_0) = \lim_{h \to 0} \frac{f(x_0 + h) - f(x_0)}{h}. \tag{2.2}$$

令 $x = x_0 + \Delta x$,则

$$f'(x_0) = \lim_{x \to x_0} \frac{f(x) - f(x_0)}{x - x_0}. \tag{2.3}$$

如果极限式(2.1)不存在,则称函数 $y = f(x)$ 在点 x_0 处**不可导**,称 x_0 为 $y = f(x)$ 的**不可导点**. 如果不可导的原因是式(2.1)的极限为 ∞,为方便起见,有时也称函数 $y = f(x)$ 在点 x_0 处的**导数为无穷大**.

注:导数概念是函数变化率这一概念的精确描述,它撇开了自变量和因变量所代表的几何或物理等方面的特殊意义,纯粹从数量方面来刻画函数变化率的本质:函数增量与自变量增量的比值 $\dfrac{\Delta y}{\Delta x}$ 是函数 y 在以 x_0 和 $x_0 + \Delta x$ 为端点的区间上的平均变化率,而导数 $y' \Big|_{x=x_0}$ 则是函数 y 在点 x_0 处的变化率,它反映了函数随自变量变化而变化的快慢程度.

如果函数 $y = f(x)$ 在开区间 I 内的每点处都可导,则称函数 $y = f(x)$ 在**开区间 I 内可导**.

设函数 $y = f(x)$ 在开区间 I 内可导,则对 I 内每一个点 x,都有一个导数值 $f'(x)$ 与之对应,因此,$f'(x)$ 也是 x 的函数,称其为 $f(x)$ 的**导函数**,记作

$$y', f'(x), \frac{\mathrm{d}y}{\mathrm{d}x} \text{ 或 } \frac{\mathrm{d}f(x)}{\mathrm{d}x}.$$

注:函数 $f(x)$ 在点 x_0 处的导数 $f'(x_0)$ 就是其导数 $f'(x)$ 在点 x_0 的函数值,即

$$f'(x_0) = f'(x) \Big|_{x=x_0}.$$

例 1 试按导数定义求 $\lim\limits_{\Delta x \to 0} \dfrac{f(x_0 - 3\Delta x) - f(x_0)}{\Delta x}$(假设极限均存在).

解 $\lim\limits_{\Delta x \to 0} \dfrac{f(x_0 - 3\Delta x) - f(x_0)}{\Delta x} = \lim\limits_{\Delta x \to 0} \dfrac{f(x_0 - 3\Delta x) - f(x_0)}{-3\Delta x} \cdot (-3) = -3 \cdot f'(x_0)$.

2. 用定义计算导数

根据导数的定义求导,一般包含以下三个步骤:

(1) 求函数的增量:$\Delta y = f(x + \Delta x) - f(x)$;

(2) 求两增量的比值:$\dfrac{\Delta y}{\Delta x} = \dfrac{f(x + \Delta x) - f(x)}{\Delta x}$;

(3) 求极限 $y' = \lim\limits_{\Delta x \to 0} \dfrac{\Delta y}{\Delta x}$.

例 2 求函数 $f(x) = C(C$ 为常数$)$的导数.

解 $f'(x) = \lim\limits_{\Delta x \to 0} \dfrac{f(x + \Delta x) - f(x)}{\Delta x} = \lim\limits_{\Delta x \to 0} \dfrac{C - C}{\Delta x} = 0$.

即

$$(C)' = 0.$$

例 3 求函数 $f(x) = x^n(n$ 为正整数$)$的导数.

解 $(x^n)' = \lim\limits_{\Delta x \to 0} \dfrac{(x + \Delta x)^n - \Delta x^n}{\Delta x} = \lim\limits_{\Delta x \to 0} \left[nx^{n-1} + \dfrac{n(n-1)}{2!} x^{n-2} \Delta x + \cdots + (\Delta x)^{n-1} \right]$

$\qquad = nx^{n-1}$.

即

$$(x^n)' = nx^{n-1}.$$

后边我们将证明：对一般的幂函数有

$$(x^\mu)' = \mu x^{\mu-1} \quad (\mu \in \mathbb{R}).$$

例如 $(\sqrt{x})' = \dfrac{1}{2} x^{\frac{1}{2}-1} = \dfrac{1}{2\sqrt{x}}$；$\left(\dfrac{1}{x} \right)' = (x^{-1})' = (-1)x^{-1-1} = -\dfrac{1}{x^2}$.

例 4 求函数 $f(x) = \sin x$ 的导数.

解 $(\sin x)' = \lim\limits_{\Delta x \to 0} \dfrac{\sin(x + \Delta x) - \sin x}{\Delta x} = \lim\limits_{\Delta x \to 0} \cos\left(x + \dfrac{\Delta x}{2} \right) \cdot \dfrac{\sin \dfrac{\Delta x}{2}}{\dfrac{\Delta x}{2}} = \cos x$.

即 $(\sin x)' = \cos x$.

同理可得 $(\cos x)' = -\sin x$.

例 5 求函数 $f(x) = a^x(a > 0, a \neq 1)$的导数.

解 当 $a > 0, a \neq 1$ 时，有

$$(a^x)' = \lim\limits_{\Delta x \to 0} \dfrac{a^{x+\Delta x} - a^x}{\Delta x} = a^x \lim\limits_{\Delta x \to 0} \dfrac{a^{\Delta x} - 1}{\Delta x} = a^x \ln a.$$

即 $(a^x)' = a^x \ln a$.

特别地，当 $a = e$ 时，有

$$(e^x)' = e^x.$$

例 6 求对数函数 $f(x) = \log_a x(a > 0, a \neq 0)$的导数.

解 $(\log_a x)' = f'(x) = \lim\limits_{\Delta x \to 0} \dfrac{f(x + \Delta x) - f(x)}{\Delta x} = \lim\limits_{\Delta x \to 0} \dfrac{\log_a(x + \Delta x) - \log_a x}{\Delta x}$

$\qquad = \lim\limits_{\Delta x \to 0} \dfrac{\log_a \left(1 + \dfrac{\Delta x}{x} \right)}{\Delta x} = \lim\limits_{\Delta x \to 0} \dfrac{1}{x} \log_a \left(1 + \dfrac{\Delta x}{x} \right)^{\frac{1}{\Delta x} \cdot x}$

$\qquad = \dfrac{1}{x} \log_a \left[\lim\limits_{\Delta x \to 0} \left(1 + \dfrac{\Delta x}{x} \right)^{\frac{x}{\Delta x}} \right] = \dfrac{1}{x} \log_a e = \dfrac{1}{x \ln a}$.

即

$$(\log_a x)' = \dfrac{1}{x \ln a}.$$

特别地,当 $a = e$ 时,有 $(\ln x)' = \dfrac{1}{x}$.

3. 单侧导数

求函数 $y = f(x)$ 在点 x_0 处的导数时,$x \to x_0$ 的方式是任意的. 如果 x 仅从 x_0 的左侧趋于 x_0(记为 $\Delta x \to 0^-$ 或 $x \to x_0^-$)时,极限

$$\lim_{\Delta x \to 0^-} \frac{\Delta y}{\Delta x} = \lim_{\Delta x \to 0^-} \frac{f(x_0 + \Delta x) - f(x_0)}{\Delta x}$$

存在,则称该极限值为函数 $y = f(x)$ 在点 x_0 处的**左导数**,记为 $f'_-(x_0)$. 即

$$f'_-(x_0) = \lim_{\Delta x \to 0^-} \frac{\Delta y}{\Delta x} = \lim_{\Delta x \to 0^-} \frac{f(x_0 + \Delta x) - f(x_0)}{\Delta x} = \lim_{x \to x_0^-} \frac{f(x) - f(x_0)}{x - x_0}.$$

类似地,可定义函数 $y = f(x)$ 在点 x_0 处的**右导数**:

$$f'_+(x_0) = \lim_{\Delta x \to 0^+} \frac{\Delta y}{\Delta x} = \lim_{\Delta x \to 0^+} \frac{f(x_0 + \Delta x) - f(x_0)}{\Delta x} = \lim_{x \to x_0^+} \frac{f(x) - f(x_0)}{x - x_0}.$$

如果函数 $f(x)$ 在开区间 (a, b) 内可导,且 $f'_+(a)$ 及 $f'_-(b)$ 都存在,则 $f(x)$ 在**闭区间** $[a, b]$ **上可导**.

函数在一点处的左导数、右导数与函数在该点处的导数间有如下关系:

定理 1 函数 $y = f(x)$ 在点 x_0 处可导的充分必要条件是:函数 $y = f(x)$ 在点 x_0 处的左、右导数均存在且相等.

注:本定理常被用于判定分段函数在分段点处是否可导.

例 7 设函数 $f(x) = \begin{cases} \sin x, & x < 0, \\ x, & x \geqslant 0. \end{cases}$ 求 $f'_+(0)$ 和 $f'_-(0)$,并由此判断 $f'(0)$ 是否存在.

解 $f'_+(0) = \lim\limits_{x \to 0^+} \dfrac{f(x) - f(0)}{x - 0} = \lim\limits_{x \to 0^+} \dfrac{x - 0}{x} = 1,$

$f'_-(0) = \lim\limits_{x \to 0^-} \dfrac{f(x) - f(0)}{x - 0} = \lim\limits_{x \to 0^-} \dfrac{\sin x - 0}{x} = 1.$

即 $f'_+(0) = f'_+(0)$,故 $f'(0)$ 存在,且 $f'(0) = 1$.

2.1.3 导数的几何意义

由引例 2 的讨论可知,如果函数 $y = f(x)$ 在点 x_0 处可导,则 $f'(x_0)$ 就是曲线 $y = f(x)$ 在点 $M(x_0, y_0)$ 处切线的斜率,即 $k = \tan\alpha = f'(x_0)$,其中 α 是曲线 $y = f(x)$ 在点 M 处的切线的倾角(如图 2-2).

于是,曲线 $y = f(x)$ 在点 $M(x_0, y_0)$ 处的切线方程为

$$y - y_0 = f'(x_0)(x - x_0),$$

法线方程为

$$y - y_0 = -\frac{1}{f'(x_0)}(x - x_0).$$

如果 $f'(x_0) = 0$,则切线方程为 $y = y_0$,即切线平行于 x 轴.

如果 $f'(x_0)$ 为无穷大,则切线方程为 $x = x_0$,即切线垂直于 x 轴.

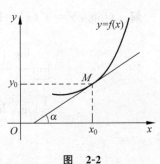

图 2-2

例 8 求双曲线 $y = \dfrac{1}{x}$ 在点 $\left(\dfrac{1}{2}, 2\right)$ 处的切线方程和法线方程.

解 因为

$$y' = \left(\frac{1}{x}\right)' = -\frac{1}{x^2},$$

由导数的几何意义可知,所求切线的斜率为

$$y' \big|_{x=\frac{1}{2}} = -4,$$

从而所求切线方程为

$$y - 2 = -4\left(x - \frac{1}{2}\right),$$

即

$$4x + y - 4 = 0.$$

所求法线方程为

$$y - 2 = \frac{1}{4}\left(x - \frac{1}{2}\right),$$

即

$$2x - 8y + 15 = 0.$$

注:导数在物理中也有广泛的应用.

例如,根据引例 1 中的讨论可知,作变速直线运动的物体在时刻 t_0 的瞬时速度 $v(t_0)$ 是路程函数 $s = s(t)$ 在时刻 t_0 的导数,即 $v(t_0) = s'(t_0)$.

2.1.4 函数的可导性与连续性的关系

初等函数在其定义的区间上都是连续的,那么函数的连续性与可导性之间有什么联系呢? 下面的定理从一方面回答了这个问题.

定理 2 如果函数 $y = f(x)$ 在点 x_0 处可导,则它在 x_0 处连续.

证 因为函数 $y = f(x)$ 在点 x_0 处可导,所以

$$\lim_{\Delta x \to 0} \frac{\Delta y}{\Delta x} = f'(x_0),$$

其中 $\Delta y = f(x_0 + \Delta x) - f(x_0)$. 从而

$$\lim_{\Delta x \to 0} \Delta y = \lim_{\Delta x \to 0} \frac{\Delta y}{\Delta x} \cdot \Delta x = \lim_{\Delta x \to 0} \frac{\Delta y}{\Delta x} \cdot \lim_{\Delta x \to 0} \Delta x = 0.$$

所以,函数 $f(x)$ 在点 x_0 处连续. ∎

注:该定理的逆命题不成立,即函数在某点连续,但在该点不一定可导;但是该定理的逆否命题是成立的,即若函数在某点处不连续,则它在该点处一定不可导.

例 9 讨论函数

$$f(x) = |x| = \begin{cases} x, & x \geqslant 0, \\ -x, & x < 0 \end{cases}$$

在 $x = 0$ 处的连续性与可导性.

解 函数 $f(x) = |x|$ 在 $x = 0$ 处是连续的. 因为

$$\lim_{x \to 0^+} f(x) = \lim_{x \to 0^+} |x| = \lim_{x \to 0^+} x = 0,$$

$$\lim_{x \to 0^-} f(x) = \lim_{x \to 0^-} |x| = \lim_{x \to 0^-} (-x) = 0,$$

因而

$$\lim_{x \to 0^+} f(x) = \lim_{x \to 0^-} f(x) = 0 = f(0),$$

即函数 $f(x) = |x|$ 在 $x = 0$ 处是连续的.

给 $x = 0$ 一个增量 Δx,则函数增量与自变量增量的比值为

$$\frac{\Delta y}{\Delta x} = \frac{f(0 + \Delta x) - f(0)}{\Delta x} = \frac{|\Delta x|}{\Delta x},$$

于是

$$f'_+(0) = \lim_{\Delta x \to 0^+} \frac{\Delta y}{\Delta x} = \lim_{\Delta x \to 0^+} \frac{|\Delta x|}{\Delta x} = \lim_{\Delta x \to 0^+} \frac{\Delta x}{\Delta x} = 1,$$

$$f'_-(0) = \lim_{\Delta x \to 0^-} \frac{\Delta y}{\Delta x} = \lim_{\Delta x \to 0^-} \frac{|\Delta x|}{\Delta x} = \lim_{\Delta x \to 0^-} \frac{-\Delta x}{\Delta x} = -1.$$

因为 $f'_+(0) \neq f'_-(0)$,所以函数 $f(x) = |x|$ 在 $x = 0$ 处不可导.

例 10　讨论 $f(x) = \begin{cases} x\sin\dfrac{1}{x}, & x \neq 0, \\ 0, & x = 0 \end{cases}$ 在 $x = 0$ 处的连续性与可导性.

解　因为 $x\sin\dfrac{1}{x}$ 是有界函数,则有

$$\lim_{x \to 0} x\sin\frac{1}{x} = 0.$$

由 $\lim\limits_{x \to 0} f(x) = 0 = f(0)$ 知,函数 $f(x)$ 在点 $x = 0$ 处连续.

但在 $x = 0$ 处有

$$\frac{\Delta y}{\Delta x} = \frac{(0 + \Delta x)\sin\dfrac{1}{0 + \Delta x} - 0}{\Delta x} = \sin\frac{1}{\Delta x}.$$

因为极限 $\lim\limits_{\Delta x \to 0} \dfrac{\Delta y}{\Delta x}$ 不存在,所以 $f(x)$ 在点 $x = 0$ 处不可导.

例 11　设函数

$$f(x) = \begin{cases} e^x, & x \leqslant 0, \\ x^2 + ax + b, & x > 0. \end{cases}$$

问 a, b 取何值时,函数 $f(x)$ 在点 $x = 0$ 处可导.

解　$f(x)$ 在点 $x = 0$ 处可导,则 $f(x)$ 在点 $x = 0$ 处必连续,即

$$\lim_{x \to 0^+} f(x) = \lim_{x \to 0^-} f(x) = f(0).$$

因为 $\lim\limits_{x \to 0^+} f(x) = \lim\limits_{x \to 0^+} (x^2 + ax + b) = b$, $\lim\limits_{x \to 0^-} f(x) = \lim\limits_{x \to 0^-} e^x = 1$, $f(0) = 1$,所以 $b = 1$.

又因为

$$f'_+(0) = \lim_{x \to 0^+} \frac{f(x) - f(0)}{x - 0} = \lim_{x \to 0^+} \frac{(x^2 + ax + 1) - 1}{x} = a,$$

$$f'_-(0) = \lim_{x \to 0^-} \frac{f(x) - f(0)}{x - 0} = \lim_{x \to 0^-} \frac{e^x - 1}{x} = 1,$$

$f(x)$ 在点 $x = 0$ 处可导,则 $f'_+(0) = f'_-(0)$,有 $a = 1$.

所以,当 $a=1,b=1$ 时,函数 $f(x)$ 在点 $x=0$ 处可导.

在微积分理论尚不完善的时候,人们普遍认为连续函数除个别点外都是可导的. 1872 年德国数学家魏尔斯特拉斯构造出一个处处连续但处处不可导的例子,这与人们基于直观的普遍认识大相径庭,从而震惊了数学界和思想界. 这就促使人们在微积分研究中从依赖于直观转向理性思维,从而大大促进了微积分逻辑基础的创建工作.

习题 2-1

1. 设 $f(x)=10x^2$,试按定义求 $f'(-1)$.

2. 已知物体的运动规律 $s=t^3(\mathrm{m})$,求该物体在 $t=2\mathrm{s}$ 时的速度.

3. 设 $f'(x)$ 存在,试利用导数的定义求下列极限:

(1) $\lim\limits_{\Delta x\to 0}\dfrac{f(x_0-\Delta x)-f(x_0)}{\Delta x}$; (2) $\lim\limits_{h\to 0}\dfrac{f(x_0+h)-f(x_0-h)}{h}$;

(3) $\lim\limits_{\Delta x\to 0}\dfrac{f(x_0+\Delta x)-f(x_0-2\Delta x)}{2\Delta x}$; (4) $\lim\limits_{x\to 0}\dfrac{f(x)}{x}$,其中 $f(0)=0$.

4. 设 $f(x)$ 在 $x=2$ 处连续,且 $\lim\limits_{x\to 2}\dfrac{f(x)}{x-2}=2$,求 $f'(2)$.

5. 给定抛物线 $y=x^2-x+2$,求过点 $(1,2)$ 的切线方程与法线方程.

6. 求曲线 $y=\cos x$ 在点 $\left(\dfrac{\pi}{3},\dfrac{1}{2}\right)$ 处的切线方程和法线方程.

7. 求曲线 $y=\mathrm{e}^x$ 在点 $(0,1)$ 处的切线方程和法线方程.

8. 求下列函数的导数.

(1) $y=\sqrt[3]{x^2}$; (2) $y=\dfrac{1}{\sqrt{x}}$;

(3) $y=\sqrt{x\sqrt{x}}$; (4) $y=x\sqrt[3]{x}$.

9. 函数 $f(x)=\begin{cases}x^2+1, & 0\leqslant x<1,\\ 3x-1, & 1\leqslant x\end{cases}$ 在点 $x=1$ 处是否可导?为什么?

10. 已知 $f(x)=\begin{cases}\sin x, & x<0,\\ x, & x\geqslant 0,\end{cases}$ 求 $f'(0),f'(x)$.

11. 讨论 $f(x)=\begin{cases}x^2\sin\dfrac{1}{x}, & x\neq 0,\\ 0, & x=0\end{cases}$ 在 $x=0$ 处的连续性与可导性.

12. 讨论 $f(x)=\begin{cases}x\arctan\dfrac{1}{x}, & x\neq 0,\\ 0, & x=0\end{cases}$ 在 $x=0$ 处的连续性与可导性.

13. 设函数 $f(x)=\begin{cases}ax+b, & x>0,\\ \cos x, & x\leqslant 0.\end{cases}$ 为了使函数 $f(x)$ 在 $x=0$ 处可导,a,b 应取何值?

14. 单项选择题

(1) 设 $f(x)$ 在点 $x=x_0$ 处可导,则 $f'(x_0)=($ $)$.

A. $\lim\limits_{\Delta x \to 0} \dfrac{f(x_0 - \Delta x) - f(x_0)}{\Delta x}$　　　　B. $\lim\limits_{h \to 0} \dfrac{f(x_0 + h) - f(x_0 - h)}{2h}$

C. $\lim\limits_{x \to 0} \dfrac{f(x_0) - f(x_0 + 2x)}{2x}$　　　　D. $\lim\limits_{x \to 0} \dfrac{f(x) - f(0)}{x}$

(2) 函数 $f(x)$ 在点 $x = x_0$ 处连续是 $f(x)$ 在点 $x = x_0$ 处可导的(　　).

A. 必要条件　　　　　　　　　　B. 充分条件

C. 充分必要条件　　　　　　　　D. 既非充分又非必要条件

2.2　函数的求导法则

求函数的导数,是理论研究和实践应用中经常遇到的一个普遍问题.用导数的定义求导往往是非常复杂的,为此需要建立求导法则及基本求导公式,利用这些求导法则可以比较方便地求出常见的初等函数的导数.

2.2.1　导数的四则运算法则

定理 1　若函数 $u(x), v(x)$ 在点 x 处可导,则它们的和、差、积、商(分母不为零)在点 x 处也可导,且

(1) $[u(x) \pm v(x)]' = u'(x) \pm v'(x)$;

(2) $[u(x) \cdot v(x)]' = u'(x)v(x) + u(x)v'(x)$;

(3) $\left[\dfrac{u(x)}{v(x)}\right]' = \dfrac{u'(x)v(x) - u(x)v'(x)}{v^2(x)}$　$(v(x) \neq 0)$.

证　在此只证明(3),(1)、(2)请读者自己证明.

设 $f(x) = \dfrac{u(x)}{v(x)} (v(x) \neq 0)$,则

$$
\begin{aligned}
f'(x) &= \lim_{\Delta x \to 0} \frac{f(x + \Delta x) - f(x)}{\Delta x} = \lim_{\Delta x \to 0} \frac{\dfrac{u(x + \Delta x)}{v(x + \Delta x)} - \dfrac{u(x)}{v(x)}}{\Delta x} \\
&= \lim_{\Delta x \to 0} \frac{u(x + \Delta x)v(x) - u(x)v(x + \Delta x)}{v(x + \Delta x)v(x)\Delta x} \\
&= \lim_{\Delta x \to 0} \frac{[u(x + \Delta x) - u(x)]v(x) - u(x)[v(x + \Delta x) - v(x)]}{v(x + \Delta x)v(x)\Delta x} \\
&= \lim_{\Delta x \to 0} \left[\frac{\dfrac{u(x + \Delta x) - u(x)}{\Delta x}v(x) - u(x)\dfrac{v(x + \Delta x) - v(x)}{\Delta x}}{v(x + \Delta x)v(x)}\right] \\
&= \frac{u'(x)v(x) - u(x)v'(x)}{v^2(x)}.
\end{aligned}
$$

从而所证结论成立.　　　　　　　　　　　　　　　　　　　　　　■

注:法则(1)、(2)均可推广到有限多个函数运算的情形.例如,设 $u = u(x)$、$v = v(x)$、$w = w(x)$ 均可导,则有

$$(u - v + w)' = u' - v' + w'.$$

$$(uvw)' = [(uv)w]' = (uv)'w + (uv)w' = (u'v + uv') + uvw',$$

即
$$(uvw)' = u'vw + uv'w + uvw'.$$

若在法则(2)中,令 $v(x) = C$ (C 为常数),则有
$$[Cu(x)]' = Cu'(x).$$

若在法则(3)中,令 $u(x) = C$ (C 为常数),则有
$$\left[\frac{C}{v(x)}\right]' = -C\frac{v'(x)}{v^2(x)}.$$

例 1　求函数 $y = 3x^3 - \dfrac{5}{x} + 4\sin x + \ln 2$ 的导数.

解　$y' = (3x^3)' - \left(\dfrac{5}{x}\right)' + (4\sin x)' = 9x^2 + \dfrac{5}{x^2} + 4\cos x.$

例 2　求函数 $y = 4\sqrt{x}\cos x$ 的导数.

解　$y' = (4\sqrt{x}\cos x)' = 4(\sqrt{x})'\cos x + 4\sqrt{x}(\cos x)'$

$= \dfrac{4}{2\sqrt{x}}\cos x + 4\sqrt{x}(-\sin x) = \dfrac{2}{\sqrt{x}}\cos x - 4\sqrt{x}\sin x.$

例 3　求函数 $y = \tan x$ 的导数.

解　$y' = \left(\dfrac{\sin x}{\cos x}\right)' = \dfrac{(\sin x)'\cos x - \sin x(\cos x)'}{\cos^2 x} = \dfrac{\cos x \cdot \cos x - \sin x(-\sin x)}{\cos^2 x}$

$= \dfrac{\cos^2 x + \sin^2 x}{\cos^2 x} = \dfrac{1}{\cos^2 x} = \sec^2 x,$

即
$$(\tan x)' = \sec^2 x.$$

同理可得
$$(\cot x)' = -\csc^2 x.$$

例 4　求函数 $y = \sec x$ 的导数.

解　$y' = (\sec x)' = \left(\dfrac{1}{\cos x}\right)' = -\dfrac{(\cos x)'}{\cos^2 x} = \dfrac{\sin x}{\cos^2 x} = \dfrac{\sin x}{\cos x} \cdot \dfrac{1}{\cos x} = \tan x \cdot \sec x,$

即
$$(\sec x)' = \sec x \cdot \tan x.$$

同理可得
$$(\csc x)' = -\csc x \cdot \cot x.$$

2.2.2　反函数的求导法则

设 $x = \varphi(y)$ 是原函数,$y = f(x)$ 是它的反函数,由第 1 章反函数的连续性定理知,若 $\varphi(y)$ 在区间 I_y 内单调且连续,则反函数 $y = f(x)$ 在对应区间 $I_x = \{x \mid x = \varphi(y), y \in I_y\}$ 内也是单调且连续的.现在假定 $y = \varphi(x)$ 在区间 I_y 内不仅单调连续,而且是可导的,在此考虑它的反函数 $y = f(x)$ 的可导性以及导数 $f'(x)$ 与 $\varphi'(x)$ 之间的关系,有如下定理:

定理 2　设函数 $x = \varphi(y)$ 在区间 I_y 内单调、可导且 $\varphi'(y) \neq 0$,则其反函数 $y = f(x)$ 在对应区间 I_x 内也可导,且

$$f'(x) = \frac{1}{\varphi'(y)} \quad \text{或} \quad \frac{\mathrm{d}y}{\mathrm{d}x} = \frac{1}{\frac{\mathrm{d}x}{\mathrm{d}y}}.$$

即反函数的导数等于直接函数导数的倒数.

    *证   任取 $x \in I_x$,并给 x 以增量 $\Delta x (\Delta x \neq 0, x + \Delta x \in I_x)$,则由 $f(x)$ 的单调性可知 $\Delta y = f(x + \Delta x) - f(x) \neq 0$,再由 $f(x)$ 的连续性知,当 $\Delta x \rightarrow 0$ 时,$\Delta y \rightarrow 0$,从而结合 $\varphi'(y) \neq 0$ 便有

$$f'(x) = \lim_{\Delta x \rightarrow 0} \frac{\Delta y}{\Delta x} = \lim_{\Delta y \rightarrow 0} \frac{1}{\frac{\Delta x}{\Delta y}} = \frac{1}{\varphi'(y)}.$$

    上式表示,反函数 $y = f(x)$ 在点 x 处可导,且 $f'(x) = \dfrac{1}{\varphi'(y)}$,再由 x 的任意性便知定理的结论成立. ■

    例 5   求函数 $y = \arcsin x$ 的导数.

    解   因为 $y = \arcsin x$ 的反函数是 $x = \sin y$ 在 $I_y = \left(-\dfrac{\pi}{2}, \dfrac{\pi}{2} \right)$ 内单调、可导,且

$$(\sin y)' = \cos y > 0,$$

所以在对应区间 $I_x = (-1, 1)$ 内,有

$$(\arcsin x)' = \frac{1}{(\sin y)'} = \frac{1}{\cos y} = \frac{1}{\sqrt{1 - \sin^2 y}} = \frac{1}{\sqrt{1 - x^2}},$$

即 $(\arcsin x)' = \dfrac{1}{\sqrt{1 - x^2}}$.

    同理可得

$$(\arccos x)' = -\frac{1}{\sqrt{1 - x^2}}.$$

    例 6   求函数 $y = \arctan x$ 的导数.

    解   因为 $y = \arctan x$ 的反函数是 $x = \tan y$ 在 $I_y = \left(-\dfrac{\pi}{2}, \dfrac{\pi}{2} \right)$ 内单调、可导,且

$$(\tan y)' = \sec^2 y > 0,$$

所以在对应区间 $I_x = (-\infty, \infty)$ 内,有

$$(\arctan x)' = \frac{1}{(\tan y)'} = \frac{1}{\sec^2 y} = \frac{1}{1 + \tan^2 y} = \frac{1}{1 + x^2}.$$

即 $(\arctan x)' = \dfrac{1}{1 + x^2}$.

    同理可得

$$(\text{arccot} x)' = -\frac{1}{1 + x^2}.$$

    例 7   求函数 $y = \log_a x$ ($a > 0$ 且 $a \neq 1$) 的导数.

    解   因为 $y = \log_a x$ 的反函数 $x = a^y$ 在 $I_y = (-\infty, +\infty)$ 内单调、可导,且

$$(a^y)' = a^y \ln a \neq 0,$$

所以在对应区间 $I_x = (0, +\infty)$ 内,有

$$(\log_a x)' = \frac{1}{(a^y)'} = \frac{1}{a^y \ln a} = \frac{1}{x \ln a}.$$

即 $(\log_a x)' = \dfrac{1}{x \ln a}$.

特别地,当 $a = \mathrm{e}$ 时,

$$(\ln x)' = \frac{1}{x}.$$

2.2.3 复合函数的求导法则

利用基本求导公式与导数四则运算法则,可以求一些简单函数的导数. 实际问题中遇到的函数多是由几个基本初等函数构成的复合函数,因此,复合函数的求导法则是求导运算中一个非常重要的法则.

定理 3 若函数 $u = g(x)$ 在点 x 处可导,而 $y = f(u)$ 在点 $u = g(x)$ 处可导,则复合函数 $y = f[g(x)]$ 在点 x 处可导,且其导数为

$$\frac{\mathrm{d}y}{\mathrm{d}x} = f'(u) \cdot g'(x) \quad \text{或} \quad \frac{\mathrm{d}y}{\mathrm{d}x} = \frac{\mathrm{d}y}{\mathrm{d}u} \cdot \frac{\mathrm{d}u}{\mathrm{d}x}.$$

证 设 x 取得增量 Δx,则 u 取得相应的增量 Δu,从而 y 取得相应的增量 Δy,即

$$\Delta u = g(x + \Delta x) - g(x),$$
$$\Delta y = f(u + \Delta u) - f(u).$$

当 $\Delta u \neq 0$ 时,有

$$\frac{\Delta y}{\Delta x} = \frac{\Delta y}{\Delta u} \cdot \frac{\Delta u}{\Delta x}.$$

因为函数 $u = g(x)$ 在点 x 处可导,则必连续,当 $\Delta x \to 0$ 时,$\Delta u \to 0$,因此

$$\lim_{\Delta x \to 0} \frac{\Delta y}{\Delta x} = \lim_{\Delta x \to 0} \frac{\Delta y}{\Delta u} \cdot \lim_{\Delta x \to 0} \frac{\Delta u}{\Delta x},$$

即 $\dfrac{\mathrm{d}y}{\mathrm{d}x} = f'(u) g'(x)$.

当 $\Delta u = 0$ 时,可以证明上述公式仍然成立. ■

注:复合函数的求导法则可叙述为:复合函数的导数等于函数对中间变量的导数乘以中间变量对自变量的导数. 这一法则又称为链式法则.

复合函数求导法则可推广到多个中间变量的情形. 例如,设

$$y = f(u), \quad u = \varphi(v), \quad v = \psi(x),$$

均满足定理 3 的条件,则复合函数 $y = f\{\varphi[\psi(x)]\}$ 的导数为

$$\frac{\mathrm{d}y}{\mathrm{d}x} = \frac{\mathrm{d}y}{\mathrm{d}u} \cdot \frac{\mathrm{d}u}{\mathrm{d}v} \cdot \frac{\mathrm{d}v}{\mathrm{d}x} \quad \text{或} \quad \frac{\mathrm{d}y}{\mathrm{d}x} = f'(u) \cdot \varphi'(v) \cdot \psi'(x).$$

例 8 求函数 $y = \ln \tan x$ 的导数.

解 $y = \ln \tan x$ 可看做由 $y = \ln u$ 与 $u = \tan x$ 复合而成的,故

$$\frac{\mathrm{d}y}{\mathrm{d}x} = \frac{\mathrm{d}y}{\mathrm{d}u} \cdot \frac{\mathrm{d}u}{\mathrm{d}x} = \frac{1}{u} \cdot \sec^2 x = \frac{\cos x}{\sin x} \cdot \frac{1}{\cos^2 x} = \frac{2}{\sin 2x}.$$

例 9 求函数 $y = (5x + 3)^{100}$ 的导数.

解 设 $y = u^{100}, u = 5x + 3$,则

$$\frac{\mathrm{d}y}{\mathrm{d}x} = \frac{\mathrm{d}y}{\mathrm{d}u} \cdot \frac{\mathrm{d}u}{\mathrm{d}x} = 100u^{99} \cdot 5 = 100(5x+3)^{99} \cdot 5 = 500(5x+3)^{99}.$$

在求复合函数的导数时,首先要分清函数的复合层次,然后从外向里,逐层推进求导,不要遗漏,也不要重复. 熟悉求导链式法则以后,在求导时就不必写出中间变量.

例 8 可以这样做:

$$y' = (\ln\tan x)' = \frac{1}{\tan x} \cdot (\tan x)' = \frac{1}{\tan x} \cdot \sec^2 x = \frac{\cos x}{\sin x} \cdot \frac{1}{\cos^2 x} = \frac{2}{\sin 2x}.$$

例 9 可以这样做:

$$y' = \left[(5x+3)^{100} \right]' = 100(5x+3)^{99} \cdot (5x+3)' = 500(5x+3)^{99}.$$

例 10　求函数 $y = \ln\arctan\dfrac{1}{x}$ 的导数.

解　$y' = \dfrac{1}{\arctan\dfrac{1}{x}} \left(\arctan\dfrac{1}{x} \right)' = \dfrac{1}{\arctan\dfrac{1}{x}} \cdot \dfrac{1}{1 + \left(\dfrac{1}{x}\right)^2} \cdot \left(\dfrac{1}{x} \right)'$

$$= \frac{1}{\arctan\dfrac{1}{x}} \cdot \frac{x^2}{x^2+1} \cdot \left(-\frac{1}{x^2} \right) = -\frac{1}{(x^2+1)\arctan\dfrac{1}{x}}.$$

例 11　求函数 $y = \mathrm{e}^{\sin\frac{1}{x}}$ 的导数.

解　$y' = \mathrm{e}^{\sin\frac{1}{x}} \left(\sin\dfrac{1}{x} \right)' = \mathrm{e}^{\sin\frac{1}{x}} \cos\dfrac{1}{x} \left(\dfrac{1}{x} \right)' = -\dfrac{1}{x^2} \mathrm{e}^{\sin\frac{1}{x}} \cos\dfrac{1}{x}.$

例 12　设 $f(x) = \arctan\mathrm{e}^x - \ln\sqrt{\dfrac{\mathrm{e}^{2x}}{\mathrm{e}^{2x}+1}}$,求 $f'(0)$.

解　因为

$$f(x) = \arctan\mathrm{e}^x - \frac{1}{2}\left[\ln\mathrm{e}^{2x} - \ln(\mathrm{e}^{2x}+1) \right] = \arctan\mathrm{e}^x - x + \frac{1}{2}\ln(\mathrm{e}^{2x}+1),$$

所以

$$f'(x) = \frac{1}{1+(\mathrm{e}^x)^2} \cdot \mathrm{e}^x - 1 + \frac{1}{2} \cdot \frac{1}{\mathrm{e}^{2x}+1} \cdot \mathrm{e}^{2x} \cdot 2 = \frac{\mathrm{e}^x}{1+\mathrm{e}^{2x}} - 1 + \frac{\mathrm{e}^{2x}}{\mathrm{e}^{2x}+1} = \frac{\mathrm{e}^x - 1}{\mathrm{e}^{2x}+1}.$$

因此

$$f'(0) = \frac{\mathrm{e}^0 - 1}{\mathrm{e}^0 + 1} = 0.$$

例 13　求函数 $y = \ln\left(x + \sqrt{1+x^2} \right)$ 的导数.

解　$y' = \dfrac{1}{x+\sqrt{1+x^2}} \left(1 + \dfrac{2x}{2\sqrt{1+x^2}} \right) = \dfrac{1}{x+\sqrt{1+x^2}} \cdot \dfrac{\sqrt{1+x^2}+x}{\sqrt{1+x^2}} = \dfrac{1}{\sqrt{1+x^2}}.$

例 14　求幂函数 $y = x^\alpha$(α 为实数,$x > 0$)的导数.

解　因为 $x^\alpha = \mathrm{e}^{\alpha\ln x}$($x > 0$). 故

$$(x^\alpha)' = (\mathrm{e}^{\alpha\ln x})' = \mathrm{e}^{\alpha\ln x}(\alpha\ln x)' = x^\alpha \alpha (x)^{-1} = \alpha x^{\alpha-1}.$$

注:此例把 $y = x^n$ 中 n 为正整数推广到了 n 为任意实数 α,即对任意实数 α,均有公式 $(x^\alpha)' = \alpha x^{\alpha-1}$ 成立.

例 15　求函数 $f(x) = \begin{cases} 3x, & 0 < x \leqslant 1, \\ x^3 + 2, & 1 < x < 3 \end{cases}$ 的导数.

解 求分段函数的导数时,在每一段内的导数可按一般求导法则求之,但在分段点处的导数要用左、右导数的定义求之.

当 $0<x<1$ 时,$f'(x)=(3x)'=3$;

当 $1<x<3$ 时,$f'(x)=(x^3+2)'=3x^2$;

当 $x=1$ 时,$f(1)=3$,

$$f'_-(1)=\lim_{x\to1^-}\frac{f(x)-f(1)}{x-1}=\lim_{x\to1^-}\frac{3x-3}{x-1}=3,$$

$$f'_+(1)=\lim_{x\to1^+}\frac{f(x)-f(1)}{x-1}=\lim_{x\to1^+}\frac{x^3+2-3}{x-1}=\lim_{x\to1^+}\frac{x^3-1}{x-1}=\lim_{x\to1^+}(x^2+x+1)=3.$$

由 $f'_+(1)=f'_-(1)=3$ 知,$f'(1)=3$. 所以

$$f'(x)=\begin{cases}3, & 0<x\leqslant1,\\ 3x^2, & 1<x<3.\end{cases}$$

例 16 已知 $f(u)$ 可导,求函数 $y=f(\csc x)$ 的导数.

解 $y'=[f(\csc x)]'=f'(\csc x)\cdot(\csc x)'=-f'(\csc x)\cdot\csc x\cdot\cot x.$

注:求此类含抽象函数的导数时,应特别注意记号表示的真实含义,此例中 $f'(\csc x)$ 表示对 $\csc x$ 求导,而 $[f(\csc x)]'$ 表示对 x 求导.

2.2.4 初等函数的求导法则

1. 基本求导公式

(1) $(C)'=0$;

(2) $(x^\mu)'=\mu x^{\mu-1}$;

(3) $(\sin x)'=\cos x$;

(4) $(\cos x)'=-\sin x$;

(5) $(\tan x)'=\sec^2 x$;

(6) $(\cot x)'=-\csc^2 x$;

(7) $(\sec x)'=\sec x\cdot\tan x$;

(8) $(\csc x)'=-\csc x\cdot\cot x$;

(9) $(a^x)'=a^x\ln a$;

(10) $(e^x)'=e^x$;

(11) $(\log_a x)'=\dfrac{1}{x\ln a}$;

(12) $(\ln x)'=\dfrac{1}{x}$;

(13) $(\arcsin x)'=\dfrac{1}{\sqrt{1-x^2}}$;

(14) $(\arccos x)'=-\dfrac{1}{\sqrt{1-x^2}}$;

(15) $(\arctan x)'=\dfrac{1}{1+x^2}$;

(16) $(\text{arccot}\,x)'=-\dfrac{1}{1+x^2}$.

2. 函数的和、差、积、商的求导法则

设 $u=u(x),v=v(x)$ 可导,则

(1) $(u\pm v)'=u'\pm v'$;

(2) $(Cu)'=Cu'$(C 为常数);

(3) $(uv)'=u'v+uv'$;

(4) $\left(\dfrac{u}{v}\right)'=\dfrac{u'v-uv'}{v^2}$($v\neq0$).

3. 反函数的求导法则

若函数 $x=\varphi(y)$ 在区间 I_y 内单调、可导,且 $\varphi'(y)\neq0$,则其反函数 $y=f(x)$ 在对应区间 I_x 内也可导,且

$$f'(x)=\frac{1}{\varphi'(y)}\quad\text{或}\quad\frac{\mathrm{d}y}{\mathrm{d}x}=\frac{1}{\dfrac{\mathrm{d}x}{\mathrm{d}y}}.$$

4. 复合函数的求导法则

设 $y=f(u)$，而 $u=g(x)$，则 $y=f[\varphi(x)]$ 的导数为

$$\frac{\mathrm{d}y}{\mathrm{d}x}=\frac{\mathrm{d}y}{\mathrm{d}u}\cdot\frac{\mathrm{d}u}{\mathrm{d}x}\quad\text{或}\quad\frac{\mathrm{d}y}{\mathrm{d}x}=f'(u)\cdot g'(x).$$

下面再举两个运用这些法则和导数公式的例子.

例 17　求函数 $y=\dfrac{x}{2}\sqrt{a^2-x^2}$ 的导数.

解　$y'=\dfrac{1}{2}\sqrt{a^2-x^2}+\dfrac{x}{2}\cdot\dfrac{1}{2\sqrt{a^2-x^2}}(0-2x)=\dfrac{a^2-2x^2}{2\sqrt{a^2-x^2}}.$

例 18　已知 $f(u),g(v)$ 可导，$y=f(\sin^2x)+g(\cos^2x)$，求 y'.

解　$y'=f'(\sin^2x)(\sin^2x)'+g'(\cos^2x)(\cos^2x)'$
$\qquad=f'(\sin^2x)2\sin x(\sin x)'+g'(\cos^2x)2\cos x(\cos x)'$
$\qquad=\sin 2x[f'(\sin^2x)2-g'(\cos^2x)].$

习题 2-2

1. 计算下列函数的导数：

(1) $y=3x+5\sqrt{x}+\dfrac{1}{x}$；　　　　(2) $y=\dfrac{\ln x}{x}$；　　　　(3) $y=2\tan x+\sec x-1$；

(4) $y=\sin x\cdot\cos x$；　　　　(5) $y=x^4\ln x$；　　　　(6) $y=4\mathrm{e}^x\cos x$；

(7) $y=\dfrac{\mathrm{e}^x}{x^2}+\ln 2$；　　　　(8) $y=\dfrac{2\csc x}{1+x^2}$.

2. 计算下列函数在指定点处的导数：

(1) $y=\sin x-\cos x$，求 $\dfrac{\mathrm{d}y}{\mathrm{d}x}\Big|_{x=\frac{\pi}{6}}$ 和 $\dfrac{\mathrm{d}y}{\mathrm{d}x}\Big|_{x=\frac{\pi}{4}}$；

(2) $y=\dfrac{3}{5-x}+\dfrac{x^2}{5}$，求 $y'(0)$.

3. 求曲线 $y=x^2+x-2$ 的切线方程，使该切线平行于直线 $x+y-3=0$.

4. 求曲线 $y=2\sin x+x^2$ 上横坐标为 $x=0$ 的点处的切线方程和法线方程.

5. 求下列函数的导数：

(1) $y=\mathrm{e}^{-\frac{x}{2}}\cos 3x$；　　　　(2) $y=\ln\dfrac{1+\sqrt{x}}{1-\sqrt{x}}$；　　　　(3) $y=\ln\tan\dfrac{x}{2}$；

(4) $y=\left(\arcsin\dfrac{x}{2}\right)^2$；　　　(5) $y=x\sqrt{1-x^2}+\arcsin x$；　　　(6) $y=\ln\ln x$.

6. 设 $f(x)$ 为可导函数，求 $\dfrac{\mathrm{d}y}{\mathrm{d}x}$.

(1) $y=f(x^4)$；　　　　　(2) $y=f(\sin^2x)+f(\cos^2x)$；

(3) $y=f\left(\arcsin\dfrac{1}{x}\right)$；　　　(4) $y=f(\mathrm{e}^x)\mathrm{e}^{f(x)}$.

7. 求下列函数的导数：

(1) $y=x\arctan x-\dfrac{1}{2}\ln(1+x^2)$；　　　　(2) $y=\dfrac{e^x-e^{-x}}{e^x+e^{-x}}$.

2.3 高阶导数

我们知道，物体作变速直线运动，其瞬时速度 $v(t)$ 就是位移函数 $s=s(t)$ 对时间 t 的导数，即 $v(t)=s'(t)$. 根据物理学知识，速度函数 $v(t)$ 对于时间 t 的变化率就是加速度 $a(t)$，即 $a(t)$ 是 $v(t)$ 对于时间 t 的导数，

$$a(t)=v'(t)=\big[s'(t)\big]'.$$

于是，加速度 $a(t)$ 就是位移函数 $s(t)$ 对时间 t 的导数的导数，称为 $s(t)$ 对 t 的**二阶导数**，记为 $s''(t)$. 因此，变速直线运动的加速度就是位移函数 $s(t)$ 对 t 的二阶导数，即

$$a(t)=s''(t).$$

定义 1　如果函数 $f(x)$ 的导数 $f'(x)$ 在点 x 处可导，即

$$\big[f'(x)\big]'=\lim_{\Delta x\to 0}\frac{f'(x+\Delta x)-f'(x)}{\Delta x}$$

存在，则称 $\big[f'(x)\big]'$ 为函数 $f(x)$ 在点 x 处的**二阶导数**，记为

$$f''(x),\quad y'',\quad \frac{\mathrm{d}^2 y}{\mathrm{d}x^2}\ \text{或}\ \frac{\mathrm{d}^2 f(x)}{\mathrm{d}x^2}.$$

类似地，二阶导数的导数称为**三阶导数**，记为

$$f'''(x),\quad y''',\quad \frac{\mathrm{d}^3 y}{\mathrm{d}x^3}\ \text{或}\ \frac{\mathrm{d}^3 f(x)}{\mathrm{d}x^3}.$$

一般地，$f(x)$ 的 $n-1$ 阶导数的导数称为 $f(x)$ 的 n **阶导数**，记为

$$f^{(n)}(x),\quad y^{(n)},\quad \frac{\mathrm{d}^n y}{\mathrm{d}x^n}\ \text{或}\ \frac{\mathrm{d}^n f(x)}{\mathrm{d}x^n}.$$

二阶及二阶以上的导数统称为**高阶导数**.

由此可见，求函数的高阶导数，就是利用基本求导公式及导数的运算法则，对函数逐次地连续求导.

例 1　设 $y=3x^2+2x+5$，求 y'''.

解　$y'=6x+2,y''=6,y'''=0.$

例 2　设 $y=f(x)=\arctan x$，求 $f'''(0)$.

解　$y'=\dfrac{1}{1+x^2},y''=\left(\dfrac{1}{1+x^2}\right)'=\dfrac{-2x}{(1+x^2)^2},$

$$y'''=\left[\frac{-2x}{(1+x^2)^2}\right]'=\frac{2(3x^2-1)}{(1+x^2)^3}.$$

所以

$$f'''(0)=\frac{2(3x^2-1)}{(1+x^2)^3}\bigg|_{x=0}=-2.$$

例 3　求指数函数 $y=e^{ax}(a\neq 0)$ 的 n 阶导数.

解　$y'=ae^{ax},y''=a^2 e^{ax},y'''=a^3 e^{ax},y^{(4)}=a^4 e^{ax}$，一般地，可得 $y^{(n)}=a^n e^{ax}$，即有

$$(\mathrm{e}^{ax})^{(n)} = a^n \mathrm{e}^{ax}.$$

例 4 求幂函数 $y = x^{\alpha}(\alpha \in \mathbb{R})$ 的 n 阶求导公式.

解 $y' = \alpha x^{\alpha-1}, y'' = (\alpha x^{\alpha-1})' = \alpha(\alpha-1)x^{\alpha-2}$,

$y''' = [\alpha(\alpha-1)x^{\alpha-2}]' = \alpha(\alpha-1)(\alpha-2)x^{\alpha-3}$,

一般地,可得

$$y^{(n)} = \alpha(\alpha-1)\cdots(\alpha-n+1)x^{\alpha-n},$$

即

$$(x^{\alpha})^{(n)} = \alpha(\alpha-1)\cdots(\alpha-n+1)x^{\alpha-n}.$$

特别地,若 $\alpha = -1$,则有

$$\left(\frac{1}{x}\right)^{(n)} = (-1)^n \frac{n!}{x^{n+1}}.$$

若 α 为自然数 n,则有

$$(x^n)^{(n)} = n(n-1)(n-2)\cdots\cdot 3 \cdot 2 \cdot 1 = n!,$$

$$(x^n)^{(n+1)} = (n!)' = 0.$$

例 5 求对数函数 $y = \ln(1+x)$ 的 n 阶导数.

解 $y' = \dfrac{1}{1+x}, y'' = -\dfrac{1}{(1+x)^2}, y''' = \dfrac{2!}{(1+x)^3}, y^{(4)} = -\dfrac{3!}{(1+x)^4}$,

一般地,可得

$$y^{(n)} = (-1)^{n-1} \frac{(n-1)!}{(1+x)^n} \quad (n \geqslant 1, 0! = 1).$$

同理可得

$$\left(\frac{1}{1+x}\right)^{(n)} = (-1)^n \frac{n!}{(1+x)^{n+1}}.$$

例 6 求正弦函数 $y = \sin x$ 的 n 阶导数.

解 $y' = \cos x = \sin\left(x + \dfrac{\pi}{2}\right)$,

$y'' = \cos\left(x + \dfrac{\pi}{2}\right) = \sin\left(x + \dfrac{\pi}{2} + \dfrac{\pi}{2}\right) = \sin\left(x + 2 \cdot \dfrac{\pi}{2}\right)$,

$y''' = \cos\left(x + 2 \cdot \dfrac{\pi}{2}\right) = \sin\left(x + 3 \cdot \dfrac{\pi}{2}\right)$,

一般地,可推得 n 阶导数为

$$y^{(n)} = (\sin x)^{(n)} = \sin\left(x + n \cdot \frac{\pi}{2}\right).$$

同理可得

$$y^{(n)} = (\cos x)^{(n)} = \cos\left(x + n \cdot \frac{\pi}{2}\right).$$

求函数的高阶导数时,除直接按定义逐阶求出指定的高阶导数外(直接法),还常常利用已知的高阶导数公式,通过导数的四则运算,变量代换等方法,间接求出指定的高阶导数(间接法).

如果函数 $u = u(x)$ 及 $v = v(x)$ 都在点 x 处具有 n 阶导数,则显然有

$$[u(x) \pm v(x)]^{(n)} = u^{(n)}(x) \pm v^{(n)}(x).$$

但是乘积 $u(x) \cdot v(x)$ 的 n 阶导数比较复杂,由 $(uv)' = u'v + uv'$ 首先可得到

$$(uv)'' = u''v + 2u'v' + uv'',$$
$$(uv)''' = u'''v + 3u''v' + 3u'v'' + uv'''.$$

一般地,可用数学归纳法证明

$$(u \cdot v)^{(n)} = u^{(n)}v + nu^{(n-1)}v' + \frac{n(n-1)}{2!}u^{(n-2)}v'' + \cdots$$

$$+ \frac{n(n-1)\cdots(n-k+1)}{k!}u^{(n-k)}v^{(k)} + \cdots + uv^{(n)}.$$

上式称为**莱布尼茨公式**.

注意,这个公式中的各项系数与下列二项展开式的系数相同:

$$(u+v)^n = u^n + nu^{n-1}v + \frac{n(n-1)}{2!}u^{n-2}v^2 + \cdots + \frac{n(n-1)\cdots(n-k+1)}{k!}u^{n-k}v^k + \cdots + v^n$$

$$= \sum_{k=0}^{n} C_n^k u^{n-k}v^k.$$

如果把其中的 k 次幂换成 k 阶导数(零阶导数理解为函数本身),再把左端的 $u+v$ 换成 uv,则莱布尼茨公式可记为

$$(uv)^{(n)} = \sum_{k=0}^{n} C_n^k u^{(n-k)}v^{(k)}.$$

例 7 设 $y = x^2 e^{2x}$,求 $y^{(20)}$.

解 设 $u = e^{2x}, v = x^2$,则由莱布尼茨公式,得

$$y^{(20)} = (e^{2x})^{(20)} \cdot x^2 + 20(e^{2x})^{(19)} \cdot (x^2)' + \frac{20(20-1)}{2!}(e^{2x})^{(18)} \cdot (x^2)'' + 0$$

$$= 2^{20}e^{2x} \cdot x^2 + 20 \cdot 2^{19}e^{2x} \cdot 2x + \frac{20 \cdot 19}{2!}2^{18}e^{2x} \cdot 2$$

$$= 2^{20}e^{2x}(x^2 + 20x + 95).$$

习题 2-3

1. 求下列函数的二阶导数:

(1) $y = x^6 + 3x^4 + 2x^3$;

(2) $y = e^{4x-3}$;

(3) $y = x\cos x$;

(4) $y = e^{-t}\sin t$;

(5) $y = \sqrt{a^2 - x^2}$;

(6) $y = \ln(1-x^2)$;

(7) $y = \tan x$;

(8) $y = \dfrac{1}{x^2+1}$.

2. 设 $f''(x)$ 存在,求下列函数的二阶导数 $\dfrac{d^2 y}{dx^2}$:

(1) $y = f(x^3)$;

(2) $y = \ln[f(x)]$;

(3) $y = f\left(\dfrac{1}{x}\right)$;

(4) $y = e^{-f(x)}$.

3. 求下列函数的 n 阶导数的一般表达式:

(1) $y = x^n + a_1 x^{n-1} + a_2 x^{n-2} + \cdots + a_{n-1}x + a_n (a_1, a_2, \cdots, a_n$ 都是常数);

(2) $y=\dfrac{1}{x^2-5x+6}$.

4. 求下列函数所指定阶的导数:

(1) $y=\mathrm{e}^x\cos x$,求 $y^{(4)}$;　　　　　　(2) $y=\dfrac{1}{x(x-1)}$,求 $y^{(4)}$.

2.4　隐函数和参数方程所确定的函数的导数

2.4.1　隐函数的导数

函数 $y=f(x)$ 表示两个变量 y 与 x 之间的对应关系,这种对应关系可用各种不同的方式表达,前面我们遇到的函数,如 $y=\sin x$,$y=\ln x+\mathrm{e}^x$ 等,用这种方式表达的函数叫做**显函数**.有些函数如 $x\mathrm{e}^y-y+1=0$ 所确定的函数就不能写成显函数 $y=f(x)$ 的形式,像这样的函数是由方程 $F(x,y)=0$ 所确定的 y 关于 x 的函数,称为**隐函数**.

对于某些特殊的隐函数可以化为显函数,称**隐函数的显化**.例如方程 $x^2+y^2=4$,可以化成显函数 $y=\pm\sqrt{4-x^2}$.

而对于方程 $x\mathrm{e}^y-y+1=0$ 确定的隐函数要把其显化就非常困难,有些无法显化为初等函数,因此希望有一种方法可以直接通过方程求所确定的隐函数的导数.

假设由方程 $F(x,y)=0$ 所确定的函数为 $y=f(x)$,则把它代回方程 $F(x,y)=0$ 中,得到恒等式

$$F(x,f(x))\equiv 0.$$

利用复合函数求导法则,在上式两边同时对自变量 x 求导,再解出所求导数 $\dfrac{\mathrm{d}y}{\mathrm{d}x}$,这就是**隐函数求导法**.具体步骤如下:

(1) 将方程 $F(x,y)=0$ 中两端对 x 求导,在求导过程中视 y 为 x 的函数;

(2) 求导之后得到一个关于 y' 的方程,解此方程则得 y' 的表达式,在此表达式中允许含有 y.

例 1　求方程 $xy+3x^2-5y-7=0$ 所确定的隐函数 $y=f(x)$ 的导数.

解　将方程两端对 x 求导,并利用复合函数求导法(注意 y 是 x 的函数)便有

$$(xy+3x^2-5y-7)'=0',$$
$$y+xy'+6x-5y'=0,$$
$$y'=\frac{6x+y}{5-x}.$$

例 2　设隐函数方程为 $y=1+x\mathrm{e}^y$,求 $y'(0)$.

解　将方程两端对 x 求导,得

$$y'=0+\mathrm{e}^y+x\mathrm{e}^y y',$$
$$y'=\frac{\mathrm{e}^y}{1-x\mathrm{e}^y}.$$

在上式中令 $x=0$,并由 $y=1+x\mathrm{e}^y$ 知 $y(0)=1$,故 $y'(0)=\mathrm{e}$.

注:求隐函数的导数时,只需将确定隐函数的方程两边对自变量 x 求导数,遇到含有因

变量 y 的项时,把 y 当作中间变量看待,即 y 是 x 的函数,再按复合函数求导法则求之,然后从所得等式中解出 $\dfrac{\mathrm{d}y}{\mathrm{d}x}$.

例 3 求曲线 $x^2+xy+y^2=0$ 在点 $M(2,-2)$ 处的切线方程.

解 在方程两边同时对自变量 x 求导数,得

$$2x+xy'+y+2yy'=0,$$

$$y'=-\frac{2x+y}{x+2y}.$$

因为当 $x=2$ 时 $y=-2$,代入上式得

$$y'\Big|_{(2,-2)}=1,$$

所以曲线在点 $M(2,-2)$ 处的切线方程为

$$x-y-4=0.$$

例 4 求由方程 $y-2x=(x-y)\ln(x-y)$ 所确定的函数的二阶导数 y''.

解 在方程两边同时对自变量 x 求导数,得

$$y'-2=(1-y')\ln(x-y)+(x-y)\frac{1-y'}{x-y},$$

解得 $y'=1+\dfrac{1}{2+\ln(x-y)}$.

而 $y''=(y')'=\left(\dfrac{1}{2+\ln(x-y)}\right)'=-\dfrac{[2+\ln(x-y)]'}{[2+\ln(x-y)]^2}=-\dfrac{1-y'}{(x-y)[2+\ln(x-y)]^2}$

$\qquad =\dfrac{1}{(x-y)[2+\ln(x-y)]^3}.$

注:求隐函数的二阶导数时,在得到一阶导数的表达式后,再进一步求二阶导数的表达式,此时,要注意将一阶导数的表达式代入其中.

2.4.2 对数求导法

对幂指函数 $y=u(x)^{v(x)}$,直接使用前面介绍的求导法则不能求出其导数,对于这类函数,可以先在函数两边取对数,然后在等式两边同时对自变量 x 求导数,最后解出所求导数.这种方法称为**对数求导法**.

一般地,设 $y=u(x)^{v(x)}$ $(u(x)>0)$,在等式两边取对数,得

$$\ln y=v(x)\cdot\ln u(x).$$

在等式两边同时对自变量 x 求导数,得

$$\frac{y'}{y}=v'(x)\cdot\ln u(x)+\frac{v(x)u'(x)}{u(x)},$$

从而 $y'=u(x)^{v(x)}\left[v'(x)\cdot\ln u(x)+\dfrac{v(x)u'(x)}{u(x)}\right].$

例 5 设函数 $y=x^{\sin x}$ $(x>0)$,求 y'.

解 在等式两端取对数,得

$$\ln y=\sin x\ln x,$$

等式两边对 x 求导数,得

$$\frac{y'}{y} = \cos x \ln x + \sin x \cdot \frac{1}{x}.$$

于是

$$y' = y\left(\cos x \ln x + \frac{\sin x}{x}\right) = x^{\sin x}\left(\cos x \ln x + \frac{\sin x}{x}\right).$$

此外，对由多次乘、除、乘幂和开方运算构成的函数，也可采用对数法求导，使运算简化.

例 6　设 $y = \dfrac{(x+3)\sqrt[3]{x-2}}{(x+4)^2 e^{2x}}$ $(x>2)$，求 y'.

解　在等式两端取对数，得

$$\ln y = \ln(x+3) + \frac{1}{3}\ln(x-2) - 2\ln(x+4) - 2x,$$

上式两边对 x 求导数，得

$$\frac{y'}{y} = \frac{1}{x+3} + \frac{1}{3(x-2)} - \frac{2}{x+4} - 2.$$

所以

$$y' = \frac{(x+3)\sqrt[3]{x-2}}{(x+4)^2 e^{2x}}\left[\frac{1}{x+3} + \frac{1}{3(x-2)} - \frac{2}{x+4} - 2\right].$$

2.4.3　由参数方程所确定的函数的导数

在实际问题中，函数 y 与自变量 x 可能不是直接由显函数 $y = f(x)$ 来表示，而是通过一参变量 t 来表示，即

$$\begin{cases} x = \varphi(t), \\ y = \psi(t), \end{cases} \quad \alpha \leqslant t \leqslant \beta,$$

该表达式称为函数的**参数方程**，而 t 称为参数.

如何求变量 y 对 x 的导数 $\dfrac{\mathrm{d}y}{\mathrm{d}x}$? 由于在参数方程中消去参数 t 有时会有困难，因此，我们希望将变量 y 对 x 的导数转化由参数方程求出它所确定的函数的导数来，下面给出由参数方程确定函数 y 对 x 的导数 y' 公式.

一般地，设 $x = \varphi(t)$ 具有单调连续的反函数 $t = \varphi^{-1}(x)$，则变量 y 与 x 构成复合函数关系

$$y = \psi[\varphi^{-1}(x)].$$

现在，要计算这个复合函数的导数. 为此，假定函数 $x = \varphi(t)$，$y = \psi(t)$ 都可导，且 $\varphi'(t) \neq 0$，则由复合函数与反函数的求导法则，就有

$$\frac{\mathrm{d}y}{\mathrm{d}x} = \frac{\mathrm{d}y}{\mathrm{d}t}\frac{\mathrm{d}t}{\mathrm{d}x} = \frac{\mathrm{d}y}{\mathrm{d}t}\frac{1}{\dfrac{\mathrm{d}x}{\mathrm{d}t}} = \frac{\psi'(t)}{\varphi'(t)},$$

即

$$\frac{\mathrm{d}y}{\mathrm{d}x} = \frac{\psi'(t)}{\varphi'(t)} \quad \text{或} \quad \frac{\mathrm{d}y}{\mathrm{d}x} = \frac{\dfrac{\mathrm{d}y}{\mathrm{d}t}}{\dfrac{\mathrm{d}x}{\mathrm{d}t}}.$$

如果函数 $x=\varphi(t)$, $y=\psi(t)$ 二阶可导, 则可进一步求出函数的二阶导数:

$$\frac{\mathrm{d}^2 y}{\mathrm{d}x^2}=\frac{\mathrm{d}}{\mathrm{d}x}\left(\frac{\mathrm{d}y}{\mathrm{d}x}\right)=\frac{\mathrm{d}}{\mathrm{d}x}\left[\frac{\psi'(t)}{\varphi'(t)}\right]=\frac{\mathrm{d}}{\mathrm{d}t}\left[\frac{\psi'(t)}{\varphi'(t)}\right]\frac{\mathrm{d}t}{\mathrm{d}x}=\frac{\psi''(t)\varphi'(t)-\psi'(t)\varphi''(t)}{\varphi'^2(t)}\cdot\frac{1}{\varphi'(t)},$$

即

$$\frac{\mathrm{d}^2 y}{\mathrm{d}x^2}=\frac{\psi''(t)\varphi'(t)-\psi'(t)\varphi''(t)}{\varphi'^3(t)}.$$

例 7 求由参数方程 $\begin{cases} x=t+\dfrac{1}{t}, \\ y=1+t \end{cases}$ 所表示的函数 $y=y(x)$ 的导数.

解 $\dfrac{\mathrm{d}y}{\mathrm{d}x}=\dfrac{\dfrac{\mathrm{d}y}{\mathrm{d}t}}{\dfrac{\mathrm{d}x}{\mathrm{d}t}}=\dfrac{1}{1-\dfrac{1}{t^2}}=\dfrac{t^2}{t^2-1}(t\neq\pm 1).$

例 8 已知椭圆的参数方程为

$$\begin{cases} x=a\cos t, \\ y=b\sin t, \end{cases}$$

求椭圆在 $t=\dfrac{\pi}{4}$ 处的切线方程.

解 当 $t=\dfrac{\pi}{4}$ 时, 对应点 $M\left(\dfrac{\sqrt{2}}{2}a,\dfrac{\sqrt{2}}{2}b\right)$,

$$\frac{\mathrm{d}y}{\mathrm{d}x}=\frac{\dfrac{\mathrm{d}y}{\mathrm{d}t}}{\dfrac{\mathrm{d}x}{\mathrm{d}t}}=\frac{b\cos t}{a(-\sin t)}=-\frac{b}{a}\cot t.$$

在 $M\left(\dfrac{\sqrt{2}}{2}a,\dfrac{\sqrt{2}}{2}b\right)$ 处的切线斜率为

$$k=y'\Big|_{\frac{\pi}{4}}=-\frac{b}{a}.$$

于是, 椭圆在 M 点处的切线方程为

$$y-\frac{\sqrt{2}}{2}b=-\frac{b}{a}\left(x-\frac{\sqrt{2}}{2}a\right).$$

例 9 求由摆线(图 2-3)的参数方程

$$\begin{cases} x=a(t-\sin t), \\ y=a(1-\cos t) \end{cases}$$

所表示的函数 $y=y(x)$ 的二阶导数.

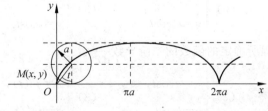

图 2-3

解 $\dfrac{\mathrm{d}y}{\mathrm{d}x}=\dfrac{\dfrac{\mathrm{d}y}{\mathrm{d}t}}{\dfrac{\mathrm{d}x}{\mathrm{d}t}}=\dfrac{a\sin t}{a-a\cos t}=\dfrac{\sin t}{1-\cos t}\;(t\neq 2n\pi,n\in\mathbb{Z})$,

$$\dfrac{\mathrm{d}^2 y}{\mathrm{d}x^2}=\dfrac{\mathrm{d}}{\mathrm{d}x}\left(\dfrac{\mathrm{d}y}{\mathrm{d}x}\right)=\dfrac{\mathrm{d}}{\mathrm{d}x}\left(\dfrac{\sin t}{1-\cos t}\right)=\dfrac{\mathrm{d}}{\mathrm{d}t}\left(\dfrac{\sin t}{1-\cos t}\right)\dfrac{1}{\dfrac{\mathrm{d}x}{\mathrm{d}t}}=-\dfrac{1}{1-\cos t}\cdot\dfrac{1}{a(1-\cos t)}$$

$$=-\dfrac{1}{a(1-\cos t)^2}\quad(t\neq 2n\pi,n\in\mathbb{Z}).$$

习题 2-4

1. 求由下列方程所确定的隐函数 y 的导数 $\dfrac{\mathrm{d}y}{\mathrm{d}x}$:

(1) $xy=\mathrm{e}^{x+y}$;

(2) $xy-\sin(\pi y^2)=0$;

(3) $\mathrm{e}^{xy}+y^3-5x=0$;

(4) $y=1-x\mathrm{e}^y$;

(5) $x^y=y^x$;

(6) $\arctan\dfrac{y}{x}=\ln\sqrt{x^2+y^2}$.

2. 求曲线 $x^{\frac{2}{3}}+y^{\frac{2}{3}}=a^{\frac{2}{3}}$ 在点 $\left(\dfrac{\sqrt{2}}{4}a,\dfrac{\sqrt{2}}{4}a\right)$ 处的切线方程和法线方程.

3. 求下列方程所确定的隐函数 y 的二阶导数 y'':

(1) $b^2x^2+a^2y^2=a^2b^2$;

(2) $\sin y=\ln(x+y)$;

(3) $y=1+x\mathrm{e}^y$;

(4) $y=\tan(xy)$.

4. 用对数求导法求下列函数的导数:

(1) $y=(1+x^2)^{\tan x}$;

(2) $y=\dfrac{\sqrt[5]{x-3}\sqrt[3]{3x-2}}{\sqrt{x+2}}$;

(3) $y=\dfrac{x(1-x)^2}{(1+x)^3}$;

(4) $y=(1+\cos x)^{\frac{1}{x}}$.

5. 设函数 $y=y(x)$ 由方程 $y-x\mathrm{e}^x=1$ 确定,求 $y'(0)$,并求曲线上横坐标 $x=0$ 点处切线方程与法线方程.

6. 设函数 $y=y(x)$ 由方程 $\mathrm{e}^y+xy-\mathrm{e}^x=0$ 确定,求 $y''(0)$.

7. 求曲线 $\begin{cases}x=\ln(1+t^2),\\ y=\arctan t\end{cases}$ 在 $t=1$ 的对应点处的切线方程与法线方程.

8. 求下列参数方程所确定的函数的导数 $\dfrac{\mathrm{d}y}{\mathrm{d}x}$:

(1) $\begin{cases}x=2t-t^2,\\ y=3t-t^3;\end{cases}$

(2) $\begin{cases}x=\mathrm{e}^t\sin t,\\ y=\mathrm{e}^t\cos t;\end{cases}$

(3) $\begin{cases}x=t(1-\sin t),\\ y=t\cos t.\end{cases}$

9. 求下列参数方程所确定的函数的二阶导数 $\dfrac{\mathrm{d}^2 y}{\mathrm{d}x^2}$:

(1) $\begin{cases}x=\dfrac{t^2}{2},\\ y=1-t;\end{cases}$

(2) $\begin{cases}x=a\cos t,\\ y=b\sin t;\end{cases}$

(3) $\begin{cases}x=f'(t),\\ y=tf'(t)-f(t),\end{cases}f''(t)\neq 0$.

10. 落在平静水面上的石头,产生同心波纹,若最外一圈波半径的增大率总是 $6\mathrm{m/s}$,问在 2s 末扰动水面面积的增大率为多少?

2.5 函数的微分

在理论研究和实际应用中,常常会遇到这样的问题:当自变量 x 有微小变化时,求函数 $y=f(x)$ 的微小改变量 $\Delta y=f(x+\Delta x)-f(x)$ 对于较复杂的函数 $f(x)$,差值 $f(x+\Delta x)-f(x)$ 是一个复杂的表达式,不易求出. 一个想法是:设法将 Δy 表示成 Δx 的线性函数,即**线性化**,从而把复杂问题化为简单问题. 微分就是实现这种线性化的一种数学模型.

2.5.1 微分的定义

先分析一个具体问题. 设有一块边长为 x_0 的正方形金属薄片,由于受到温度变化的影响,边长从 x_0 变到 $x_0+\Delta x$,问此薄片的面积改变了多少?

如图 2-4 所示,此薄片原面积 $A=x_0^2$,薄片受到温度变化的影响后,面积变为 $(x_0+\Delta x)^2$,故面积 A 的改变量为

$$\Delta A=(x_0+\Delta x)^2-x_0^2=2x_0\Delta x+(\Delta x)^2.$$

上式包含两部分,第一部分 $2x_0\Delta x$ 是 Δx 的线性函数,即图 2-6 中带有斜线的两个矩形面积之和;第二部分 $(\Delta x)^2$ 是图中带有交叉斜线的小正方形的面积. 当 $\Delta x\to 0$ 时,$(\Delta x)^2$ 是比 Δx 高阶的无穷小,即

$$(\Delta x)^2=o(\Delta x)\quad(\Delta x\to 0).$$

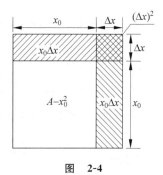

图 2-4

由此可见,如果边长有微小改变时(即 $|\Delta x|$ 很小时),可以将第二部分 $(\Delta x)^2$ 这个高阶无穷小忽略,而用第一部分 $2x_0\Delta x$ 近似地表示 ΔA,即 $\Delta A\approx 2x_0\Delta x$. 把 $2x_0\Delta x$ 称为 $A=x^2$ 在点 x_0 处的微分.

是否所有的函数的改变量都能在一定条件下表示为一个线性函数(改变量的主要部分)与一个高阶无穷小的和呢? 这个线性部分是什么? 如何求? 本节将具体来讨论这些问题.

定义 1 设函数 $y=f(x)$ 在某区间内有定义,x_0 及 $x_0+\Delta x$ 在该区间内,如果函数的增量 $\Delta y=f(x_0+\Delta x)-f(x_0)$ 可表示为

$$\Delta y=A\Delta x+o(\Delta x),\tag{2.4}$$

其中 A 是与 Δx 无关的常数,则称函数 $y=f(x)$ 在点 x_0 处**可微**,并且称 $A\Delta x$ 为函数 $y=f(x)$ 在点 x_0 处相应于自变量的改变量 Δx 的**微分**,记作 $\mathrm{d}y$,即

$$\mathrm{d}y=A\Delta x.$$

注:由定义可见:如果函数 $y=f(x)$ 点 x_0 处可微,则

(1) 函数 $y=f(x)$ 点 x_0 处的微分 $\mathrm{d}y$ 是自变量的改变量 Δx 的线性函数;

(2) 由式(2.4)得 $\Delta y-\mathrm{d}y=o(\Delta x)$,即 $\Delta y-\mathrm{d}y$ 是比自变量的改变量 Δx 更高阶的无穷小;

(3) 当 $A\neq 0$ 时,$\mathrm{d}y$ 与 Δy 是等价无穷小. 事实上,

$$\frac{\Delta y}{\mathrm{d}y}=\frac{\mathrm{d}y+o(\Delta x)}{A\cdot\Delta x}=1+\frac{o(\Delta x)}{A\cdot\Delta x}\to 1\quad(\Delta x\to 0).$$

由此可得

$$\Delta y = \mathrm{d}y + o(\Delta x). \tag{2.5}$$

称 $\mathrm{d}y$ 是 Δy 的线性主部. 式(2.5)还表明,以微分 $\mathrm{d}y$ 近似代替函数增量 Δy 时,其误差为 $o(\Delta x)$. 因此,当 $|\Delta x|$ 很小时,有近似等式

$$\Delta y \approx \mathrm{d}y.$$

根据定义仅知道微分 $\mathrm{d}y = A \cdot \Delta x$ 中的 A 与 Δx 无关,那么 A 是怎样的量? 什么样的函数才可微? 下面将回答这些问题.

2.5.2 函数可微的条件

定理 1 函数 $y = f(x)$ 在点 x_0 处可微的充分必要条件是函数 $y = f(x)$ 在点 x_0 处可导,并且函数的微分等于函数的导数与自变量的改变量的乘积,即

$$\mathrm{d}y = f'(x_0)\Delta x.$$

证 必要性. 设 $y = f(x)$ 在点 x_0 可微,即有 $\Delta y = A \cdot \Delta x + o(\Delta x)$,两边除以 Δx,得 $\dfrac{\Delta y}{\Delta x} = A + \dfrac{o(\Delta x)}{\Delta x}$,于是,当 $\Delta x \to 0$ 时,由上式就得到

$$A = \lim_{\Delta x \to 0} \frac{\Delta y}{\Delta x} = f'(x_0).$$

即函数 $y = f(x)$ 在点 x_0 处可导,且 $A = f'(x_0)$.

充分性. 若函数 $y = f(x)$ 在点 x_0 处可导,即有 $\lim\limits_{\Delta x \to 0} \dfrac{\Delta y}{\Delta x} = f'(x_0)$,根据极限与无穷小的关系,得 $\dfrac{\Delta y}{\Delta x} = f'(x_0) + \alpha$,其中 $\alpha \to 0$(当 $\Delta x \to 0$),由此得到

$$\Delta y = f'(x_0) \cdot \Delta x + \alpha \Delta x.$$

因为 $\alpha \Delta x = o(\Delta x)$,且 $f'(x_0)$ 不依赖于 Δx,由微分的定义可知,函数 $y = f(x)$ 在点 x_0 处可微. ■

函数 $y = f(x)$ 在任意点 x 上的微分,称为**函数的微分**,记为 $\mathrm{d}y$ 或 $\mathrm{d}f(x)$,即有

$$\mathrm{d}y = f'(x)\Delta x.$$

如果 $y = x$,则 $\mathrm{d}x = x'\Delta x = \Delta x$(即自变量的微分等于自变量的改变量),所以

$$\mathrm{d}y = f'(x)\mathrm{d}x,$$

从而有

$$\frac{\mathrm{d}y}{\mathrm{d}x} = f'(x),$$

即函数的导数等于函数的微分与自变量的微分的商. 因此,导数又称为"**微商**".

由于求微分的问题归结为求导数的问题,因此,求导数与求微分的方法统称为**微分法**.

例 1 求函数 $y = x^3$ 当 $x = 2$, $\Delta x = 0.02$ 时的微分.

解 因为 $\mathrm{d}y = f'(x)\mathrm{d}x = 3x^2\mathrm{d}x$,由题设条件可知

$$x = 2, \quad \mathrm{d}x = \Delta x = 2.02 - 2 = 0.02,$$

所以,$\mathrm{d}y = 3 \times 2^2 \times 0.02 = 0.24$.

例 2 求函数 $y = \sin x$ 在 $x = \dfrac{\pi}{6}$ 处的微分.

解 函数 $y = \sin x$ 在 $x = \dfrac{\pi}{6}$ 处的微分为

$$\mathrm{d}y = (\sin x)' \Big|_{x=\frac{\pi}{6}} \mathrm{d}x = (\cos x) \Big|_{x=\frac{\pi}{6}} \mathrm{d}x = \frac{\sqrt{3}}{2}\mathrm{d}x.$$

2.5.3 微分的几何意义

函数的微分有明显的几何意义. 在直角坐标系中, 函数 $y = f(x)$ 的图形是一条曲线. 设 $M(x_0, y_0)$ 是该曲线上的一个定点, 当自变量 x 在点 x_0 处取得改变量 Δx 时, 就得到曲线上另一个点 $N(x_0 + \Delta x, y_0 + \Delta y)$.

由图 2-5 可知,

$$MQ = \Delta x, \quad QN = \Delta y.$$

过点 M 作曲线的切线 MT, 它的倾角为 α, 则

$$QP = MQ \cdot \tan\alpha = \Delta x \cdot f'(x_0),$$

即 $\mathrm{d}y = QP = f'(x_0)\mathrm{d}x$.

由此可知, 当 Δy 是曲线 $y = f(x)$ 上点的纵坐标的增量时, $\mathrm{d}y$ 就是曲线的切线上点的纵坐标的增量. 由于当 $|\Delta x|$ 很小时, $|\Delta y - \mathrm{d}y|$ 比 $|\Delta x|$ 小得多. 因此, 在点 M 的邻近处, 可以用切线段 MP 近似代替曲线段 MN.

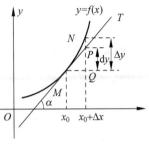

图 2-5

2.5.4 基本初等函数的微分公式与微分运算法则

根据函数微分的表达式 $\mathrm{d}y = f'(x)\mathrm{d}x$, 函数的微分等于函数的导数乘以自变量的微分. 由此可以得到基本初等函数的微分公式和微分运算法则.

1. 基本初等函数的微分公式

(1) $\mathrm{d}(C) = 0$(C 为常数);

(2) $\mathrm{d}(x^\mu) = \mu x^{\mu-1}\mathrm{d}x$;

(3) $\mathrm{d}(\sin x) = \cos x\,\mathrm{d}x$;

(4) $\mathrm{d}\cos x = -\sin x\,\mathrm{d}x$;

(5) $\mathrm{d}(\tan x) = \sec^2 x\,\mathrm{d}x$;

(6) $\mathrm{d}(\cot x) = -\csc^2 x\,\mathrm{d}x$;

(7) $\mathrm{d}(\sec x) = \sec x \tan x\,\mathrm{d}x$;

(8) $\mathrm{d}(\csc x) = -\csc x \cot x\,\mathrm{d}x$;

(9) $\mathrm{d}(a^x) = a^x \ln a\,\mathrm{d}x$;

(10) $\mathrm{d}(\mathrm{e}^x) = \mathrm{e}^x\,\mathrm{d}x$;

(11) $\mathrm{d}(\log_a x) = \dfrac{1}{x \ln a}\mathrm{d}x$;

(12) $\mathrm{d}(\ln x) = \dfrac{1}{x}\mathrm{d}x$;

(13) $\mathrm{d}(\arcsin x) = \dfrac{1}{\sqrt{1-x^2}}\mathrm{d}x$;

(14) $\mathrm{d}(\arccos x) = -\dfrac{1}{\sqrt{1-x^2}}\mathrm{d}x$;

(15) $\mathrm{d}(\arctan x) = \dfrac{1}{1+x^2}\mathrm{d}x$;

(16) $\mathrm{d}(\mathrm{arccot}\,x) = -\dfrac{1}{1+x^2}\mathrm{d}x$.

2. 微分的四则运算法则

(1) $\mathrm{d}(Cu) = C\mathrm{d}u$;

(2) $\mathrm{d}(u \pm v) = \mathrm{d}u \pm \mathrm{d}v$;

(3) $\mathrm{d}(uv) = v\mathrm{d}u + u\mathrm{d}v$;

(4) $\mathrm{d}\left(\dfrac{u}{v}\right) = \dfrac{v\mathrm{d}u - u\mathrm{d}v}{v^2}$.

以乘积的微分运算法则为例加以证明:

$$d(uv) = (uv)' dx = (u'v + uv') dx = u'v dx + uv' dx$$
$$= v(u' dx) + u(v' dx) = v du + u dv.$$

即有 $d(uv) = v du + u dv$.

其他运算法则可以类似地证明.

例 3 求函数 $y = \arctan(\sqrt{x})$ 的微分 dy.

解 因为

$$y' = \frac{1}{1+x} \cdot (\sqrt{x})' = \frac{1}{1+x} \cdot \frac{1}{2\sqrt{x}},$$

所以

$$dy = y' dx = \frac{1}{2\sqrt{x}(1+x)} dx.$$

例 4 求函数 $y = \ln(1 + e^{x^2})$ 的微分 dy.

解 因为

$$y' = \frac{2x e^{x^2}}{1 + e^{x^2}},$$

所以

$$dy = y' dx = \left(\frac{2x e^{x^2}}{1 + e^{x^2}} \right) dx.$$

2.5.5 微分形式不变性

设 $y = f(u)$ 可导,这里 u 是自变量,则微分

$$dy = f'(u) du.$$

另一方面,若 $y = f(u)$ 及 $u = g(x)$ 均可导,这里 u 是中间变量,则复合函数 $y = f[g(x)]$ 的微分为

$$dy = f'(u) g'(x) dx,$$

由于 $g'(x) dx = du$,所以

$$dy = f'(u) du.$$

由此可见,无论 u 是自变量还是中间变量,微分形式 $dy = f'(u) du$ 保持不变. 这一性质称为微分的形式不变性.

例 5 设 $y = e^{\sin^2 x}$,求 dy.

解 方法一 因为 $y' = \sin 2x e^{\sin^2 x}$,

故

$$dy = y' dx = \sin 2x e^{\sin^2 x} dx.$$

方法二 用微分形式不变性(视 $\sin^2 x$ 为中间变量).

$$dy = e^{\sin^2 x} d(\sin^2 x) = e^{\sin^2 x} 2\sin x d(\sin x) \quad (视 \sin x 为中间变量)$$

$$= e^{\sin^2 x} 2\sin x \cos x dx = \sin 2x e^{\sin^2 x} dx.$$

注:与复合函数求导类似,求复合函数的微分也可不写中间变量,这样更加直接和方便.

例 6 设隐函数为 $xe^y-\ln y+5=0$,求 dy.

解 将 $xe^y-\ln y+5=0$ 两端对 x 求微分,得

$$d(xe^y)-d(\ln y)+d(5)=0,$$

从而 $e^y dx+xe^y dy-\dfrac{1}{y}dy=0$. 所以

$$dy=\dfrac{e^y}{\dfrac{1}{y}-xe^y}dx=\dfrac{ye^y}{1-xye^y}dx.$$

2.5.6　微分在近似计算中的应用

从前面的讨论已知,当函数 $y=f(x)$ 在点 x_0 处导数 $f'(x_0)\neq 0$,且 $|\Delta x|$ 很小(在下面的讨论中假定这两个条件均得到满足)时,有 $\Delta y\approx dy$,即

$$f(x_0+\Delta x)-f(x_0)\approx f'(x_0)\cdot\Delta x.$$

令 $x=x_0+\Delta x$,则 $\Delta x=x-x_0$,从而

$$f(x)-f(x_0)\approx f'(x_0)(x-x_0),$$

即 $f(x)\approx f(x_0)+f'(x_0)(x-x_0)$.

例 7 计算 $\cos 60°30'$ 的近似值.

解 先把设 $60°30'$ 化为弧度,得 $60°30'=\dfrac{\pi}{3}+\dfrac{\pi}{360}$. 由于所求的是余弦函数的值,故设 $f(x)=\cos x$,此时

$$f'(x)=-\sin x,$$

取 $x_0=\dfrac{\pi}{3}$,$\Delta x=\dfrac{\pi}{360}$,则

$$f\left(\dfrac{\pi}{3}\right)=\dfrac{1}{2},\quad f'\left(\dfrac{\pi}{3}\right)=-\dfrac{\sqrt{3}}{2}.$$

所以 $\cos 60°30'=\cos\left(\dfrac{\pi}{3}+\dfrac{\pi}{360}\right)\approx\cos\dfrac{\pi}{3}-\sin\dfrac{\pi}{3}\cdot\dfrac{\pi}{360}=\dfrac{1}{2}-\dfrac{\sqrt{3}}{2}\cdot\dfrac{\pi}{360}\approx 0.4924$.

例 8 证明当 $|x|$ 较小时,$\sin x\approx x$.

证 取 $f(x)=\sin x,f(0)=0,f'(0)=\cos\big|_{x=0}=1$,则

$$\sin x\approx f(0)+f'(0)x,$$

即

$$\sin x\approx x.$$

当 $|x|$ 很小时,类似有下列近似公式:

(1) $\ln(1+x)\approx x$;　　　　　　　　　(2) $e^x\approx 1+x$;

(3) $\tan x\approx x$;　　　　　　　　　　(4) $(1+x)^\alpha\approx 1+\alpha x$.

习题 2-5

1. 已知 $y=x^3-1$,在点 $x=2$ 处计算当 Δx 分别为 $1,0.1,0.001$ 时的 Δy 及 dy.

2. 求下列函数的微分：

(1) $y=\ln x+3\sqrt{x}$； (2) $y=\ln\sqrt{1-x^2}$； (3) $y=x\sin 2x$；

(4) $y=x^3 e^{2x}$； (5) $y=e^{\sin x^2}$； (6) $y=\tan^2(1+2x^2)$；

(7) $y=\arctan\dfrac{1-x^2}{1+x^2}$； (8) $y=\ln(x+\sqrt{x^2\pm a^2})$.

3. 求方程 $2y-x=(x-y)\ln(x-y)$ 所确定的函数 $y=y(x)$ 的微分 dy.

4. 求由方程 $\cos(xy)=x^2 y^2$ 所确定的函数 y 的微分.

5. 当 $|x|$ 较小时，证明下列近似公式：

(1) $\sin x\approx x$； (2) $e^x\approx 1+x$； (3) $\sqrt[n]{1+x}\approx 1+\dfrac{x}{n}$.

6. 计算下列各式的近似值：

(1) $\sqrt{1.05}$； (2) $\cos 29°$； (3) $\arcsin 0.5002$.

2.6 导数在经济学中的应用

导数和微分不仅在几何方面有广泛应用，通过曲线的切线斜率求曲线切线方程和法线方程，在物理学中求运动物体的瞬时速度和加速度，在经济学中有边际值的应用，也还有一些其他实际应用.

1. 边际分析

在经济学中，习惯上用平均和边际这两个概念来描述一个经济变量 y 对于另一个经济变量 x 的变化. 平均概念表示 x 在某一范围内取值 y 的变化. 边际概念表示当 x 的改变量 Δx 趋于 0 时，y 的相应改变量 Δy 与 Δx 的比值的变化，即当 x 在某一给定值附近有微小变化时，y 的瞬时变化.

设函数 $y=f(x)$ 可导，函数值的增量与自变量增加的比值

$$\frac{\Delta y}{\Delta x}=\frac{f(x_0+\Delta x)-f(x_0)}{\Delta x}$$

表示 $f(x)$ 在 $(x_0,x_0+\Delta x)$ 或 $(x_0+\Delta x,x_0)$ 内的**平均变化率**（**速度**）.

根据导数的定义，导数 $f'(x_0)$ 表示 $f(x)$ 在点 $x=x_0$ 处的**变化率**，在经济学中，称其为 $f(x)$ 在点 $x=x_0$ 处的**边际函数值**.

当函数的自变量 x 在 x_0 处改变一个单位（即 $\Delta x=1$）时，函数的增量为 $f(x_0+1)-f(x_0)$，但当 x 改变的"单位"很小时，或 x 的"一个单位"与 x_0 值相比很小时，则有近似式

$$\Delta f=f(x_0+1)-f(x_0)\approx f'(x_0).$$

它表明：当自变量在 x_0 处产生一个单位的改变时，函数 $f(x)$ 的改变量可近似地用 $f'(x_0)$ 来表示. 在经济学中，解释边际函数值的具体意义时，通常略去"近似"二字.

例如，设函数 $y=x^2$，则 $y'=2x$，$y=x^2$ 在点 $x=10$ 处的边际函数值为 $y'(10)=20$，它表示当 $x=10$ 时，x 改变一个单位，y（近似）改变 20 个单位.

若将边际的概念具体于不同的经济函数，则成本函数 $C(x)$、收入函数 $R(x)$ 与利润函数

$L(x)$ 关于生产水平 x 的导数分别称为**边际成本**、**边际收入**与**边际利润**，它们分别表示在一定的生产水平下再多生产一件产品而产生的成本、多售出一件产品而产生的收入与利润.

例 1 设产品在生产 8～20 件的情况，生产 x 件的成本与销售 x 件的收入分别为
$$C(x) = x^3 - 2x^2 + 12x \text{（元）} \quad 与 \quad R(x) = x^3 - 3x^2 + 10x \text{（元）},$$
某工厂目前每天生产 10 件，试问每天多生产一件产品的成本为多少？每天多销售一件产品而获得的收入为多少？

解 在每天生产 10 件的基础上再多生产一件的成本大约为 $C'(10)$：
$$C'(x) = \frac{\mathrm{d}}{\mathrm{d}x}(x^3 - 2x^2 + 12x) = 3x^2 - 4x + 12, \quad C'(10) = 272 \text{ 元},$$
即多生产一件的附加成本为 272 元. 边际收入为
$$R'(x) = \frac{\mathrm{d}}{\mathrm{d}x}(x^3 - 3x^2 + 10x) = 3x^2 - 6x + 10, \quad R'(10) = 250 \text{ 元},$$
即多销售一件产品而增加的收入为 250 元.

例 2 设某种产品的需求函数为 $x = 1000 - 100P$，求当需求量 $x = 300$ 时的总收入、平均收入和边际收入.

解 销售 x 件价格为 P 的产品收入为 $R(x) = P \cdot x$，将需求函数 $x = 1000 - 100P$，即 $P = 10 - 0.01x$ 代入，得总收入函数
$$R(x) = (10 - 0.01x) \cdot x = 10x - 0.01x^2.$$
平均收入函数为
$$\bar{R}(x) = \frac{R(x)}{x} = 10 - 0.01x.$$
边际收入函数为
$$R'(x) = (10x - 0.01x^2)' = 10 - 0.02x.$$
$x = 300$ 时的总收入为
$$R(300) = 10 \times 300 - 0.01 \times 300^2 = 2100,$$
平均收入为
$$\bar{R}(300) = 10 - 0.01 \times 300 = 7,$$
边际收入为
$$R'(300) = 10 - 0.02 \times 300 = 4.$$

例 3 某工厂生产某种糕点的收入函数 $R(x)$ 与成本函数 $C(x)$ 分别是：
$$R(x) = \sqrt{x} \text{（千元）}, \quad C(x) = \frac{x+3}{\sqrt{x}+1} \text{（千元）} \quad (1 \leqslant x \leqslant 15).$$
（其中 x 的单位是百千克），问其应生产多少千克糕点时才不赔本？

解 因为总利润函数等于总收入函数减去总成本函数，即
$$L(x) = R(x) - C(x) = \sqrt{x} - \frac{x+3}{\sqrt{x}+1} = \frac{\sqrt{x}-3}{\sqrt{x}+1},$$
故当 $L(x) = 0$，即 $x = 900$ 千克时不赔本；当 $L(x) < 0$，即 $x < 900$ 千克时赔本；当 $L(x) > 0$，即 $x > 900$ 千克时赢利. 由于当 $x > 0$ 时，边际利润
$$L'(x) = \frac{2}{\sqrt{x}(\sqrt{x}+1)^2} > 0.$$

68

它表明多生产可以提高总利润(包含减少亏损的含义),但并非始终赢利,如本例中只有当 $x>900$ 千克后才算真正赢利.

2. 边际弹性

在边际分布中所研究的是函数的绝对改变量与绝对变化率,经济学中常需研究一个变量对另一个变量的相对变化情况,为此引入下面的定义.

定义 1　设函数 $y=f(x)$ 可导,函数的相对改变量

$$\frac{\Delta y}{y}=\frac{f(x+\Delta x)-f(x)}{f(x)}$$

与自变量的相对改变量 $\frac{\Delta x}{x}$ 之比 $\dfrac{\frac{\Delta y}{y}}{\frac{\Delta x}{x}}$,称为函数 $f(x)$ 在 x 与 $x+\Delta x$ 两点间的弹性(或相对变

化率). 而极限 $\lim\limits_{\Delta x\to 0}\dfrac{\frac{\Delta y}{y}}{\frac{\Delta x}{x}}$ 称为函数 $f(x)$ 在点 x 的弹性(或相对变化率),记为

$$\frac{Ey}{Ex}f(x)=\frac{Ey}{Ex}=\lim_{\Delta x\to 0}\frac{\frac{\Delta y}{y}}{\frac{\Delta x}{x}}=\lim_{\Delta x\to 0}\frac{\Delta y}{\Delta x}\cdot\frac{x}{y}=y'\frac{x}{y}.$$

注:函数 $f(x)$ 在点 x 的弹性 $\dfrac{Ey}{Ex}$ 反映随 x 的变化 $f(x)$ 变化幅度的大小,即 $f(x)$ 对 x 变化反映的强烈程度或**灵敏度**. 数值上,$\dfrac{E}{Ex}f(x)$ 表示 $f(x)$ 在点 x 处,当 x 产生 1% 的改变时,函数 $f(x)$ 近似地改变 $\dfrac{E}{Ex}f(x)\%$,在应用问题中解释弹性的具体意义时,通常略去"近似"二字.

设需求函数 $Q=f(P)$,这里 P 表示产品的价格. 于是,可具体定义该产品在价格为 P 时的**需求弹性**如下:

$$\eta=\eta(P)=\lim_{\Delta P\to 0}\frac{\frac{\Delta Q}{Q}}{\frac{\Delta P}{P}}=\lim_{\Delta P\to 0}\frac{\Delta Q}{\Delta P}\cdot\frac{P}{Q}=P\cdot\frac{f'(P)}{f(P)}.$$

当 ΔP 很小时,有

$$\eta=P\cdot\frac{f'(P)}{f(P)}\approx\frac{P}{f(P)}\cdot\frac{\Delta Q}{\Delta P},$$

故需求弹性 η 近似地表示在价格为 P 时,价格变动 1%,需求量将变化 $\eta\%$.

注:一般地,需求函数是单调减少函数,需求量随价格的提高而减少(当 $\Delta P>0$ 时,$\Delta Q<0$),故需求弹性一般是负值,它反映产品需求量对价格变动反映的强烈程度(灵敏度).

例 4　设某种商品的需求量 x 与价格 P 的关系为

$$Q(P)=1600\left(\frac{1}{4}\right)^P.$$

(1) 求需求弹性 $\eta(P)$;

(2) 当商品的价格 $P=10$(元)时,再增加 1%,求该商品需求量变化情况.

解 (1) 需求弹性为

$$\eta(P) = P \cdot \frac{Q'(P)}{Q(P)} = P \cdot \frac{\left[1600\left(\frac{1}{4}\right)^P\right]'}{1600\left(\frac{1}{4}\right)^P} = P \cdot \frac{1600\left(\frac{1}{4}\right)^P \ln\frac{1}{4}}{1600\left(\frac{1}{4}\right)^P}$$

$$= P \cdot \ln\frac{1}{4} = (-2\ln 2)P \approx -1.39P.$$

需求弹性为负,说明商品价格 P 上涨 1% 时,商品需求量 Q 将减少 $1.39P\%$.

(2) 当商品的价格 $P=10$ 元时,

$$\eta(10) = -1.39 \times 10 = -13.9,$$

这表示价格 $P=10$ 元时,价格上涨 1%,商品的需求量将减少 13.9%. 若价格降低 1%,商品的需求量将增加 13.9%.

习题 2-6

1. 某型号电视机的生产成本(元)与生产量(台)的关系函数为

$$C(x) = 6000 + 900x - 0.8x^2$$

(1) 求生产前 100 台的平均成本;

(2) 求当 100 台生产出来时的边际成本;

(3) 证明(2)中求得的边际成本的合理性.

2. 某型号电视机的月收入(元)与月售出台数(台)的函数为:$Y(x) = 100000\left(1 - \frac{1}{2x}\right)$.

(1) 求销售出第 100 台电视机时的边际收入.

(2) 从边际收入函数得出什么有意义的结论及,并解释当 $x \to \infty$ 时,$Y'(x)$ 的极限值表示什么含义?

3. 某煤炭公司每天生产煤 x 吨的总成本函数为 $C(x) = 2000 + 450x - 0.02x^2$,如果每吨煤的销售价为 490 元,求:

(1) 边际成本函数 $C'(x)$;

(2) 利润函数 $L(x)$ 及边际利润函数 $L'(x)$;

(3) 边际利润为 0 时的产量.

4. 设某商品的需求函数为 $Q = 400 - 100P$,求 $P = 1, 2, 3$ 时的需求函数.

5. 某地对服装的需求函数可以表示为 $Q = aP^{-0.66}$,试求需求量对价格的弹性,并说明其经济意义.

6. 某产品滞销,现准备以降价扩大销路. 如果该产品的需求弹性在 1.5~2 之间,试问当降价 10% 时,销售量可增加多少?

总习题 2

1. 填空题

(1) 已知 $x=2$ 是 $f(x)$ 的连续点,且 $\lim\limits_{x \to 2}\dfrac{f(x)}{x-2} = 3$,则 $f'(2) = $ _____.

(2) 已知 $f'(3)=2$，则 $\lim\limits_{h\to 0}\dfrac{f(3-h)-f(3)}{2h}=$ _____.

(3) 设 $\begin{cases} x=1+t^2, \\ y=\cos t, \end{cases}$ 则 $\dfrac{\mathrm{d}^2 y}{\mathrm{d}x^2}=$ _____.

(4) 设函数 $y=y(x)$ 由方程 $\mathrm{e}^{x+y}+\cos(xy)=0$ 确定，则 $\dfrac{\mathrm{d}y}{\mathrm{d}x}=$ _____.

(5) 曲线 $y=\ln x$ 上与直线 $x+y=1$ 垂直的切线方程为 _____.

(6) 函数 $f(x)$ 在 x_0 可导是 $f(x)$ 在点 x_0 连续的 _____ 条件，$f(x)$ 在点 x_0 连续是 $f(x)$ 在点 x_0 可导的 _____ 条件.

2. 设 $f(x)=x(x-1)(x-2)\cdots(x-1000)$，求 $f'(0)$.

3. 设 $f(x)$ 对任何 x 满足 $f(x+1)=2f(x)$，且 $f(0)=1$，$f'(0)=C$（C 为常数），求 $f'(1)$.

4. 在抛物线 $y=x^2$ 上取横坐标为 $x_1=1$ 及 $x_2=3$ 的两点，作过这两点的割线，问抛物线上哪一点的切线平行于这条割线？

5. 求与直线 $x+9y-1=0$ 垂直的曲线 $y=x^3-3x^2+5$ 的切线方程.

6. 讨论函数 $y=x|x|$ 在点 $x=0$ 处的可导性.

7. 设函数 $f(x)=\begin{cases} x^2, & x\leqslant 1, \\ ax+b, & x>1. \end{cases}$ 为了使函数 $f(x)$ 在 $x=1$ 处连续且可导，a,b 应取什么值？

8. 试确定 a,b，使 $f(x)=\begin{cases} b(1+\sin x)+a+2, & x>0, \\ \mathrm{e}^{ax}-1, & x\leqslant 0 \end{cases}$ 在 $x=0$ 处可导.

9. 求下列函数的导数：

(1) $y=(3x+5)^3(5x+4)^5$;

(2) $y=\arctan\dfrac{x+1}{x-1}$;

(3) $y=\dfrac{\sqrt{1+x}-\sqrt{1-x}}{\sqrt{1+x}+\sqrt{1-x}}$;

(4) $y=\dfrac{\ln x}{x^n}$;

(5) $y=\dfrac{\mathrm{e}^t-\mathrm{e}^{-t}}{\mathrm{e}^t+\mathrm{e}^{-t}}$;

(6) $y=x^a+a^x+a^a$;

(7) $y=\mathrm{e}^{\tan\frac{1}{x}}$;

(8) $y=\sqrt{x+\sqrt{x}}$;

(9) $y=x\arctan\dfrac{x}{2}+\sqrt{4-x^2}$.

10. 设 $y=\dfrac{1}{2}\arctan\sqrt{1+x^2}+\dfrac{1}{4}\ln\dfrac{\sqrt{1+x^2}+1}{\sqrt{1+x^2}-1}$，求 y'.

11. 设 $f(x)$ 为可导函数，求 $\dfrac{\mathrm{d}y}{\mathrm{d}x}$.

(1) $y=f(\mathrm{e}^x+x^\mathrm{e})$;

(2) $y=f(\mathrm{e}^x)\mathrm{e}^{f(x)}$.

12. 设 $x>0$ 时，可导函数 $f(x)$ 满足：$f(x)+2f\left(\dfrac{1}{x}\right)=\dfrac{3}{x}$，求 $f'(x)$ $(x>0)$.

13. 求下列函数的二阶导数：

(1) $y=(1+x^2)\arctan x$;

(2) $y=\ln(x+\sqrt{1+x^2})$.

14. 求下列函数的导数：

(1) $y = \sin^2 x$，求 $y^{(n)}$；　　　　　　　(2) $y = \dfrac{1}{x^2 - 5x + 6}$，求 $y^{(n)}$.

15. 求曲线 $x^{\frac{2}{3}} + y^{\frac{2}{3}} = a^{\frac{2}{3}}$ 在点 $\left(\dfrac{\sqrt{2}}{4}a, \dfrac{\sqrt{2}}{4}a \right)$ 处的切线方程和法线方程.

16. 设方程 $\sin(xy) + \ln(y - x) = x$ 确定 y 是 x 的函数，且 $\dfrac{\mathrm{d}y}{\mathrm{d}x}\bigg|_{x=0}$.

17. 用对数求导法则求下列函数的导数：

(1) $y = \sqrt{x \sin x \sqrt{1 - \mathrm{e}^x}}$；　　　　　(2) $y = (\tan x)^{\sin x} + x^x$.

18. 设函数 $y = y(x)$ 由方程 $\mathrm{e}^y + xy = \mathrm{e}$ 所确定，求 $y''(0)$.

19. 求下列函数所确定的隐函数 y 的二阶导数 $\dfrac{\mathrm{d}^2 y}{\mathrm{d}x^2}$：

(1) $y = \tan x$；　　　　　　　　　　(2) $x - y + \dfrac{1}{2}\sin y = 0$.

20. 求下列函数的微分：

(1) $y = \mathrm{e}^{-x}\cos(3 - x)$；　　　　　(2) $y = \tan^2(1 + 2x^2)$.

21. 设 $y = f(\ln x)\mathrm{e}^{f(x)}$，其中 f 可微，求 $\mathrm{d}y$.

22. 一辆大型客车能容纳 60 人. 租用该车旅游时，当乘客人数为 x（人）时，每位乘客支付的票价 $p(x)$（元）满足关系式：$p(x) = 8\left(\dfrac{x}{40} - 3 \right)^2$. 租用该客车的公共汽车公司在这次旅游中所获得的收入为 $r(x)$，求使其边际收入为 0 的旅游乘客量是多少？ 此时每位乘客支付的相应的票价是多少？（这个票价是使收入最大的票价，如果公司可以选择乘客数量的话，则该公司可以设法将乘客保持在一个数量，在获得最大效益的同时还能使车内乘车环境更宽松）.

第3章 微分中值定理与导数应用

本章将以微分中值定理为基础,进一步介绍导数的应用,利用导数求一些函数的极限以及利用导数研究函数的性态,例如判断函数的单调性和凹凸性,求函数的极值、最值以及描绘函数的图形.

3.1 微分中值定理

3.1.1 罗尔定理

为了应用方便,先介绍费马(Fermat)引理.

费马引理 设函数 $f(x)$ 在 x_0 的某个邻域 $U(x_0)$ 内有定义,并且在 x_0 处可导,如果对任意的 $x_0 \in U(x_0)$,有 $f(x) \leqslant f(x_0)$(或 $f(x) \geqslant f(x_0)$),那么

$$f'(x_0) = 0.$$

证 不妨设 $x_0 \in U(x_0)$ 时 $f(x) \leqslant f(x_0)$,对于 $x_0 + \Delta x \in U(x_0)$,有

$$f(x_0 + \Delta x) \leqslant f(x_0).$$

由可导的条件及极限的保号性,得到

$$f'_+(x_0) = \lim_{\Delta x \to 0^+} \frac{f(x_0 + \Delta x) - f(x_0)}{\Delta x} \leqslant 0,$$

$$f'_-(x_0) = \lim_{\Delta x \to 0^-} \frac{f(x_0 + \Delta x) - f(x_0)}{\Delta x} \geqslant 0.$$

所以 $f'(x_0) = 0$.

定理 1（罗尔(**Rolle**)定理） 如果函数 $y = f(x)$ 满足：

（1）在闭区间 $[a, b]$ 上连续；

（2）在开区间 (a, b) 内可导；

（3）在区间两个端点处的函数值相等,即 $f(a) = f(b)$,则在 (a, b) 内至少存在一点 $\xi(a < \xi < b)$,使得 $f'(\xi) = 0$.

罗尔定理的几何意义 如图 3-1 所示,定理的条件表示,设函数 $y = f(x)$ 在闭区间 $[a, b]$ 上的图像是一条连续光滑的曲线,这条曲线在开区间 (a, b) 内每一点都存在不垂直于 x 轴的切线,且曲线两端点的高度相等,即 $f(a) =$

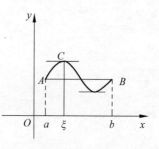

图 3-1

$f(b)$. 定理的结论表示, 在曲线 $y=f(x)$ 上至少有一点 C, 使曲线在点 C 处的切线是水平的.

从图 3-1 中可以发现, 在曲线弧上的最高点或最低点处, 曲线有水平切线, 即 $f'(\xi)=0$, 这就启发了我们证明这个定理的思路.

证 由于 $f(x)$ 在闭区间 $[a,b]$ 上连续, 根据闭区间上连续函数的最大值和最小值定理, $f(x)$ 在闭区间 $[a,b]$ 上必有最大值 M 和最小值 m. 分两种情况来讨论:

(1) 若 $M=m$, 则 $f(x)$ 在 $[a,b]$ 上为常数, 这时对任意的 $\xi \in (a,b)$, 都有 $f'(\xi)=0$.

(2) 若 $M>m$, 由 $f(a)=f(b)$ 知, M 和 m 中至少有一个不在区间端点 a 和 b 处取得. 不妨设 $M \neq f(a)$, 则在开区间 (a,b) 内至少存在一点 ξ, 使得 $f(\xi)=M$. 由费马引理知 $f'(\xi)=0$. ■

注 由罗尔定理易知, 若函数 $f(x)$ 在 $[a,b]$ 上满足定理的三个条件, 则其导函数 $f'(x)$ 在 (a,b) 内至少存在一个零点. 但要注意, 在一般情况下, 罗尔定理只给出了导函数的零点的存在性, 通常这样的零点是不易具体求出的.

例 1 不求导数, 判断函数 $f(x)=(x-1)(x-2)(x-3)(x-4)$ 的导函数有几个零点及这些零点所在的范围.

解 因为 $f(1)=f(2)=f(3)=f(4)=0$, 所以 $f(x)$ 在闭区间 $[1,2]$、$[2,3]$、$[3,4]$ 上满足罗尔定理的三个条件, 所以, 在 $(1,2)$ 内至少存在一点 ξ_1, 使 $f'(\xi_1)=0$, 即 ξ_1 是 $f'(x)$ 的一个零点; 在 $(2,3)$ 内也至少存在一点 ξ_2, 使 $f'(\xi_2)=0$, 即 ξ_2 是 $f'(x)$ 的一个零点; 又在 $(3,4)$ 内至少存在一点 ξ_3, 使 $f'(\xi_3)=0$, 即 ξ_3 也是 $f'(x)$ 的一个零点. 因此, $f'(x)$ 至少有三个零点.

又因为 $f'(x)$ 为三次多项式, 最多只能有三个零点, 故 $f'(x)$ 恰好有三个零点, 分别在区间 $(1,2)$、$(2,3)$ 和 $(3,4)$ 内.

例 2 证明方程 $x^5-5x+1=0$ 有且仅有一个小于 1 的正实根.

证 先证明存在性. 设 $f(x)=x^5-5x+1$, 则 $f(x)$ 在 $[0,1]$ 上连续, 且 $f(0)=1, f(1)=-3$. 由零点定理知, 至少存在一点 $\xi \in (0,1)$, 使 $f(\xi)=0$, 即方程 $x^5-5x+1=0$ 至少有一个小于 1 的正实根.

再证明唯一性. 用反证法, 假设存在两点 $\xi_1, \xi_2 \in (0,1)$, 且 $\xi_1 \neq \xi_2$, 使 $f(\xi_1)=f(\xi_2)=0$. 易见, 函数 $f(x)$ 在以 ξ_1, ξ_2 为端点的区间上满足罗尔定理的条件, 故至少存在一点 η(介于 ξ_1, ξ_2 之间), 使得 $f'(\eta)=0$. 但

$$f'(x)=5(x^4-1)<0, \quad x \in (0,1),$$

产生矛盾, 假设不成立. 故方程 $x^5-5x+1=0$ 有且仅有一个小于 1 的正实根. ■

例 3 设 $f(x)$ 在 $[0,1]$ 上连续, 在 $(0,1)$ 内可导, 且 $f(1)=0$. 求证: 至少存在一点 $\xi \in (0,1)$, 使 $f'(\xi)=-\dfrac{f(\xi)}{\xi}$.

证 构造辅助函数 $F(x)=xf(x)$. 因为 $f(x)$ 在 $[0,1]$ 上连续, 在 $(0,1)$ 内可导, 所以 $F(x)$ 在 $[0,1]$ 上连续, 在 $(0,1)$ 内可导, 且 $F(0)=F(1)=0$, 由罗尔定理知, 在 $(0,1)$ 内至少存在一点 ξ, 使 $F'(\xi)=0$, 即

$$\xi f'(\xi)+f(\xi)=0,$$

故 $f'(\xi)=-\dfrac{f(\xi)}{\xi}$. ■

3.1.2　拉格朗日中值定理

罗尔定理中 $f(a) = f(b)$ 这个条件是非常特殊的,它使罗尔定理的应用受到了限制,如果取消 $f(a) = f(b)$ 这个条件,但仍保留其余两个条件,便可得到在微分学中具有重要地位的拉格朗日中值定理.

定理 2（拉格朗日(**Lagrange**)中值定理）　如果函数 $y = f(x)$ 满足:

(1) 在闭区间 $[a,b]$ 上连续;

(2) 在开区间 (a,b) 内可导,则在 (a,b) 内至少存在一点 $\xi(a < \xi < b)$,使得

$$f(b) - f(a) = f'(\xi)(b-a). \tag{3.1}$$

拉格朗日中值定理的几何意义　式(3.1)可改写为

$$\frac{f(b) - f(a)}{b - a} = f'(\xi), \tag{3.2}$$

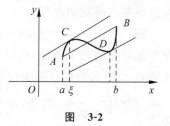

图　**3-2**

如图 3-2 所示,$\dfrac{f(b) - f(a)}{b - a}$ 为直线 AB 的斜率,而 $f'(\xi)$ 为曲线在点 C 处的切线的斜率. 因此,拉格朗日中值定理的几何意义是,在满足定理条件的情况下,曲线 $y = f(x)$ 上至少有一点 C,使曲线在点 C 处的切线平行于曲线两端点连线 AB.

由此可见,罗尔定理是拉格朗日中值定理在 $f(a) = f(b)$ 时的特殊情形. 自然可以想到利用罗尔定理来证明拉格朗日中值定理. 为此我们设想构造一个与 $f(x)$ 有密切联系的辅助函数 $F(x)$,使 $F(x)$ 满足条件 $F(a) = F(b)$,对 $F(x)$ 应用罗尔定理,最后将对 $F(x)$ 所得的结论转化到 $f(x)$ 上,证得所要的结论. 事实上,因为直线 AB 的方程为 $y = f(a) + \dfrac{f(b) - f(a)}{b - a}(x - a)$,而曲线 $y = f(x)$ 与直线 AB 在端点 A, B 处相交,故若用曲线方程 $y = f(x)$ 与直线 AB 的方程的差做成一个新函数,则这个新函数在端点 A, B 处的函数值相等. 由此即可证明拉格朗日中值定理.

证　构造辅助函数

$$F(x) = f(x) - \left[f(a) + \frac{f(b) - f(a)}{b - a}(x - a) \right].$$

容易验证 $F(x)$ 在区间 $[a,b]$ 上满足罗尔定理的条件,从而在 (a,b) 内至少存在一点 ξ,使得 $F'(\xi) = 0$,即

$$f'(\xi) - \frac{f(b) - f(a)}{b - a} = 0,$$

故 $f'(\xi) = \dfrac{f(b) - f(a)}{b - a}$ 或 $f(b) - f(a) = f'(\xi)(b - a)$.　■

注：(1) 式(3.1)和式(3.2)均称为**拉格朗日中值公式**. 显然,当 $b < a$ 时,式(3.1)和式(3.2)也成立.

(2) 设 $x, x + \Delta x \in (a,b)$,在以 $x, x + \Delta x$ 为端点的区间上应用拉格朗日中值定理,则至少存在一点 ξ(介于 x 与 $x + \Delta x$ 之间),使得

$$f(x + \Delta x) - f(x) = f'(\xi) \cdot \Delta x.$$

可令 $\xi = x + \theta \Delta x (0 < \theta < 1)$,则有

$$f(x+\Delta x)-f(x)=f'(x+\theta\Delta x)\cdot\Delta x \quad(0<\theta<1),$$

即

$$\Delta y=f'(x+\theta\Delta x)\cdot\Delta x \quad(0<\theta<1).$$

因此拉格朗日公式又称为**有限增量公式**.

推论 1 如果函数 $f(x)$ 在区间 I 上的导数恒为零,那么 $f(x)$ 在区间 I 上是一个常数.

证 在区间 I 上任取两点 $x_1,x_2(x_1<x_2)$,在区间 $[x_1,x_2]$ 上应用拉格朗日中值定理,得

$$f(x_2)-f(x_1)=f'(\xi)(x_2-x_1) \quad(x_1<\xi<x_2).$$

由假设,$f'(\xi)=0$,所以

$$f(x_2)-f(x_1)=0, \quad 即 \quad f(x_2)=f(x_1).$$

再由 x_1,x_2 的任意性知,$f(x)$ 在区间 I 上任意点处的函数值都相等,即 $f(x)$ 在区间 I 上是一个常数. ■

推论 2 如果函数 $f(x)$ 与 $g(x)$ 在区间 I 上恒有 $f'(x)=g'(x)$,则在区间 I 上有

$$f(x)=g(x)+C \quad(C 为常数).$$

例 4 证明 $\arcsin x+\arccos x=\dfrac{\pi}{2}(-1\leqslant x\leqslant1)$.

证 设 $f(x)=\arcsin x+\arccos x,x\in[-1,1]$,因为

$$f'(x)=\frac{1}{\sqrt{1-x^2}}+\left(-\frac{1}{\sqrt{1-x^2}}\right)=0 \quad x\in(-1,1),$$

所以 $f(x)\equiv C,x\in(-1,1)$. 又 $f(0)=\arcsin0+\arccos0=0+\dfrac{\pi}{2}=\dfrac{\pi}{2}$,故 $C=\dfrac{\pi}{2}$,所以 $f(x)=\dfrac{\pi}{2},x\in(-1,1)$. 又因为

$$f(-1)=\arcsin(-1)+\arccos(-1)=-\frac{\pi}{2}+\pi=\frac{\pi}{2},$$

$$f(1)=\arcsin1+\arccos1=\frac{\pi}{2}+0=\frac{\pi}{2},$$

从而,$\arcsin x+\arccos x=\dfrac{\pi}{2}(-1\leqslant x\leqslant1)$. ■

例 5 证明当 $x>0$ 时,

$$\frac{x}{1+x}<\ln(1+x)<x.$$

证 设 $f(t)=\ln(1+t)$,显然,$f(t)$ 在 $[0,x]$ 上满足拉格朗日中值定理的条件,则至少存在一点 $\xi(0<\xi<x)$,使得

$$f(x)-f(0)=f'(\xi)(x-0) \quad(0<\xi<x).$$

由于 $f(0)=0,f'(t)=\dfrac{1}{1+t}$,故上式即为

$$\ln(1+x)=\frac{x}{1+\xi} \quad(0<\xi<x).$$

由于 $0<\xi<x$,所以 $\dfrac{x}{1+x}<\dfrac{x}{1+\xi}<x$,即

$$\frac{x}{1+x} < \ln(1+x) < x.$$

3.1.3　柯西中值定理

拉格朗日中值定理表明,如果连续曲线$\overset{\frown}{AB}$上除端点外处处具有不垂直于x轴的切线,则曲线上至少有一点C,使曲线在点C处的切线平行于曲线端点连线AB. 下面,我们用曲线的参数方程描述这个结论.

设曲线$\overset{\frown}{AB}$的参数方程为$\begin{cases} x = g(t), \\ y = f(t) \end{cases} (a \leqslant t \leqslant b)$(如

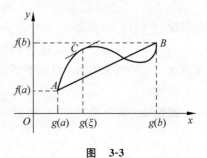

图　3-3

图 3-3),其中t是参数. 那么曲线上点(x,y)处的斜率为$\dfrac{\mathrm{d}y}{\mathrm{d}x} = \dfrac{f'(t)}{g'(t)}$,直线$AB$的斜率为$\dfrac{f(b)-f(a)}{g(b)-g(a)}$. 假设点$C$对应于参数$t = \xi$,那么曲线上点$C$处的切线平行于直线$AB$,即

$$\frac{f(b)-f(a)}{g(b)-g(a)} = \frac{f'(\xi)}{g'(\xi)}.$$

于是可以得到如下一般结论.

定理 3（**柯西**（**Cauchy**）**中值定理**）　如果函数$f(x), g(x)$满足:

(1) 在闭区间$[a,b]$上连续;

(2) 在开区间(a,b)内可导;

(3) 在(a,b)内每一点处$g'(x) \neq 0$. 则在(a,b)内至少存在一点$\xi(a < \xi < b)$,使得

$$\frac{f(b)-f(a)}{g(b)-g(a)} = \frac{f'(\xi)}{g'(\xi)}.$$

证　构造辅助函数

$$\varphi(x) = f(x) - f(a) - \frac{f(b)-f(a)}{g(b)-g(a)}[g(x)-g(a)].$$

易知$\varphi(x)$在$[a,b]$上满足罗尔定理的条件,故在(a,b)内至少存在一点ξ,使得$\varphi'(\xi) = 0$,即

$$f'(\xi) - \frac{f(b)-f(a)}{g(b)-g(a)} \cdot g'(\xi) = 0,$$

从而

$$\frac{f(b)-f(a)}{g(b)-g(a)} = \frac{f'(\xi)}{g'(\xi)}.$$

习题 3-1

1. 验证罗尔定理对函数$y = \ln\sin x$在区间$\left[\dfrac{\pi}{6}, \dfrac{5\pi}{6}\right]$上正确性.

2. 验证拉格朗日中值定理对函数$y = 4x^3 - 5x^2 + x - 2$在区间$[0,1]$上的正确性.

3. 证明下列等式:

(1) $\arctan x + \operatorname{arccot} x = \dfrac{\pi}{2}, x \in (-\infty, +\infty)$;

(2) $2\arctan x + \arcsin \dfrac{2x}{1+x^2} = \pi (x \geqslant 1)$.

4. 证明下列不等式:

(1) 当 $a > b > 0, n > 1$ 时, $nb^{n-1}(a-b) < a^n - b^n < na^{n-1}(a-b)$;

(2) 当 $b > a > 0$ 时, $\dfrac{b-a}{b} < \ln \dfrac{b}{a} < \dfrac{b-a}{a}$;

(3) 当 $x > 1$ 时, $\mathrm{e}^x > \mathrm{e}x$.

5. 若方程 $a_0 x^n + a_1 x^{n-1} + \cdots + a_{n-1} x = 0$ 有一个正根 $x = x_0$, 证明方程 $a_0 x^{n-1} + a_1(n-1)x^{n-2} + \cdots + a_{n-1} = 0$ 必有一个小于 x_0 的正根.

6. 设 $f(x)$ 在 $[0, \pi]$ 上连续, 在 $(0, \pi)$ 内可导, 求证: 存在 $\xi \in (0, \pi)$, 使得 $f'(\xi) = -f(\xi)\cot\xi$.

7. 若函数 $f(x)$ 在 (a, b) 内具有二阶导函数, 且 $f(x_1) = f(x_2) = f(x_3)(a < x_1 < x_2 < x_3 < b)$, 证明: 在 (x_1, x_3) 内至少一点 ξ, 使得 $f''(\xi) = 0$.

8. 设函数 $f(x)$ 在 $[a, b]$ 上连续, 在 (a, b) 内有二阶导数, 且有 $f(a) = f(b) = 0, f(c) > 0$ $(a < c < b)$, 试证在 (a, b) 内至少存在一点 ξ, 使 $f''(\xi) < 0$.

3.2 洛必达法则

如果当 $x \to a$ (或 $x \to \infty$) 时, 两个函数 $f(x)$ 与 $g(x)$ 都趋于零或都趋于无穷大, 此时极限 $\lim\limits_{x \to a} \dfrac{f(x)}{g(x)} \left(\text{或} \lim\limits_{x \to \infty} \dfrac{f(x)}{g(x)} \right)$ 可能存在, 也可能不存在, 通常把这种极限称为**未定式**, 并分别记为 $\dfrac{0}{0}$ 或 $\dfrac{\infty}{\infty}$. 例如, $\lim\limits_{x \to 0} \dfrac{\sin x}{x}$ 是 $\dfrac{0}{0}$ 型未定式, $\lim\limits_{x \to +\infty} \dfrac{x^3}{\mathrm{e}^x}$ 是 $\dfrac{\infty}{\infty}$ 型未定式. 对于此类极限不能用"商的极限等于极限的商"这一法则. 本节将利用导数为工具, 给出计算未定式极限的一种简便且重要的方法, 即**洛必达求导法则**.

3.2.1 洛必达求导法则

1. $\dfrac{0}{0}$ 型未定式

下面, 我们以 $x \to a$ 时的未定式 $\dfrac{0}{0}$ 的情形为例进行讨论.

定理 1 设

(1) 当 $x \to a$ 时, 函数 $f(x)$ 与 $g(x)$ 都趋于零;

(2) 在点 a 的某去心邻域内, $f'(x)$ 及 $g'(x)$ 都存在且 $g'(x) \neq 0$;

(3) $\lim\limits_{x \to a} \dfrac{f'(x)}{g'(x)}$ 存在 (或为无穷大).

则

$$\lim_{x \to a} \frac{f(x)}{g(x)} = \lim_{x \to a} \frac{f'(x)}{g'(x)}.$$

证　因为极限 $\lim\limits_{x\to a}\dfrac{f(x)}{g(x)}$ 是否存在与 $f(a)$ 和 $g(a)$ 取何值无关,故可补充定义 $f(a)=g(a)=0$. 于是,由(1)、(2)可知,函数 $f(x)$ 及 $g(x)$ 在点 a 的某一邻域内是连续的. 设 x 是该邻域内任意一点($x\neq a$),则 $f(x)$ 及 $g(x)$ 在以 x 及 a 为端点的区间上满足柯西中值定理的条件,从而存在 ξ(ξ 介于 x 与 a 之间),使得

$$\frac{f(x)}{g(x)}=\frac{f(x)-f(a)}{g(x)-g(a)}=\frac{f'(\xi)}{g'(\xi)}.$$

当 $x\to a$ 时,有 $\xi\to a$,所以

$$\lim_{x\to a}\frac{f(x)}{g(x)}=\lim_{\xi\to a}\frac{f'(\xi)}{g'(\xi)}. \qquad\blacksquare$$

注:若将定理 1 中的 $x\to a$ 换成 $x\to a^{+}$,$x\to a^{-}$,$x\to\infty$,$x\to+\infty$,$x\to-\infty$,只要相应地修改条件(2),结论仍然成立.

上述定理给出的这种在一定条件下通过对分子、分母先分别求导,再求极限来确定未定式的值的方法称为**洛必达法则**.

例 1　求 $\lim\limits_{x\to 0}\dfrac{\sin 7x}{\sin 3x}$.

解　这是 $\dfrac{0}{0}$ 型未定式,由洛必达法则,有

$$\lim_{x\to 0}\frac{\sin 7x}{\sin 3x}=\lim_{x\to 0}\frac{(\sin 7x)'}{(\sin 3x)'}=\lim_{x\to 0}\frac{7\cos 7x}{3\cos 3x}=\frac{7}{3}.$$

例 2　求 $\lim\limits_{x\to+\infty}\dfrac{\dfrac{\pi}{2}-\arctan x}{\dfrac{1}{x}}$.

解　这是 $\dfrac{0}{0}$ 型未定式,由洛必达法则,有

$$\lim_{x\to+\infty}\frac{\dfrac{\pi}{2}-\arctan x}{\dfrac{1}{x}}=\lim_{x\to+\infty}\frac{-\dfrac{1}{1+x^2}}{-\dfrac{1}{x^2}}=\lim_{x\to+\infty}\frac{x^2}{1+x^2}=1.$$

如果 $\lim\limits_{x\to a}\dfrac{f'(x)}{g'(x)}$ 仍属 $\dfrac{0}{0}$ 型未定式,且这时 $f'(x)$,$g'(x)$ 也满足定理 1 的条件,那么可以继续应用洛必达法则,即

$$\lim_{x\to a}\frac{f(x)}{g(x)}=\lim_{x\to a}\frac{f'(x)}{g'(x)}=\lim_{x\to a}\frac{f''(x)}{g''(x)}.$$

且可以依此类推.

例 3　求 $\lim\limits_{x\to 0}\dfrac{e^x-e^{-x}-2x}{x-\sin x}$.

解　这是 $\dfrac{0}{0}$ 型未定式,连续应用洛必达法则,有

$$\lim_{x\to 0}\frac{e^x-e^{-x}-2x}{x-\sin x}=\lim_{x\to 0}\frac{e^x+e^{-x}-2}{1-\cos x}=\lim_{x\to 0}\frac{e^x-e^{-x}}{\sin x}=\lim_{x\to 0}\frac{e^x+e^{-x}}{\cos x}=2.$$

注:上式中的 $\lim\limits_{x\to 0}\dfrac{e^x+e^{-x}}{\cos x}$ 已经不是未定式,不能再对它应用洛必达法则,否则会导致错

误结果.以后使用洛必达法则时应注意验证,如果不是未定式,就不能应用洛必达法则.对 $x \rightarrow a$ 或 $x \rightarrow \infty$ 时的 $\dfrac{\infty}{\infty}$ 型未定式,也有相应的洛必达法则.

2. $\dfrac{\infty}{\infty}$ 型未定式

定理 2 设

(1) 当 $x \rightarrow a$ 时,函数 $f(x)$ 与 $g(x)$ 都趋于无穷大;

(2) 在点 a 的某去心邻域内,$f'(x)$ 及 $g'(x)$ 都存在且 $g'(x) \neq 0$;

(3) $\lim\limits_{x \rightarrow a} \dfrac{f'(x)}{g'(x)}$ 存在(或为无穷大).

则

$$\lim_{x \rightarrow a} \frac{f(x)}{g(x)} = \lim_{x \rightarrow a} \frac{f'(x)}{g'(x)}.$$

证明略.

例 4 求 $\lim\limits_{x \rightarrow 0^+} \dfrac{\ln x}{\cot x}$.

解 这是 $\dfrac{\infty}{\infty}$ 型未定式,由洛必达法则,有

$$\lim_{x \rightarrow 0^+} \frac{\ln x}{\cot x} = \lim_{x \rightarrow 0^+} \frac{(\ln x)'}{(\cot x)'} = \lim_{x \rightarrow 0^+} \frac{\dfrac{1}{x}}{-\csc^2 x} = \lim_{x \rightarrow 0^+} \frac{-\sin^2 x}{x} = -\lim_{x \rightarrow 0^+} \frac{\sin x}{x} \cdot \lim_{x \rightarrow 0^+} \sin x = 0.$$

例 5 求 $\lim\limits_{x \rightarrow +\infty} \dfrac{\ln x}{x^n} (n > 0)$.

解 $\lim\limits_{x \rightarrow +\infty} \dfrac{\ln x}{x^n} = \lim\limits_{x \rightarrow +\infty} \dfrac{\dfrac{1}{x}}{n x^{n-1}} = \lim\limits_{x \rightarrow +\infty} \dfrac{1}{n x^n} = 0.$

例 6 求 $\lim\limits_{x \rightarrow +\infty} \dfrac{x^n}{e^{\lambda x}}$($n$ 为正整数,$\lambda > 0$).

解 连续应用洛必达法则 n 次,有

$$\lim_{x \rightarrow +\infty} \frac{x^n}{e^{\lambda x}} = \lim_{x \rightarrow +\infty} \frac{n x^{n-1}}{\lambda e^{\lambda x}} = \lim_{x \rightarrow +\infty} \frac{n(n-1) x^{n-2}}{\lambda^2 e^{\lambda x}} = \cdots = \lim_{x \rightarrow +\infty} \frac{n!}{\lambda^n e^{\lambda x}} = 0.$$

洛必达法则虽然是求未定式极限的一种简单有效的方法,但若能与其他求极限的方法结合使用,效果会更简洁.

例 7 求 $\lim\limits_{x \rightarrow 0} \dfrac{x - \sin 3x}{(1 - \cos x)(e^{3x} - 1)}$.

解 当 $x \rightarrow 0$ 时,$1 - \cos x \sim \dfrac{1}{2} x^2$,$e^{3x} - 1 \sim 3x$,所以

$$\lim_{x \rightarrow 0} \frac{x - \sin 3x}{(1 - \cos x)(e^{3x} - 1)} = \lim_{x \rightarrow 0} \frac{x - \sin 3x}{\dfrac{3}{2} x^3} = \lim_{x \rightarrow 0} \frac{1 - 3\cos 3x}{\dfrac{9}{2} x^2} = \lim_{x \rightarrow 0} \frac{9 \sin 3x}{9x} = 3.$$

3.2.2 其他几种类型的未定式

除了 $\dfrac{0}{0}$ 和 $\dfrac{\infty}{\infty}$ 型,未定式还有 $0 \cdot \infty$,$\infty - \infty$,0^0,1^∞,∞^0 等类型,经过适当的变形,它们一

般都可化为 $\dfrac{0}{0}$ 或 $\dfrac{\infty}{\infty}$ 型未定式.

1. $0 \cdot \infty$ 型,可将其化为 $\dfrac{0}{0}$ 或 $\dfrac{\infty}{\infty}$ 型.

例 8 求 $\lim\limits_{x \to 0^+} x \ln x$.

解 $\lim\limits_{x \to 0^+} x \ln x = \lim\limits_{x \to 0^+} \dfrac{\ln x}{\dfrac{1}{x}} = \lim\limits_{x \to 0^+} \dfrac{\dfrac{1}{x}}{-\dfrac{1}{x^2}} = \lim\limits_{x \to 0^+} (-x) = 0.$

2. $\infty - \infty$ 型,可通分化为 $\dfrac{0}{0}$ 型.

例 9 求 $\lim\limits_{x \to 1}\left(\dfrac{x}{x-1} - \dfrac{1}{\ln x}\right)$.

解 $\lim\limits_{x \to 1}\left(\dfrac{x}{x-1} - \dfrac{1}{\ln x}\right) = \lim\limits_{x \to 1}\dfrac{x\ln x - x + 1}{(x-1)\ln x} = \lim\limits_{x \to 1}\dfrac{\ln x}{\ln x + \dfrac{x-1}{x}} = \lim\limits_{x \to 1}\dfrac{\dfrac{1}{x}}{\dfrac{1}{x} + \dfrac{1}{x^2}} = \lim\limits_{x \to 1}\dfrac{x}{x+1} = \dfrac{1}{2}.$

3. $0^0, 1^\infty, \infty^0$ 型

例 10 求 $\lim\limits_{x \to 0^+} x^{\sin x}$.

解 这是 0^0 型未定式,将它变形为 $\lim\limits_{x \to 0^+} x^{\sin x} = \mathrm{e}^{\lim\limits_{x \to 0^+} \sin x \ln x}$,由于

$$\lim\limits_{x \to 0^+} \sin x \ln x = \lim\limits_{x \to 0^+} \dfrac{\ln x}{\csc x} = \lim\limits_{x \to 0^+} \dfrac{\dfrac{1}{x}}{-\csc x \cot x} = \lim\limits_{x \to 0^+} \dfrac{-\sin x \tan x}{x} = 0,$$

故 $\lim\limits_{x \to 0^+} x^{\sin x} = \mathrm{e}^0 = 1$.

例 11 求 $\lim\limits_{x \to 0} (\cos x)^{\frac{1}{\ln(1+x^2)}}$.

解 这是 1^∞ 型不定式. 因为 $\lim\limits_{x \to 0} (\cos x)^{\frac{1}{\ln(1+x^2)}} = \mathrm{e}^{\lim\limits_{x \to 0} \frac{\ln \cos x}{\ln(1+x^2)}}$,而

$$\lim\limits_{x \to 0} \dfrac{\ln \cos x}{\ln(1+x^2)} = \lim\limits_{x \to 0} \dfrac{\dfrac{-\sin x}{\cos x}}{\dfrac{2x}{1+x^2}} = -\dfrac{1}{2}\lim\limits_{x \to 0} \dfrac{\sin x}{x} \cdot \dfrac{1+x^2}{\cos x} = -\dfrac{1}{2},$$

所以 $\lim\limits_{x \to 0} (\cos x)^{\frac{1}{\ln(1+x^2)}} = \mathrm{e}^{-\frac{1}{2}}$.

例 12 求 $\lim\limits_{x \to +\infty} (x + \sqrt{1+x^2})^{\frac{1}{\ln x}}$.

解 这是 ∞^0 型未定式,将它变形为 $\lim\limits_{x \to +\infty} (x + \sqrt{1+x^2})^{\frac{1}{\ln x}} = \mathrm{e}^{\lim\limits_{x \to +\infty} \frac{\ln(x+\sqrt{1+x^2})}{\ln x}}$,由于

$$\lim\limits_{x \to +\infty} \dfrac{\ln(x+\sqrt{1+x^2})}{\ln x} = \lim\limits_{x \to +\infty} \dfrac{\dfrac{1}{x+\sqrt{1+x^2}} \cdot \left(1 + \dfrac{x}{\sqrt{1+x^2}}\right)}{\dfrac{1}{x}} = \lim\limits_{x \to +\infty} \dfrac{\dfrac{1}{\sqrt{1+x^2}}}{\dfrac{1}{x}}$$

$$= \lim\limits_{x \to +\infty} \dfrac{x}{\sqrt{1+x^2}} = 1,$$

故 $\lim\limits_{x\to+\infty}(x+\sqrt{1+x^2})^{\frac{1}{\ln x}}=\mathrm{e}.$

例 13 求 $\lim\limits_{x\to\infty}\dfrac{x-\sin x}{x}.$

解 这是 $\dfrac{\infty}{\infty}$ 型不定式,如果直接使用洛必达法则,有

$$\lim_{x\to\infty}\frac{x-\sin x}{x}=\lim_{x\to\infty}(1-\cos x),$$

其中 $\lim\limits_{x\to\infty}(1-\cos x)$ 不存在也不是无穷大,但不能说 $\lim\limits_{x\to\infty}\dfrac{x-\sin x}{x}$ 不存在. 事实上,这个不定式的极限不满足洛必达法则的第三个条件,因而不能用洛必达法则求此极限. 改用如下方法:

$$\lim_{x\to\infty}\frac{x-\sin x}{x}=\lim_{x\to\infty}\left(1-\frac{1}{x}\sin x\right)=1-0=1.$$

习题 3-2

1. 用洛必达法则求下列极限:

(1) $\lim\limits_{x\to 0}\dfrac{\mathrm{e}^x-\cos x}{\sin x}$;

(2) $\lim\limits_{x\to 0}\dfrac{\tan x-x}{x-\sin x}$;

(3) $\lim\limits_{x\to 0^+}\dfrac{\ln\tan 7x}{\ln\tan 2x}$;

(4) $\lim\limits_{x\to+\infty}\dfrac{\dfrac{\pi}{2}-\arctan x}{\dfrac{1}{x}}$;

(5) $\lim\limits_{x\to\frac{\pi}{2}}\dfrac{\ln\sin x}{(\pi-2x)^2}$;

(6) $\lim\limits_{x\to\frac{\pi}{2}}\dfrac{\tan x-5}{\sec x+4}$;

(7) $\lim\limits_{x\to 0}\left(\dfrac{1}{x}-\dfrac{1}{\mathrm{e}^x-1}\right)$;

(8) $\lim\limits_{x\to\frac{\pi}{2}}(\sec x-\tan x)$;

(9) $\lim\limits_{x\to 0}x\cot 2x$;

(10) $\lim\limits_{x\to 0}x^2\mathrm{e}^{\frac{1}{x^2}}$;

(11) $\lim\limits_{x\to\infty}x(\mathrm{e}^{\frac{1}{x}}-1)$;

(12) $\lim\limits_{x\to 0^+}x^{\tan x}$;

(13) $\lim\limits_{x\to 0}(\cos x)^{\frac{1}{x^2}}$;

(14) $\lim\limits_{x\to 0}(1+\sin x)^{\frac{1}{x}}$.

2. 验证极限 $\lim\limits_{x\to\infty}\dfrac{x+\sin x}{x-\sin x}$ 存在,但不能用洛必达法则求出.

3. 讨论函数 $f(x)=\begin{cases}\left[\dfrac{(1+x)^{\frac{1}{x}}}{\mathrm{e}}\right]^{\frac{1}{x}}, & x>0,\\ \mathrm{e}^{-\frac{1}{2}}, & x\leqslant 0\end{cases}$ 在点 $x=0$ 处的连续性.

3.3 函数的单调性

第 1 章中已经介绍了函数在区间上单调性的概念. 本节将以导数为工具,对函数的单调性进行探讨研究.

82

首先考察图 3-4,设函数 $y=f(x)$ 在 $[a,b]$ 上单调增加,那么它的图像沿 x 轴的正向上升,可以看到,曲线 $y=f(x)$ 在区间 (a,b) 内除个别点的切线斜率为零外,其余点处的切线斜率均为正,即 $f'(x)\geqslant0$.其次考察图 3-5,函数 $y=f(x)$ 在 $[a,b]$ 上单调减少,它的图像沿 x 轴的正向下降,这时,曲线 $y=f(x)$ 在区间 (a,b) 内除个别点的切线斜率为零外,其余点处的切线斜率均为负,即 $f'(x)\leqslant0$.由此可见,函数的单调性与其导数的符号有着密切的联系.

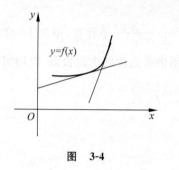

图 3-4

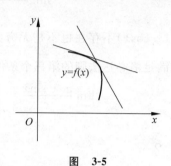

图 3-5

那么,能否用导数的符号判断函数的单调性呢?下面我们用拉格朗日中值定理来进行讨论.

定理 1 设函数 $y=f(x)$ 在 $[a,b]$ 上连续,在 (a,b) 内可导.

(1) 若在 (a,b) 内 $f'(x)>0$,则函数 $y=f(x)$ 在 $[a,b]$ 上单调增加;

(2) 若在 (a,b) 内 $f'(x)<0$,则函数 $y=f(x)$ 在 $[a,b]$ 上单调减少.

证 任取两点 $x_1,x_2\in[a,b]$,设 $x_1<x_2$,由拉格朗日中值定理知,至少存在一点 $\xi(x_1<\xi<x_2)$,使得 $f(x_2)-f(x_1)=f'(\xi)(x_2-x_1)$.

(1) 若在 (a,b) 内,$f'(x)>0$,则 $f'(\xi)>0$,所以

$$f(x_2)>f(x_1),$$

即 $y=f(x)$ 在 $[a,b]$ 上单调增加;

(2) 若在 (a,b) 内,$f'(x)<0$,则 $f'(\xi)<0$,所以

$$f(x_2)<f(x_1),$$

即 $y=f(x)$ 在 $[a,b]$ 上单调减少.

例 1 判定函数 $f(x)=x-\sin x$ 在 $[0,2\pi]$ 上的单调性.

解 在 $(0,2\pi)$ 内,$f'(x)=1-\cos x>0$,故 $f(x)=x-\sin x$ 在 $[0,2\pi]$ 上单调增加.

例 2 讨论函数 $f(x)=2x^3-3x^2-36x+16$ 的单调性.

解 $f'(x)=6x^2-6x-36=6(x-3)(x+2)$.

当 $x\in(-\infty,-2)$ 时,$f'(x)>0$,函数 $f(x)$ 在 $(-\infty,-2]$ 上单调增加;

当 $x\in(-2,3)$ 时,$f'(x)<0$,函数 $f(x)$ 在 $[-2,3]$ 上单调减少;

当 $x\in(3,+\infty)$ 时,$f'(x)>0$,函数 $f(x)$ 在 $[3,+\infty)$ 上单调增加.

例 3 讨论函数 $f(x)=\sqrt[3]{x^2}$ 的单调性.

解 函数 $f(x)$ 在 $(-\infty,+\infty)$ 内连续.当 $x\neq0$ 时,$f'(x)=\dfrac{2}{3\sqrt[3]{x}}$;当 $x=0$ 时,$f'(0)$ 不存在.

当 $x \in (-\infty, 0)$ 时, $f'(x) < 0$, 函数 $f(x)$ 在 $(-\infty, 0]$ 上单调减少;

当 $x \in (0, +\infty)$ 时, $f'(x) > 0$, 函数 $f(x)$ 在 $[0, +\infty)$ 上单调增加.

例 4 试证: 当 $x > 0$ 时, $\arctan x > x - \frac{1}{3}x^3$.

证 作辅助函数

$$f(x) = \arctan x - x + \frac{1}{3}x^3.$$

因为 $f(x)$ 在 $[0, +\infty)$ 上连续, 在 $(0, +\infty)$ 内可导, 且在 $(0, +\infty)$ 内,

$$f'(x) = \frac{1}{1+x^2} - 1 + x^2 = \frac{x^4}{1+x^2} > 0,$$

所以 $f(x)$ 在 $[0, +\infty)$ 上单调增加, 从而当 $x > 0$ 时, $f(x) > f(0) = 0$, 即

$$\arctan x - x + \frac{1}{3}x^3 > 0.$$

故当 $x > 0$ 时, $\arctan x > x - \frac{1}{3}x^3$. ∎

例 5 证明方程 $x^5 + x + 1 = 0$ 在区间 $(-1, 0)$ 内有且只有一个实根.

证 先证存在性. 令 $f(x) = x^5 + x + 1$, 由于 $f(x)$ 在闭区间 $[-1, 0]$ 上连续, 且 $f(-1) = -1 < 0, f(0) = 1 > 0$. 根据零点定理, $f(x)$ 在 $(-1, 0)$ 内至少有一个零点.

再证唯一性. 对于任意实数 x, 有 $f'(x) = 5x^4 + 1 > 0$, 所以 $f(x)$ 在 $(-\infty, +\infty)$ 上单调增加, 因此, 曲线 $y = f(x)$ 与 x 轴至多只有一个交点, 即方程 $x^5 + x + 1 = 0$ 在区间 $(-1, 0)$ 内至多只有一个实根.

综上所述, 方程 $x^5 + x + 1 = 0$ 在区间 $(-1, 0)$ 内有且只有一个实根. ∎

习题 3-3

1. 求下列函数的单调区间:

(1) $y = \frac{1}{3}x^3 - x^2 - 3x + 1$; 　　(2) $y = 2x + \frac{8}{x} (x > 0)$;

(3) $y = \frac{2}{3}x - \sqrt[3]{x^2}$; 　　(4) $y = 3x^2 + 6x + 5$;

(5) $y = 2x^2 - \ln x$; 　　(6) $y = \ln(x + \sqrt{1+x^2})$.

2. 利用单调性证明下列不等式:

(1) 当 $x > 0$ 时, $1 + \frac{1}{2}x > \sqrt{1+x}$;

(2) 当 $x > 0$ 时, $e^x > 1 + x + \frac{x^2}{2}$;

(3) 当 $0 < x < \frac{\pi}{2}$ 时, $\sin x > x - \frac{x^3}{6}$;

(4) 当 $0 < x < \frac{\pi}{2}$ 时, $\tan x > x + \frac{1}{3}x^3$.

3.4　函数的极值与最大值和最小值

3.4.1　函数的极值及其求法

定义 1　设函数 $f(x)$ 在点 x_0 的某邻域内有定义,若对该邻域内任意一点 $x(x \neq x_0)$,恒有 $f(x) < f(x_0)$(或 $f(x) > f(x_0)$),则称 $f(x)$ 在点 x_0 处取得**极大值**(或**极小值**),而点 x_0 称为函数 $f(x)$ 的**极大值点**(或**极小值点**).极大值与极小值统称为函数的极值,极大值点与极小值点统称为函数的极值点.

例如,函数 $y = \sin x + 1$ 在点 $x = -\dfrac{\pi}{2}$ 处取得极小值 0,在点 $x = \dfrac{\pi}{2}$ 处取得极大值 2.函数的极值概念是局部性的,极值不同于最值.如果 $f(x_0)$ 是函数 $f(x)$ 的一个极大值(或极小值),只是就 x_0 邻近的一个局部范围内,$f(x_0)$ 是最大的(或最小的),对函数 $f(x)$ 的整个定义域来说就不一定是最大的(或最小的)了.例如在图 3-6 中,函数 $f(x)$ 的两个极大值 $f(x_2)$ 和 $f(x_5)$ 都不是 $f(x)$ 的最大值,而三个极小值 $f(x_1)$、$f(x_4)$、$f(x_6)$ 中,只有 $f(x_1)$ 是最小值.

函数可以有多个极值,并且极大值不一定大于极小值.例如在图 3-6 中,函数 $f(x)$ 有两个极大值 $f(x_2)$、$f(x_5)$,三个极小值 $f(x_1)$、$f(x_4)$、$f(x_6)$,其中极大值 $f(x_2)$ 比极小值 $f(x_6)$ 还小.

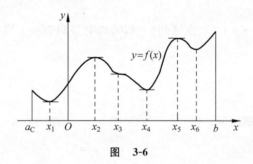

图　**3-6**

从图中还可看到,在函数取得极值处,曲线的切线是水平的,即函数在极值点处的导数等于零.但在导数等于零的点处(如 $x = x_3$ 处),函数却不一定取得极值.下面就来讨论函数取得极值的必要条件和充分条件.

定理 1（**必要条件**）　若函数 $f(x)$ 在点 x_0 处可导,且在 x_0 处取得极值,则 $f'(x_0) = 0$.

证　不妨设 x_0 是 $f(x)$ 的极小值点,由定义可知,$f(x)$ 在点 x_0 的某邻域内有定义,且对该邻域内任意一点 $x(x \neq x_0)$,恒有 $f(x) > f(x_0)$.

当 $x < x_0$ 时,$\dfrac{f(x) - f(x_0)}{x - x_0} < 0$,因此

$$f'_-(x_0) = \lim_{x \to x_0^-} \frac{f(x) - f(x_0)}{x - x_0} \leqslant 0.$$

当 $x > x_0$ 时,$\dfrac{f(x) - f(x_0)}{x - x_0} > 0$,因此

$$f'_+(x_0) = \lim_{x \to x_0^+} \frac{f(x) - f(x_0)}{x - x_0} \geqslant 0.$$

又函数 $f(x)$ 在点 x_0 处可导,所以

$$f'(x_0) = f'_-(x_0) = f'_+(x_0),$$

从而

$$f'(x_0) = 0.$$ ■

$f'(x) = 0$ 的点,称为函数 $f(x)$ 的**驻点**. 根据定理 1,若函数 $f(x)$ 在极值点 x_0 处可导,则点 x_0 必定是函数 $f(x)$ 的驻点. 但反过来,函数的驻点却不一定是极值点. 例如,对于函数 $y = x^3$,点 $x = 0$ 是 $y = x^3$ 的驻点,但显然 $x = 0$ 不是 $y = x^3$ 的极值点.

此外,函数在它的导数不存在的点处也可能取得极值. 例如,函数 $f(x) = |x|$ 在点 $x = 0$ 处不可导,但函数在该点取得极小值(如图 3-7).

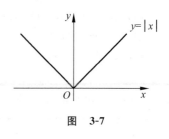

因此,当我们求出函数的驻点和不可导点后,还需要判断这些点是不是极值点,以及进一步判断极值点是极大值点还是极小值点. 由函数极值的定义和函数单调性的判定法知,函数在其极值点的邻近两侧单调性改变(即函数一阶导数的符号改变),由此可导出关于函数极值点判定的一个充分条件.

图 3-7

定理 2(第一充分条件) 设函数 $f(x)$ 在点 x_0 的某邻域内连续,在 x_0 的某去心邻域内可导.

(1) 如果当 $x < x_0$ 时,$f'(x) > 0$;当 $x > x_0$ 时,$f'(x) < 0$,则 $f(x_0)$ 为函数 $f(x)$ 的极大值;

(2) 如果当 $x < x_0$ 时,$f'(x) < 0$;当 $x > x_0$ 时,$f'(x) > 0$,则 $f(x_0)$ 为函数 $f(x)$ 的极小值;

(3) 如果当 $x < x_0$ 与 $x > x_0$ 时,$f'(x)$ 同号,则 $f(x_0)$ 不是函数 $f(x)$ 的极值.

证 (1) 因为当 $x < x_0$ 时,$f'(x) > 0$,所以 $f(x)$ 在 x_0 的左侧单调增加,从而当 $x < x_0$ 时,$f(x) < f(x_0)$;因为当 $x > x_0$ 时,$f'(x) < 0$,所以 $f(x)$ 在 x_0 的右侧单调减少,从而当 $x > x_0$ 时,$f(x) < f(x_0)$. 可见在 x_0 的附近总有 $f(x) < f(x_0)$,故 $f(x_0)$ 为函数 $f(x)$ 的极大值. 如图 3-8(a).

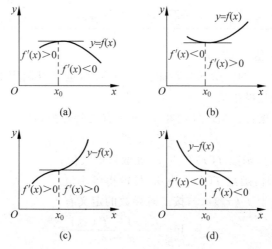

图 **3-8**

（2）同理可证. 如图 3-8（b）.

（3）不妨设 $f'(x)$ 在 x_0 的某去心邻域都是正（负）的，则 $f(x)$ 在该邻域内单调增加（减少），x_0 不是 $f(x)$ 的极值点. 如图 3-8（c）、（d）. ■

根据上面的两个定理，如果函数 $f(x)$ 在所讨论的区间内连续，除个别点外处处可导，则可按下列步骤来求函数 $f(x)$ 的极值点和极值：

（1）确定函数 $f(x)$ 的定义域，并求其导数 $f'(x)$；

（2）求出 $f(x)$ 的全部驻点与不可导点；

（3）讨论 $f'(x)$ 在驻点与不可导点左、右两侧邻近范围内符号变化的情况，确定函数的极值点；

（4）求出各极值点的函数值，就得到函数 $f(x)$ 的全部极值.

例 1　求函数 $f(x)=2x^3-6x^2-18x+7$ 的极值.

解　函数 $f(x)$ 在 $(-\infty,+\infty)$ 内连续，且

$$f'(x)=6x^2-12x-18=6(x+1)(x-3).$$

令 $f'(x)=0$，解得驻点 $x_1=-1,x_2=3$. 列表如下：

x	$(-\infty,-1)$	-1	$(-1,3)$	3	$(3,+\infty)$
$f'(x)$	$+$	0	$-$	0	$+$
$f(x)$	单调增加	极大值	单调减少	极小值	单调增加

极大值为 $f(-1)=17$，极小值为 $f(3)=-47$.

例 2　求函数 $f(x)=(2x-5)\sqrt[3]{x^2}$ 的极值.

解　函数 $f(x)$ 在 $(-\infty,+\infty)$ 内连续，除 $x=0$ 外处处可导，且

$$f'(x)=\frac{10}{3}x^{\frac{2}{3}}-\frac{10}{3}x^{-\frac{1}{3}}=\frac{10}{3}\frac{x-1}{\sqrt[3]{x}}.$$

令 $f'(x)=0$，得驻点 $x=1$，而 $x=0$ 为不可导点. 列表如下：

x	$(-\infty,0)$	0	$(0,1)$	1	$(1,+\infty)$
$f'(x)$	$+$	不存在	$-$	0	$+$
$f(x)$	单调增加	极大值	单调减少	极小值	单调增加

极大值为 $f(0)=0$，极小值为 $f(1)=-3$.

当函数 $f(x)$ 在驻点处的二阶导数存在且不为零时，也可以利用下述定理来判定 $f(x)$ 在驻点处取得极大值还是极小值.

定理 3（第二充分条件）　设 $f(x)$ 在 x_0 处具有二阶导数，且

$$f'(x_0)=0,\quad f''(x_0)\neq 0,$$

则：（1）当 $f''(x_0)<0$ 时，函数 $f(x)$ 在点 x_0 处取得极大值；

（2）当 $f''(x_0)>0$ 时，函数 $f(x)$ 在点 x_0 处取得极小值.

证　对情形（1），由于 $f''(x_0)<0$，按二阶导数的定义有

$$f''(x_0)=\lim_{x\to x_0}\frac{f'(x)-f'(x_0)}{x-x_0}<0.$$

根据函数极限的局部保号性，当 x 在 x_0 的足够小的去心邻域内时，有

$$\frac{f'(x)-f'(x_0)}{x-x_0}<0.$$

又 $f'(x_0)=0$，所以上式即为 $\frac{f'(x)}{x-x_0}<0$，即 $f'(x)$ 与 $x-x_0$ 异号.

因此，当 $x-x_0<0$，即 $x<x_0$ 时，$f'(x)>0$；当 $x-x_0>0$，即 $x>x_0$ 时，$f'(x)<0$. 于是，由定理 2 知，$f(x)$ 在点 x_0 处取得极大值.

同理可证(2). ∎

例 3　求函数 $f(x)=x^3+3x^2-24x-20$ 的极值.

解　函数 $f(x)$ 在 $(-\infty,+\infty)$ 内连续，且

$$f'(x)=3x^2+6x-24=3(x+4)(x-2).$$

令 $f'(x)=0$，得驻点 $x_1=-4,x_2=2$. 又 $f''(x)=6x+6$，因为

$$f''(-4)=-18<0,\quad f''(2)=18>0,$$

所以，极大值为 $f(-4)=60$，极小值为 $f(2)=-48$.

例 4　求函数 $f(x)=(x^2-1)^3+1$ 的极值.

解　由于 $f'(x)=6x(x^2-1)^2$. 令 $f'(x)=0$，得驻点 $x_1=-1,x_2=0,x_3=1$.

又 $f''(x)=6(x^2-1)(5x^2-1)$. 因为 $f''(0)=6>0$，所以 $f(x)$ 在 $x=0$ 处取得极小值，极小值为 $f(0)=0$. 而 $f''(-1)=f''(1)=0$，故定理 3 无法判别. 应用第一充分条件，考察一阶导数 $f'(x)$ 在驻点 $x_1=-1$ 及 $x_3=1$ 左右邻近处的符号：

当 x 取 -1 的左侧邻近处的值时，$f'(x)<0$；

当 x 取 -1 的右侧邻近处的值时，$f'(x)<0$.

因为 $f'(x)$ 的符号没有改变，所以 $f(x)$ 在 $x_1=-1$ 处没有极值.
同理，$f(x)$ 在 $x_3=1$ 处也没有极值(如图 3-9).

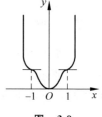

图　**3-9**

3.4.2　函数的最大值和最小值

在实际应用中，常常会遇到这样一类问题：在一定条件下，如何使用料最省、容量最大、效率最高、利润最大等. 从数学的角度，这些问题往往可归结为求某一函数(通常称为**目标函数**)的最大值或最小值问题.

根据闭区间上连续函数的性质，如果函数 $f(x)$ 在闭区间 $[a,b]$ 上连续，则函数在该区间上必取得最大值和最小值. 下面我们具体讨论如何求出这个最大值和最小值. 如果函数的最大(小)值在开区间 (a,b) 内取得，那么最大(小)值必定是函数的极大(小)值，而极大(小)值又产生于驻点和不可导点. 同时，函数的最大(小)值也可能在区间的端点 a,b 处取得.

综上所述，求函数 $f(x)$ 在闭区间 $[a,b]$ 上的最大(小)值，只需计算函数 $f(x)$ 在所有驻点、不可导点处的函数值，并将它们与区间端点处的函数值 $f(a)$、$f(b)$ 相比较，其中最大的就是最大值，最小的就是最小值.

例 5　求 $f(x)=x^3-3x^2-9x+5$ 在 $[-2,4]$ 上的最大值与最小值.

解　因为

$$f'(x)=3x^2-6x-9=3(x+1)(x-3),$$

令 $f'(x)=0$，解得驻点 $x_1=-1,x_2=3$. 计算

$$f(-2) = 3, \quad f(-1) = 10, \quad f(3) = -22, \quad f(4) = -15.$$

比较得,函数 $f(x)$ 在 $[-2,4]$ 上的最大值为 $f(-1)=10$,最小值为 $f(3)=-22$.

例 6 在曲线 $y=1-x^2 \ (x>0)$ 上求一点 P,使曲线在点 P 处的切线与两坐标轴所围成的三角形面积最小.

解 如图 3-10 所示,设 P 点为 $P(x,1-x^2)$,则过点 P 的切线方程为

$$Y-(1-x^2) = -2x(X-x),$$

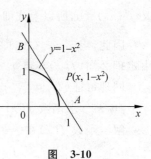

图 3-10

令 $Y=0$,得 $X_A = \dfrac{x^2-1}{2x}$,令 $X=0$,得 $Y_B = x^2+1$,于是所求三角形面积为

$$S(x) = \frac{1}{2} \frac{x^2+1}{2x}(x^2+1) = \frac{(x^2+1)^2}{4x} \quad (x>0).$$

求导得

$$S'(x) = \frac{(x^2+1)(3x^2-1)}{4x^2},$$

令 $S'(x)=0$,得 $x=\dfrac{1}{\sqrt{3}}$ 和 $x=-\dfrac{1}{\sqrt{3}}$(舍去).因为当 $0<x<\dfrac{1}{\sqrt{3}}$ 时,$S'(x)<0$;当 $x>\dfrac{1}{\sqrt{3}}$ 时,$S'(x)>0$,故 $x=\dfrac{1}{\sqrt{3}}$ 是 $S(x)$ 的唯一极小值点,也是最小值点,故所求点为 $P\left(\dfrac{1}{\sqrt{3}}, \dfrac{2}{3}\right)$.

例 7 用输油管把离岸 12km 的一座油田和沿岸往下 20km 处的炼油厂连接起来(如图 3-11 所示).如果水下输油管的铺设成本为 5 万元/km,陆地铺设成本为 3 万元/km.如何组合水下和陆地的输油管使得铺设费用最少?

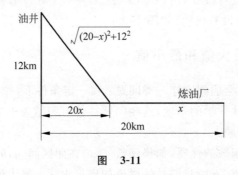

图 3-11

解 设陆地输油管长为 x km,则水下输油管长为 $\sqrt{(20-x)^2+12^2}$ km,故水下和陆地输油管的总铺设费用为

$$y = 3x + 5\sqrt{(20-x)^2+12^2} \quad (0 \leqslant x \leqslant 20).$$

由于

$$y' = 3 - \frac{5(20-x)}{\sqrt{(20-x)^2+12^2}} = \frac{3\sqrt{(20-x)^2+12^2} - 5(20-x)}{\sqrt{(20-x)^2+12^2}},$$

令 $y'=0$,即 $9[(20-x)^2+12^2]=25(20-x)^2$,解得驻点 $x_1=11$,$x_2=29$(舍去),因而 $x=11$ 是函数 y 在其定义域内的唯一驻点.

又 $y''=\dfrac{720}{\sqrt{[(20-x)^2+12^2]^3}}$，所以 $y''|_{x=11}>0$，故 $x=11$ 是函数 y 的极小值点，因此，$x=11$ 就是函数 y 的最小值点.

综上，当陆地输油管长为 11km 时，可使铺设费用最少.

在实际问题中，往往根据问题的性质就可以断定可导函数 $f(x)$ 确有最大值（或最小值），而且一定在定义区间内部取得，这时如果 $f(x)$ 在定义区间内部只有唯一一个驻点 x_0，那么不必讨论 $f(x_0)$ 是不是极值，就可以断定 $f(x_0)$ 是最大值（或最小值）.

习题 3-4

1. 求下列函数的极值：

(1) $y=x^3-3x^2-9x+5$；　　(2) $y=x-\ln(1+x)$；　　(3) $y=\dfrac{\ln^2 x}{x}$；

(4) $y=x+\sqrt{1-x}$；　　(5) $f(x)=(x-1)\sqrt[3]{x^2}$；　　(6) $y=x^2 e^{-x}$.

2. 试问 a 为何值时，函数 $f(x)=a\sin x+\dfrac{1}{3}\sin 3x$ 在 $x=\dfrac{\pi}{3}$ 处取得极值，并求此极值.

3. 求下列函数在给定区间上的最大值和最小值：

(1) $y=x+2\sqrt{x}$，$[0,4]$；　　　　(2) $y=x^2-4x+6$，$[-3,10]$；

(3) $y=x+\dfrac{1}{x}$，$[0.01,100]$；　　(4) $y=\dfrac{x-1}{x+1}$，$[0,4]$.

4. 要造一个长方体无盖蓄水池，其容积为 500m³，底面为正方形，设底面与四壁的单位造价相同，问底边和高各为多少 m 时，才能使所用材料最省.

5. 在椭圆 $\dfrac{x^2}{a^2}+\dfrac{y^2}{b^2}=1$ 内作一内接矩形，问长和宽各为多少时，矩形面积最大，此时面积等于多少？

6. 在半径为 R 的球内嵌入一个体积最大的圆柱体，求此圆柱体的体积.

3.5　曲线的凹凸性与拐点

我们研究了函数的单调性与极值，函数的单调性反映在图形上，就是曲线的上升或下降. 但是仅仅知道函数的单调性，还不能准确地掌握函数的图形. 例如，如图 3-12 中的两条曲线，虽然都是单调上升，但图形的弯曲方向有明显不同. 曲线的弯曲方向可以用凹凸性来定义. 本节我们就来研究曲线的凹凸性及判定方法.

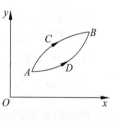

图　3-12

3.5.1　曲线的凹凸性

定义 1　设 $f(x)$ 在区间 I 内连续，如果对 I 上任意两点 x_1,x_2，恒有

$$f\left(\dfrac{x_1+x_2}{2}\right)<\dfrac{f(x_1)+f(x_2)}{2},$$

则称 $f(x)$ 在 I 上的图形是(**向上**)**凹的**,如图 3-13 所示,同时称 $f(x)$ 为 I 上的**凹函数**;如果恒有

$$f\left(\frac{x_1 + x_2}{2}\right) > \frac{f(x_1) + f(x_2)}{2},$$

则称 $f(x)$ 在 I 上的图形是(**向上**)**凸的**,如图 3-14 所示,同时称 $f(x)$ 为 I 上的**凸函数**.

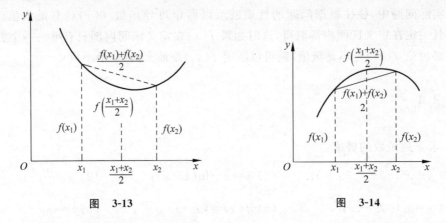

图 3-13　　　　　　　　　图 3-14

注:对于凹曲线(图 3-15),当 x 逐渐增大时,其上每一点的切线的斜率是逐渐增大的,即导函数 $f'(x)$ 是单调增加函数,即 $f''(x) \geqslant 0$;而对于凸曲线(图 3-16),其上每一点的切线的斜率是逐渐减小的,即导函数 $f'(x)$ 是单调减少函数,即 $f''(x) \leqslant 0$. 由此可见,曲线的凹凸性与函数二阶导数的符号有着密切联系.

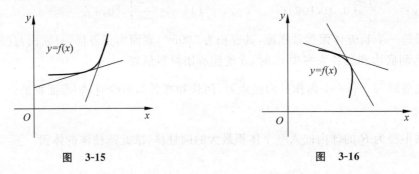

图 3-15　　　　　　　　　图 3-16

反过来,利用 $f''(x)$ 的符号也能判断曲线的凹凸性,于是有下述定理.

定理 1　设 $f(x)$ 在 $[a,b]$ 上连续,在 (a,b) 内具有一阶和二阶导数,则

(1) 若在 (a,b) 内,$f''(x) > 0$,则 $f(x)$ 在 $[a,b]$ 上的图形是凹的;

(2) 若在 (a,b) 内,$f''(x) < 0$,则 $f(x)$ 在 $[a,b]$ 上的图形是凸的.

证　我们就情形(1)给出证明.

设 x_1 和 x_2 为 $[a,b]$ 内任意两点,且 $x_1 < x_2$,记 $\dfrac{x_1 + x_2}{2} = x_0$,并记 $x_2 - x_0 = x_0 - x_1 = h$,则由拉格朗日中值定理,得

$$f(x_2) - f(x_0) = f'(\xi_2)h, \quad \xi_2 \in (x_0, x_2),$$
$$f(x_0) - f(x_1) = f'(\xi_1)h, \quad \xi_1 \in (x_1, x_0).$$

两式相减,得

$$f(x_2) + f(x_1) - 2f(x_0) = [f'(\xi_2) - f'(\xi_1)]h.$$

在(ξ_1,ξ_2)上对$f'(x)$再次应用拉格朗日中值定理,得

$$f'(\xi_2)-f'(\xi_1)=f''(\xi)(\xi_2-\xi_1).$$

$$f(x_2)+f(x_1)-2f(x_0)=f''(\xi)(\xi_2-\xi_1)h.$$

由题设条件知$f''(\xi)>0$,并注意到$\xi_2-\xi_1>0$,则有

$$f(x_2)+f(x_1)-2f(x_0)>0,$$

亦即

$$f\left(\frac{x_1+x_2}{2}\right)<\frac{f(x_1)+f(x_2)}{2},$$

所以$f(x)$在$[a,b]$上的图形是凹的.

类似地可证明情形(2). ■

3.5.2 曲线的拐点

定义 2 对于连续曲线$y=f(x)$上的点$(x_0,f(x_0))$,如果此点两侧曲线的凹凸性发生改变,则称此点为该曲线的**拐点**.

注:使二阶导数$f''(x)$等于零的点以及使二阶导数$f''(x)$不存在的点都有可能产生曲线的拐点.

定理 2 设函数$f(x)$在点x_0处可导,在x_0的某去心邻域内二阶可导,如果在x_0的左、右邻域内$f''(x)$的符号相反,则点$(x_0,f(x_0))$为曲线$f(x)$的拐点;如果符号相同,则点$(x_0,f(x_0))$不是拐点.

综上所述,判定曲线的凹凸性与求曲线的拐点的一般步骤为:

(1) 确定函数的定义域,并求其二阶导数$f''(x)$;

(2) 令$f''(x)=0$,解出全部实根,并求出所有使二阶导数$f''(x)$不存在的点;

(3) 对步骤(2)中求出的每一个点,检查其邻近左、右两侧$f''(x)$的符号;

(4) 根据$f''(x)$的符号确定曲线的凹凸区间和拐点.

例 1 确定曲线$f(x)=x^4+2x^3-12x^2+47$的凹凸区间及拐点.

解 $f'(x)=4x^3+6x^2-24x$,$f''(x)=12x^2+12x-24=12(x-1)(x+2)$,令$f''(x)=0$,得$x_1=1$,$x_2=-2$.列表讨论如下:

x	$(-\infty,-2)$	-2	$(-2,1)$	1	$(1,+\infty)$
$f''(x)$	$+$	0	$-$	0	$+$
$f(x)$	凹	拐点$(-2,-1)$	凸	拐点$(1,38)$	凹

故$y=f(x)$在区间$(-\infty,-2]$,$[1,+\infty)$为上凹,在区间$[-2,1]$为上凸,拐点为$(-2,-1)$,$(1,38)$.

例 2 确定曲线$y=f(x)=2+(x-4)^{\frac{1}{3}}$的凹凸区间与拐点.

解 $f'(x)=\frac{1}{3}(x-4)^{-\frac{2}{3}}$,$f''(x)=-\frac{2}{9}(x-4)^{-\frac{5}{3}}$,当$x=4$时,$f''(x)$不存在.列表讨论如下:

x	$(-\infty,4)$	4	$(4,+\infty)$
$f''(x)$	+	不存在	−
$f(x)$	凹	拐点$(4,2)$	凸

故曲线 $y=f(x)$ 在区间 $(-\infty,4]$ 上凹,在区间 $[4,+\infty)$ 上凸,拐点为 $(4,2)$.

习题 3-5

1. 求下列函数的凹凸区间及拐点:

(1) $y=2x^3-3x^2-36x+25$；　　　　(2) $y=x+\dfrac{1}{x}$ $(x>0)$；

(3) $y=x+\dfrac{x}{x^2-1}$；　　　　　　(4) $y=x\arctan x$；

(5) $y=(x+1)^4+\mathrm{e}^x$；　　　　　(6) $y=\ln(x^2+1)$.

2. 问 a 及 b 为何值时,点 $(1,3)$ 为曲线 $y=ax^3+bx^2$ 的拐点?

3.6　函数图形

通过前面的学习,我们知道,借助于一阶导数可以确定函数图形的单调性和极值的位置;借助于二阶导数可以确定函数的凹凸性及拐点. 由此,就可以掌握函数的性态,并把函数的图形比较准确地描绘出来.

3.6.1　曲线的渐近线

定义 1　如果当曲线 $y=f(x)$ 上的一动点沿着曲线无限远离坐标原点时,该点与某条定直线 L 的距离趋向于零,则直线 L 就称为曲线 $y=f(x)$ 的一条**渐近线**.

渐近线分为水平渐近线、铅直渐近线和斜渐近线三种.

1. 水平渐近线

若 $\lim\limits_{x\to\infty}f(x)=C$,则称直线 $y=C$ 为曲线 $y=f(x)$ 当 $x\to\infty$ 时的**水平渐近线**,类似地,可以定义 $x\to+\infty$ 或 $x\to-\infty$ 时的水平渐近线.

例如,对函数 $y=\dfrac{1}{x-1}$,因为 $\lim\limits_{x\to\infty}\dfrac{1}{x-1}=0$,所以直线 $y=0$ 为 $y=\dfrac{1}{x-1}$ 的水平渐近线. 对函数 $y=\arctan x$,因为 $\lim\limits_{x\to-\infty}\arctan x=-\dfrac{\pi}{2}$,所以直线 $y=-\dfrac{\pi}{2}$ 为 $y=\arctan x$ 的一条水平渐近线;又 $\lim\limits_{x\to+\infty}\arctan x=\dfrac{\pi}{2}$,所以直线 $y=\dfrac{\pi}{2}$ 也为 $y=\arctan x$ 的一条水平渐近线.

2. 铅直渐近线

若 $\lim\limits_{x\to x_0^+}f(x)=\infty$ 或 $\lim\limits_{x\to x_0^-}f(x)=\infty$,则称直线 $x=x_0$ 为曲线 $y=f(x)$ 的**铅直渐近线**.

例如,对函数 $y=\dfrac{1}{x-1}$,因为 $\lim\limits_{x\to1}\dfrac{1}{x-1}=\infty$,所以直线 $x=1$ 为 $y=\dfrac{1}{x-1}$ 的铅直渐近线. 对

函数 $y=\tan x$,因为 $\lim\limits_{x \to k\pi + \frac{\pi}{2}} \tan x = \infty, k \in \mathbb{Z}$,所以直线 $x=k\pi+\dfrac{\pi}{2}(k \in \mathbb{Z})$ 为 $y=\tan x$ 的铅直渐近线.

3. 斜渐近线

若 $\lim\limits_{x \to \infty}[f(x)-(ax+b)]=0$,则称直线 $y=ax+b$ 为 $y=f(x)$ 当 $x \to \infty$ 时的**斜渐近线**,其中

$$a = \lim_{x \to \infty} \frac{f(x)}{x}(a \neq 0), \quad b = \lim_{x \to \infty}[f(x)-ax].$$

类似地,可以定义 $x \to +\infty$ 或 $x \to -\infty$ 时的斜渐近线.

注：如果 $\lim\limits_{x \to \infty} \dfrac{f(x)}{x}$ 不存在,或虽然它存在但 $\lim\limits_{x \to \infty}[f(x)-ax]$ 不存在,则可以断定 $y=f(x)$ 不存在斜渐近线.

例 1 求曲线 $f(x)=\dfrac{x^3}{x^2+2x-3}$ 的渐近线.

解 函数的定义域为 $(-\infty,-3) \bigcup (-3,1) \bigcup (1,+\infty)$,又 $f(x)=\dfrac{x^3}{(x+3)(x-1)}$,易见

$$\lim_{x \to -3} f(x) = \infty, \quad \lim_{x \to 1} f(x) = \infty,$$

所以直线 $x=-3$ 和 $x=1$ 是曲线的铅直渐近线.

又因为

$$\lim_{x \to \infty} \frac{f(x)}{x} = \lim_{x \to \infty} \frac{x^2}{x^2+2x-3} = 1,$$

$$\lim_{x \to \infty}[f(x)-ax] = \lim_{x \to \infty}\left[\frac{x^3}{x^2+2x-3}-x\right] = \lim_{x \to \infty}\frac{-2x^2+3x}{x^2+2x-3}=-2,$$

所以直线 $y=x-2$ 是曲线的斜渐近线.

3.6.2 函数图形的描绘

描绘函数 $y=f(x)$ 图形的一般步骤如下：

(1) 确定函数 $f(x)$ 的定义域,研究函数的特性,如奇偶性、周期性、有界性等,并求出函数的一阶导数 $f'(x)$ 和二阶导数 $f''(x)$；

(2) 求出一阶导数 $f'(x)$ 和二阶导数 $f''(x)$ 在函数定义域内的全部零点,并求出函数 $f(x)$ 的间断点以及导数 $f'(x)$ 和 $f''(x)$ 不存在的点,用这些点把函数定义域划分成若干个部分区间；

(3) 确定在这些部分区间内 $f'(x)$ 和 $f''(x)$ 的符号,并由此确定函数的增减性和凹凸性,极值点和拐点；

(4) 确定函数图形的渐近线以及其他变化趋势；

(5) 算出 $f'(x)$ 和 $f''(x)$ 的零点以及不存在时的点所对应的函数值,并在坐标平面上定出相应的点；有时还需适当补充一些辅助作图点；然后根据(3)、(4)中得到的结果,逐段描绘出函数的图形.

例 2　描绘函数 $y=\dfrac{4(x+1)}{x^2}-2$ 的图形.

解　函数定义域为 $(-\infty,0)\bigcup(0,+\infty)$，$y'=-\dfrac{4(x+2)}{x^3}$，$y''=\dfrac{8(x+3)}{x^4}$.

令 $y'=0$ 得驻点 $x=-2$，令 $y''=0$ 得 $x=-3$，列表讨论函数性态如下：

x	$(-\infty,-3)$	-3	$(-3,-2)$	-2	$(-2,0)$	0	$(0,+\infty)$
y'	$-$	$-$	$-$	0	$+$	不存在	$-$
y''	$-$	0	$+$	$+$	$+$	不存在	$+$
$f(x)$	单调减少凸	拐点 $\left(-3,-\dfrac{26}{9}\right)$	单调减少凹	极小值 -3	单调增加凹	间断	单调减少凹

因为 $\lim\limits_{x\to\infty}\left[\dfrac{4(x+1)}{x^2}-2\right]=-2$，所以 $y=-2$ 是曲线的水平渐近线；

因为 $\lim\limits_{x\to0}\left[\dfrac{4(x+1)}{x^2}-2\right]=+\infty$，所以 $x=0$ 是曲线的垂直渐近线.

除拐点 $\left(-3,-\dfrac{26}{9}\right)$，极值对应点 $(-2,-3)$ 外，再取几个

点 $A(1-\sqrt{3},0),B(1+\sqrt{3},0),C(-1,-2),D(1,6),E\left(4,\right.$

$\left.-\dfrac{3}{4}\right)$. 最后根据函数的以上性态逐段描绘出函数的图形如

图 3-17 所示.

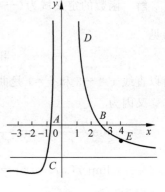

图　3-17

例 3　描绘函数 $f(x)=\dfrac{x^3-2}{2(x-1)^2}$ 的图形.

解　函数的定义域为 $(-\infty,1)\bigcup(1,+\infty)$，是非奇非偶

函数，而

$$f'(x)=\dfrac{(x-2)^2(x+1)}{2(x-1)^3},\quad f''(x)=\dfrac{3(x-2)}{(x-1)^4}.$$

由 $f'(x)=0$，解得驻点 $x=-1,x=2$，由 $f''(x)=0$，解得 $x=2$. 间断点及导数不存在的点为 $x=1$. 用这三点把定义域划分成下列四个部分区间：

$$(-\infty,-1],[-1,1),(1,2],[2,+\infty).$$

列表确定函数的增减区间、凹凸区间及极值点和拐点：

x	$(-\infty,-1)$	-1	$(-1,1)$	1	$(1,2)$	2	$(2,+\infty)$
$f'(x)$	$+$	0	$-$	不存在	$+$	0	$+$
$f''(x)$	$-$		$-$	不存在	$-$	0	$+$
$f(x)$	单调增加凸	极大值 $-\dfrac{3}{8}$	单调减少凸	间断	单调增加凸	拐点 $(2,3)$	单调增加凹

因为 $\lim\limits_{x\to1}\dfrac{x^3-2}{2(x-1)^2}=-\infty$，所以直线 $x=1$ 为铅直渐近线；而

$$\lim_{x\to\infty}\dfrac{f(x)}{x}=\lim_{x\to\infty}\dfrac{x^3-2}{2x(x-1)^2}=\dfrac{1}{2},$$

$$\lim_{x \to \infty}[f(x) - ax] = \lim_{x \to \infty}\left[\frac{x^3 - 2}{2(x-1)^2} - \frac{1}{2}x\right] = \lim_{x \to \infty}\frac{2x^2 - 3}{2(x-1)^2} = 1,$$

所以直线 $y = \dfrac{1}{2}x + 1$ 是斜渐近线.

再补充下列辅助作图点：$A(0, -1), B(\sqrt[3]{2}, 0), C\left(-2, -\dfrac{5}{9}\right), D\left(3, \dfrac{25}{8}\right)$. 用平滑的曲线连接这些点，即可描绘出题设函数的图形，如图 3-18 所示.

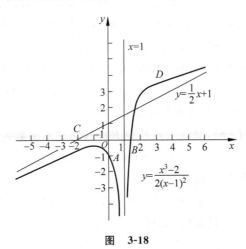

图 3-18

习题 3-6

1. 求下列曲线的渐近线：

(1) $y = \dfrac{2x^3}{x^2 + 1}$;

(2) $y = e^{-\frac{1}{x}}$;

(3) $y = x + e^{-x}$;

(4) $y = \dfrac{e^x}{1 + x}$.

2. 描绘下列函数的图形：

(1) $y = \dfrac{2x^2}{x^2 - 1}$;

(2) $y = \dfrac{\ln x}{x}$.

3.7　导数在经济学中的应用

3.7.1　最大利润问题

在经济学中，总收入和总成本都可以表示为产量 x 的函数，分别记为 $R(x)$ 和 $C(x)$，则总利润 $L(x)$ 可表示为：$L(x) = R(x) - C(x)$.

为使总利润取最大，其一阶导数 $L'(x) = R'(x) - C'(x)$ 等于零，由此得

$$R'(x) = C'(x), \quad 即 \quad \frac{\mathrm{d}R(x)}{\mathrm{d}x} = \frac{\mathrm{d}C(x)}{\mathrm{d}x}.$$

其中，$\dfrac{\mathrm{d}R(x)}{\mathrm{d}x}$ 表示边际收入，$\dfrac{\mathrm{d}C(x)}{\mathrm{d}x}$ 表示边际成本. 因此，欲使总利润最大，必须使边际收入等于边际成本，这是经济学中关于厂商行为的一个重要的命题.

根据极值存在的第二充分条件，为使总利润达到最大，还要求二阶导数.

$$\frac{\mathrm{d}^2\big[R(x)-C(x)\big]}{\mathrm{d}x^2}<0,\quad 即 \quad \frac{\mathrm{d}^2 R(x)}{\mathrm{d}x^2}<\frac{\mathrm{d}^2 C(x)}{\mathrm{d}x^2}.$$

这就是说，在获得最大利益的产量处，必须要求边际收入等于边际成本，但此时若又有边际收入对产量的导数小于边际成本对产量的导数，则该产量处一定能获得最大利润.

那如何确定产品的售价，使得利润最高？

例 1　设某商店以每件 10 元的进价购进一批衬衫，并设此种商品的需求函数 $Q=80-2p$（其中 Q 为需求量，单位为件；p 为销售价格，单位为元），问该商品应将售价定为多少元卖出，才能获得最大利润？最大利润是多少？

解　设总利润函数为 $L(p)$，总收入函数为 $R(p)$，总成本函数为 $C(p)$，则
$$L(p)=R(p)-C(p).$$
因总收入等于需求量乘以销售量价格，故有
$$R(p)=Q(p)\cdot p=(80-2p)p=80p-2p^2.$$
由于总成本等于需求量乘以购进价格，故有
$$C(p)-Q(p)\cdot 10=10(80-2p)=800\quad 20p.$$
得
$$L(p)=80p-2p^2-800+20p=100p-2p^2-800(p>0).$$

为求利润的最大值，对上式求导，得 $L'(p)=100-4p$，令 $L'(p)=0$，解得 $p=25$. 又 $L''(25)=-4<0$，故 $p=25$ 时 L 最大，此时
$$L(25)=(100\times 25-2\times 25^2-800)\,元=450\,元,$$
即将每件衬衫的销售价格定为 25 元时可获得最大利润，最大利润为 450 元.

3.7.2　平均成本最小化问题

设总成本函数 $C=C(x)$（x 是产量），一个典型的成本函数的图像如图 3-19 所示，前一段区间上曲线呈凸型，因而切线的斜率，也即**边际成本函数** $C'(x)$ 在此区间上单调下降. 这反映了生产规模的效益. 接着曲线上有一拐点，曲线随之变成凸型，边际成本函数 $C'(x)$ 呈递增态势. 引起这种变化的原因可能是由于超时工作带来的高成本，或者是生产规模过大带来的低效性.

定义每单位产品所承担的成本费用为**平均成本函数**，即
$$\overline{C}(x)=\frac{C(x)}{x}\quad (x\ 是产量).$$

注意到 $\dfrac{C(x)}{x}$ 正是图 3-19 曲线上纵坐标与横坐标之比，据此可作出 $\overline{C}(x)$ 的图像，如图 3-20. 易见 $\overline{C}(x)$ 在 $x=0$ 处无定义，说明生产数量为零时，不能讨论平均成本. 图 3-20 中的整个曲线呈凸型，故有唯一的极小值. 又由

$$\overline{C}'(x) = \frac{xC'(x) - C(x)}{x^2} = 0, \quad 得 \quad C'(x) = \frac{C(x)}{x},$$

即当边际成本等于平均成本时,平均成本达到最小.

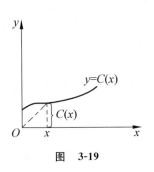

图 3-19

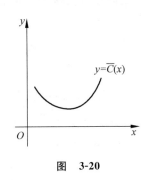

图 3-20

例 2 设每月产量为 x 吨时,总成本函数为 $C(x) = \frac{1}{4}x^2 + 8x + 4900$(元),求最低平均成本和相应产量的边际成本.

解 平均成本为

$$\overline{C}(x) = \frac{C(x)}{x} = \frac{1}{4}x + 8 + \frac{4900}{x}.$$

令 $\overline{C}'(x) = \frac{1}{4} - \frac{4900}{x^2} = 0$,解得唯一驻点 $x = 140$.

又 $\overline{C}''(x) = \frac{9800}{x^3}$,所以 $\overline{C}''(140) > 0$. 故 $x = 140$ 是 $\overline{C}(x)$ 的极小值点,也是最小值点. 因此,每月产量为 140 吨时,平均成本最低,其最低平均成本为

$$\overline{C}(140) = \left(\frac{1}{4} \times 140 + 8 + \frac{4900}{140}\right)元 = 78 \ 元.$$

边际成本函数为

$$C'(x) = \frac{1}{2}x + 8,$$

故当产量为 140 吨时,边际成本为 $C'(140) = 78$ 元.

例 3 某人利用原材料每天要制作 5 个储藏橱. 假设外来木材的运送成本为 6000 元,而储存每个单位材料的成本为 8 元. 为使他在两次运送期间的制作周期内平均每天的成本最小,每次他应该订多少原材料以及多长时间订一次货?

解 设每 x 天订一次货,那么在运送周期内必须订 $5x$ 单位材料,而平均储存量大约为运送数量的一半,即 $5x/2$. 因此

$$每个周期的成本 = 运送成本 + 储存成本 = 6000 + \frac{5x}{2} \cdot x \cdot 8,$$

$$平均成本 \ \overline{C}(x) = \frac{6000}{x} + 20x, \quad x > 0.$$

令 $\overline{C}'(x) = -\frac{6000}{x^2} + 20 = 0$,解得驻点

$$x_1 = 10\sqrt{3} \approx 17.32, \quad x_2 = -10\sqrt{3} \approx -17.32(舍去).$$

因 $\overline{C}''(x) = \dfrac{12000}{x^3}$，所以 $\overline{C}''(x_1) > 0$，故在 $x_1 = 10\sqrt{3} \approx 17.32$ 天处取得最小值.

因此，储藏橱制作者应该安排每隔 17 天运送外来木材 $5 \times 17 = 85$ 单位材料.

习题 3-7

1. 设生产某产品时的固定成本为 10000 元，可变成本与产品日产量 x 吨的立方成正比，已知日产量为 20 吨时，总成本为 10320 元，问：日产量为多少吨时，能使平均成本最低？并求最低平均成本（假定日最高产量为 100 吨）.

2. 某家电厂在生产一款新冰箱，它确定，为了卖出 x 台冰箱，其单价应为 $p = 280 - 0.4x$. 同时还确定，生产 x 台冰箱的总成本可表示成 $C(x) = 5000 + 0.6x^2$.

(1) 求总收入 $R(x)$.

(2) 求总利润 $L(x)$.

(3) 为使利润最大化，工厂必须生产并销售多少台冰箱？

(4) 最大利润是多少？

(5) 为实现这一最大利润，其冰箱的单价应定为多少？

总习题 3

1. 填空题

(1) 当 $x = $ _____ 时，函数 $y = x \cdot 2^x$ 取得极小值.

(2) 已知 $f(x) = x^3 + ax^2 + bx$ 在 $x = -1$ 处取得极小值 -2，则 $a = $ _____，$b = $ _____.

(3) $f(x) = \begin{cases} x^3, & x \geqslant 0, \\ -x, & x < 0 \end{cases}$ 在点 $x = 0$ 处的导数为 _____，$f(x)$ 在点 $x = 0$ 处取得极 _____ 值 $f(0) = 0$.

(4) 当 $a = $ _____，$b = $ _____ 时，点 $\left(2, \dfrac{5}{2}\right)$ 是曲线 $3x^2 y + ax + by = 0$ 的拐点.

(5) 已知在 $x = 0$ 的某邻域内连续函数 $f(x)$ 满足 $f(0) = 0$，$\lim\limits_{x \to 0} \dfrac{f(x)}{1 - \cos x} = 2$，则 $f(x)$ 在 $x = 0$ 处取得极 _____ 值.

(6) $\lim\limits_{x \to 0}\left(\dfrac{1}{\sin x} - \dfrac{1}{x}\right)\cot x = $ _____.

2. 求 $\lim\limits_{x \to \infty}\left[x - x^2 \ln\left(1 + \dfrac{1}{x}\right)\right]$.

3. 求 $\lim\limits_{x \to +\infty}\left(\dfrac{2}{\pi}\arctan x\right)^x$.

4. 证明当 $x>0$ 时,$\ln(1+x)>\dfrac{\arctan x}{1+x}$.

5. 设 $f(x)$ 在 $[0,a]$ 上连续,在 $(0,a)$ 内可导,且 $f(a)=0$. 证明:存在一点 $\xi\in(0,a)$,使 $f(\xi)+\xi f'(\xi)=0$.

6. 设函数 $f(x)$ 在区间 $[0,1]$ 上可微,对于 $[0,1]$ 上每一点 x,函数 $f(x)$ 的值都在 $(0,1)$ 内,且 $f'(x)\neq1$. 证明:在 $(0,1)$ 内有且仅有一个 x,使得 $f(x)=x$.

7. 设 $f(x),g(x)$ 在 $[a,b]$ 上连续,在 (a,b) 内可导,且 $f(a)=f(b)=0$. 证明:在 (a,b) 内至少存在一点 ξ,使得 $f'(\xi)+f(\xi)g'(\xi)=0$.

8. 设 $f(x)$ 在 $[1,2]$ 上具有二阶导数 $f''(x)$,且 $f(2)=f(1)=0$. 若 $F(x)=(x-1)f(x)$,证明:至少存在一点 $\xi\in(1,2)$,使得 $F''(\xi)=0$.

9. 设在 $[1,+\infty)$ 上处处有 $f''(x)\leqslant0$,且 $f(1)=2,f'(1)=-3$. 证明在 $(1,+\infty)$ 内方程 $f(x)=0$ 仅有一实根.

10. 证明下列不等式:

(1) 当 $a>b>0$ 时,$\dfrac{a-b}{a}<\ln\dfrac{a}{b}<\dfrac{a-b}{b}$;

(2) $|\arctan a-\arctan b|\leqslant|a-b|$.

11. 证明方程 $x^3+x-1=0$ 有且只有一个正实根.

12. 用洛必达法则求下列极限:

(1) $\lim\limits_{x\to0}\dfrac{\ln(1+x^2)}{\sec x-\cos x}$;

(2) $\lim\limits_{x\to0}\dfrac{\sqrt{1+\tan x}-\sqrt{1+\sin x}}{x\ln(1+x)-x^2}$;

(3) $\lim\limits_{x\to1}(1-x)\tan\dfrac{\pi x}{2}$;

(4) $\lim\limits_{x\to-1}\left[\dfrac{1}{x+1}-\dfrac{1}{\ln(x+2)}\right]$;

(5) $\lim\limits_{x\to0}\left(\dfrac{\sin x}{x}\right)^{\frac{1}{1-\cos x}}$;

(6) $\lim\limits_{x\to+\infty}\left(\dfrac{2}{\pi}\right)\left(\dfrac{2}{\pi}\arctan x\right)^x$.

13. 利用函数单调性证明下列不等式:

(1) $x>0$ 时,$x-\dfrac{x^2}{2}<\ln(1+x)$;

(2) $x>0$ 时,$1+x\ln(x+\sqrt{1+x^2})>\sqrt{1+x^2}$;

(3) 当 $0<x<\dfrac{\pi}{2}$ 时,$\dfrac{2x}{\pi}<\sin x<x$.

14. 求下列函数的极值:

(1) $y=x^3+x^2+7$;

(2) $y=(x+1)e^{-x}$;

(3) $y=(x-1)^3(x-2)^2$;

(4) $y=2e^x+e^{-x}$.

15. 求下列函数在指定区间上的最大值和最小值:

(1) $y=x^4-2x^2+5,[-2,2]$;

(2) $y=\sqrt{5-4x},[-1,1]$.

16. 求下列函数的凹凸区间及拐点:

(1) $y=x^3-5x^2+3x+5$;

(2) $y=(x+1)^4+e^x$;

(3) $y=\ln(x^2+1)$.

17. 设 $f(x)=x^3+ax^2+bx$ 在 $x=1$ 处有极值 -2,试确定系数 a 与 b,并求出 $y=f(x)$ 的所有极值点及拐点.

18. 求下列函数的渐近线:

(1) $xy=a$;

(2) $y=\dfrac{\mathrm{e}^x}{1+x}$.

19. 描绘下列函数的图形:

(1) $y=x^3-6x^2+9x-2$;

(2) $y=\dfrac{x}{1+x^2}$.

不 定 积 分

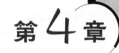

由求物体的运动速度、曲线的切线和极值等问题产生了导数和微分,构成了微积分学的微分学部分;同时由已知速度求路程、已知切线求曲线以及求某些图形的面积与体积等问题,产生了不定积分和定积分,构成了微积分学的积分学部分.

前面已经介绍了已知函数求导数的问题,现在我们要考虑其反问题:已知导数求其函数,即求一个未知函数,使其导数恰好是某一已知函数.这种由导数或微分求原函数的逆运算称为不定积分.本章将介绍不定积分的概念及其计算方法.

4.1 不定积分的概念与性质

4.1.1 原函数的概念

为引入不定积分的概念,我们先介绍原函数的概念.

定义 1 设函数 $F(x)$ 与 $f(x)$ 在区间 I 上都有定义,若对任意 $x \in I$,均有

$$F'(x) = f(x) \quad 或 \quad \mathrm{d}F(x) = f(x)\mathrm{d}x,$$

则称函数 $F(x)$ 为 $f(x)$ 在区间 I 上的**原函数**.

例如,因为 $(\sin x)' = \cos x$,故 $\sin x$ 是 $\cos x$ 在 $(-\infty, +\infty)$ 上的一个原函数.又因为 $(x^2)' = 2x$,故 x^2 是 $2x$ 在 $(-\infty, +\infty)$ 上的一个原函数. $(x^2 + 1)' = 2x$,故 $x^2 + 1$ 也是 $2x$ 在 $(-\infty, +\infty)$ 上的一个原函数.

由上面的例子可知,**一个函数的原函数不是唯一的**.

事实上,若 $F(x)$ 为 $f(x)$ 在区间 I 上的原函数,则有 $F'(x) = f(x)$,那么,对任意常数 C,显然也有

$$[F(x) + C]' = f(x),$$

从而,$F(x) + C$ 也是 $f(x)$ 在区间 I 上的原函数.这说明,如果 $f(x)$ 有一个原函数,那么 $f(x)$ 就有无穷多个原函数.

一个函数的任意两个原函数之间相差一个常数.

事实上,设 $F(x)$ 和 $G(x)$ 都是 $f(x)$ 的原函数,则

$$[F(x) - G(x)]' = F'(x) - G'(x) = f(x) - f(x) = 0,$$

即有 $F(x)-G(x)=C$(C 为任意常数).

由此知道,若 $F(x)$ 为 $f(x)$ 在区间 I 上的一个原函数,则函数 $f(x)$ 的**全体原函数**为 $F(x)+C$(C 为任意常数).

关于原函数,还有一个问题:满足何种条件的函数必定存在原函数? 原函数的存在性将在下一章讨论,这里先介绍一个结论:

定理 1　区间 I 上的连续函数一定有原函数.

注:求函数 $f(x)$ 的原函数,实质上就是问什么函数的导数是 $f(x)$.而若求得 $f(x)$ 的一个原函数 $F(x)$,其全体原函数即为 $F(x)+C$(C 为任意常数).

4.1.2　不定积分的概念

由上述原函数的定义,我们引入不定积分的概念.

定义 2　在某区间 I 上的函数 $f(x)$,若存在原函数,则称 $f(x)$ 为**可积函数**,并将 $f(x)$ 的全体原函数称为函数 $f(x)$ 在区间 I 上的**不定积分**,记作

$$\int f(x)\mathrm{d}x,$$

其中称 $\int$ 为积分符号,$f(x)$ 为**被积函数**,$f(x)\mathrm{d}x$ 为**被积表达式**,x 为**积分变量**.

由定义可知,不定积分与原函数是总体与个体的关系,即若 $F(x)$ 为 $f(x)$ 的一个原函数,则

$$\int f(x)\mathrm{d}x = F(x)+C \quad (C \text{ 称为积分常数}).$$

注:在 $\int f(x)\mathrm{d}x$ 中,积分号 $\int$ 表示对函数 $f(x)$ 进行求原函数的运算,故求不定积分的运算实质上是求导(或求微分)运算的逆运算.

例 1　求下列不定积分:

(1) $\displaystyle\int x^3 \mathrm{d}x$;　　　　(2) $\displaystyle\int \sin 2x \mathrm{d}x$;　　　　(3) $\displaystyle\int \frac{1}{1+x^2}\mathrm{d}x$.

解　(1) 因为 $\left(\dfrac{x^4}{4}\right)'=x^3$,所以 $\dfrac{x^4}{4}$ 是 x^3 的一个原函数,从而

$$\int x^3 \mathrm{d}x = \frac{x^4}{4}+C \quad (C \text{ 为任意常数}).$$

(2) 因为 $\left(-\dfrac{1}{2}\cos 2x\right)'=\sin 2x$,所以 $-\dfrac{1}{2}\cos 2x$ 是 $\sin 2x$ 的一个原函数,从而

$$\int \sin 2x \mathrm{d}x = -\frac{1}{2}\cos 2x + C \quad (C \text{ 为任意常数}).$$

(3) 因为 $(\arctan x)'=\dfrac{1}{1+x^2}$,所以 $\arctan x$ 是 $\dfrac{1}{1+x^2}$ 的一个原函数,从而

$$\int \frac{1}{1+x^2}\mathrm{d}x = \arctan x + C \quad (C \text{ 为任意常数}).$$

不定积分的几何意义　若 $F(x)$ 为 $f(x)$ 的一个原函数,则称 $y=F(x)$ 的图形为 $f(x)$ 的一条积分曲线.于是,不定积分 $\displaystyle\int f(x)\mathrm{d}x$ 在几何上表示 $f(x)$ 的某一积分曲线沿 y 轴方向任

意平移所得的一切积分曲线组成的曲线族(如图 4-1). 显然,若在每一条积分曲线上横坐标相同的点处作切线,则这些切线互相平行.

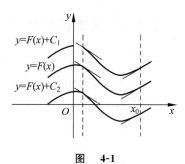

在求原函数的具体问题中,往往先求出全体原函数,然后从中确定一个满足条件 $F(x_0)=y_0$(称为初始条件,它由具体问题规定)的原函数,也就是积分曲线族中通过点 (x_0,y_0) 的那一条积分曲线.

图 **4-1**

例 2 已知曲线 $y=f(x)$ 在任一点 x 处的切线斜率为 $2x$,且曲线通过点 $(1,2)$,求此曲线的方程.

解 根据题意知,

$$f'(x)=2x,$$

即 $f(x)$ 是 $2x$ 的一个原函数,从而

$$f(x)=\int 2x\mathrm{d}x=x^2+C.$$

又曲线通过点 $(1,2)$,即 $f(1)=2$,得

$$1^2+C=2\Rightarrow C=1,$$

故所求曲线方程为 $y=x^2+1$.

4.1.3 不定积分的性质

根据不定积分的定义,可推得如下四个性质:

性质 1 $\dfrac{\mathrm{d}}{\mathrm{d}x}\left[\int f(x)\mathrm{d}x\right]=f(x)$ 或 $\mathrm{d}\left[\int f(x)\mathrm{d}x\right]=f(x)\mathrm{d}x$.

证 设 $F'(x)=f(x)$,则

$$\frac{\mathrm{d}}{\mathrm{d}x}\left[\int f(x)\mathrm{d}x\right]=(F(x)+C)'=F'(x)+0=f(x).\qquad\blacksquare$$

又由于 $f(x)$ 是 $f'(x)$ 的原函数,故有:

性质 2 $\displaystyle\int f'(x)\mathrm{d}x=f(x)+C$ 或 $\displaystyle\int \mathrm{d}f(x)=f(x)+C$.

注:由上可见,**微分运算与积分运算是互逆的**.两个运算连在一起时,$\mathrm{d}\int$ 完全抵消,$\int \mathrm{d}$ 抵消后相差一个常数.

性质 3   两函数代数和的不定积分,等于它们各自积分的代数和,即

$$\int[f(x)\pm g(x)]\mathrm{d}x=\int f(x)\mathrm{d}x\pm\int g(x)\mathrm{d}x.$$

证 $\left[\int f(x)\mathrm{d}x\pm\int g(x)\mathrm{d}x\right]'=\left[\int f(x)\mathrm{d}x\right]'\pm\left[\int g(x)\mathrm{d}x\right]'=f(x)\pm g(x).\qquad\blacksquare$

注:此性质可推广到有限多个函数的情形.

性质 4   求不定积分时,非零常数因子可提到积分号外面,即

$$\int kf(x)\mathrm{d}x=k\int f(x)\mathrm{d}x\quad(k\neq 0).$$

证 $\left[k\int f(x)\mathrm{d}x\right]'=k\left[\int f(x)\mathrm{d}x\right]'=kf(x).\qquad\blacksquare$

4.1.4 基本积分公式

既然积分运算是微分运算的逆运算,则由导数或微分基本公式,即可得到不定积分的基本公式,这里我们列出基本积分公式:

(1) $\int k\mathrm{d}x = kx + C(k \text{ 是常数});$ (2) $\int x^{\mu}\mathrm{d}x = \dfrac{x^{\mu+1}}{\mu+1} + C(\mu \neq -1);$

(3) $\int \dfrac{\mathrm{d}x}{x} = \ln|x| + C;$ (4) $\int \dfrac{1}{1+x^2}\mathrm{d}x = \arctan x + C;$

(5) $\int \dfrac{1}{\sqrt{1-x^2}}\mathrm{d}x = \arcsin x + C;$ (6) $\int a^x \mathrm{d}x = \dfrac{a^x}{\ln a} + C;$

(7) $\int \mathrm{e}^x \mathrm{d}x = \mathrm{e}^x + C;$ (8) $\int \cos x\,\mathrm{d}x = \sin x + C;$

(9) $\int \sin x\,\mathrm{d}x = -\cos x + C;$ (10) $\int \sec^2 x\,\mathrm{d}x = \tan x + C;$

(11) $\int \csc^2 x\,\mathrm{d}x = -\cot x + C;$ (12) $\int \sec x\tan x\,\mathrm{d}x = \sec x + C;$

(13) $\int \csc x\cot x\,\mathrm{d}x = -\csc x + C.$

4.1.5 直接积分法

为了解决不定积分的计算问题,这里先介绍一种利用不定积分的运算性质和基本积分公式,直接求出不定积分的方法,即**直接积分法**.

例如,求不定积分 $\int (x^3 - 2x + 5)\mathrm{d}x$,有

$$\int (x^3 - 2x + 5)\mathrm{d}x = \int x^3 \mathrm{d}x - \int 2x\mathrm{d}x + \int 5\mathrm{d}x = \frac{x^4}{4} + C_1 - (x^2 + C_2) + (5x + C_3)$$

$$= \frac{x^4}{4} - x^2 + 5x + C.$$

注:每个积分号都含有任意常数,但由于这些任意常数之和仍是任意常数,因此,只要总的写出一个任意常数 C 即可.

求一个不定积分有时是困难的,但检验起来却相对容易:首先检验积分常数,再对结果求导,其导数就应该是被积函数.如上例,$\left(\dfrac{x^4}{4} - x^2 + 5x + C\right)' = x^3 - 2x + 5$,故积分结果正确.

例 3 求不定积分 $\int \left(1 - \sqrt[3]{x^2}\right)^2 \mathrm{d}x$.

解 $\int \left(1 - \sqrt[3]{x^2}\right)^2 \mathrm{d}x = \int \left(1 - 2x^{\frac{2}{3}} + x^{\frac{4}{3}}\right)\mathrm{d}x = \int 1\mathrm{d}x - 2\int x^{\frac{2}{3}}\mathrm{d}x + \int x^{\frac{4}{3}}\mathrm{d}x$

$$= x - 2 \times \frac{1}{\frac{2}{3}+1}x^{\frac{2}{3}+1} + \frac{1}{\frac{4}{3}+1}x^{\frac{4}{3}+1} + C$$

$$= x - \frac{6}{5}x^{\frac{5}{3}} + \frac{3}{7}x^{\frac{7}{3}} + C.$$

注：从例 3 可以看出，有时被积函数实际是幂函数，但用分式或根式表示，遇此情形，应先把它化为 x^μ 的形式，然后应用幂函数的积分公式求解.

例 4 求不定积分 $\int 2^x(e^x-1)dx$.

解 $\int 2^x(e^x-1)dx = \int 2^x e^x dx - \int 2^x dx = \int (2e)^x dx - \int 2^x dx$

$$= \frac{(2e)^x}{\ln(2e)} - \frac{2^x}{\ln 2} + C = \frac{(2e)^x}{1+\ln 2} - \frac{2^x}{\ln 2} + C.$$

例 5 求不定积分 $\int \frac{\sqrt{1+x^2}}{\sqrt{1-x^4}}dx$.

解 $\int \frac{\sqrt{1+x^2}}{\sqrt{1-x^4}}dx = \int \frac{\sqrt{1+x^2}}{\sqrt{1-x^2}\sqrt{1+x^2}}dx = \int \frac{1}{\sqrt{1-x^2}}dx = \arcsin x + C.$

例 6 求不定积分 $\int \frac{x^4+1}{x^2+1}dx$.

解 $\int \frac{x^4+1}{x^2+1}dx = \int \frac{x^4-1+2}{x^2+1}dx = \int \frac{(x^2-1)(x^2+1)+2}{x^2+1}dx$

$$= \int \left(x^2-1+\frac{2}{1+x^2}\right)dx = \frac{1}{3}x^3 - x + 2\arctan x + C.$$

例 7 求不定积分 $\int \tan^2 x \, dx$.

解 $\int \tan^2 x \, dx = \int (\sec^2 x - 1)dx = \int \sec^2 x \, dx - \int 1 dx = \tan x - x + C.$

例 8 求不定积分 $\int \sin^2 \frac{x}{2}dx$.

解 $\int \sin^2 \frac{x}{2}dx = \int \frac{1}{2}(1-\cos x)dx = \frac{1}{2}\int (1-\cos x)dx = \frac{1}{2}x - \frac{1}{2}\sin x + C.$

例 9 求不定积分 $\int \frac{1}{\cos^2 x \sin^2 x}dx$.

解 $\int \frac{1}{\cos^2 x \sin^2 x}dx = \int \frac{\cos^2 x + \sin^2 x}{\cos^2 x \sin^2 x}dx = \int \left(\frac{1}{\sin^2 x} + \frac{1}{\cos^2 x}\right)dx$

$$= \int (\csc^2 x + \sec^2 x)dx = -\cot x + \tan x + C.$$

例 10 求不定积分 $\int \frac{1+\cos^2 x}{1+\cos 2x}dx$.

解 $\int \frac{1+\cos^2 x}{1+\cos 2x}dx = \int \frac{1+\cos^2 x}{2\cos^2 x}dx = \frac{1}{2}\int (\sec^2 x + 1)dx = \frac{1}{2}(\tan x + x) + C.$

习题 4-1

1. 求下列不定积分：

(1) $\int \left(1-x+x^3-\frac{1}{\sqrt[3]{x^2}}\right)dx$；

(2) $\int \left(x-\frac{1}{\sqrt{x}}\right)^2 dx$；

(3) $\int (2^x + x^2) \mathrm{d}x$;

(4) $\int \dfrac{3x^4 + 3x^2 + 1}{x^2 + 1} \mathrm{d}x$;

(5) $\int \dfrac{x^2}{x^2 + 1} \mathrm{d}x$;

(6) $\int \left(\dfrac{3}{1 + x^2} - \dfrac{2}{\sqrt{1 - x^2}} \right) \mathrm{d}x$;

(7) $\int \sqrt{x \sqrt{x \sqrt{x}}}\, \mathrm{d}x$;

(8) $\int \dfrac{1}{x^2(x^2 + 1)} \mathrm{d}x$;

(9) $\int (\mathrm{e}^x + 3^x)(1 + 2^x) \mathrm{d}x$;

(10) $\int (\mathrm{e}^x - \mathrm{e}^{-x})^3 \mathrm{d}x$;

(11) $\int \dfrac{2 \cdot 3^x - 5 \cdot 2^x}{3^x} \mathrm{d}x$;

(12) $\int \left(\sqrt{\dfrac{1 - x}{1 + x}} + \sqrt{\dfrac{1 + x}{1 - x}} \right) \mathrm{d}x$;

(13) $\int \cot^2 x \, \mathrm{d}x$;

(14) $\int \cos^2 \dfrac{x}{2} \, \mathrm{d}x$;

(15) $\int \dfrac{\cos 2x}{\cos x - \sin x} \mathrm{d}x$;

(16) $\int \dfrac{\cos 2x}{\cos^2 x \cdot \sin^2 x} \mathrm{d}x$.

2. 设 $\int x f(x) \mathrm{d}x = \arccos x + C$, 求 $f(x)$.

3. 设 $f'(\ln x) = 1 + x$, 求 $f(x)$.

4. 一曲线通过点 $(\mathrm{e}^2, 3)$, 且在任一点处的切线的斜率等于该点横坐标的倒数, 求该曲线的方程.

5. 一质点作直线运动, 已知其加速度 $\dfrac{\mathrm{d}^2 s}{\mathrm{d}t^2} = 3t^2 - \sin t$, 如果初速度 $v_0 = 3$, 初始位移 $s_0 = 2$, 试求: (1) v 与 t 间的函数关系; (2) s 与 t 间的函数关系.

4.2　换元积分法

利用直接积分法, 所能计算的不定积分是十分有限的. 接下来的两节, 我们进一步介绍不定积分的两种基本求法. 本节介绍的换元积分法, 是将复合函数的求导法则反过来用于不定积分, 通过适当的变量替换 (换元), 把某些不定积分化为可利用基本积分公式计算的形式, 再计算出所求不定积分. 换元积分法通常分为两类, 下面先介绍第一类换元积分法.

4.2.1　第一类换元积分法 (凑微分法)

对不定积分 $\int f(x) \mathrm{d}x$, 如果被积函数 $f(x)$ 可分解为
$$f(x) = g[\varphi(x)] \varphi'(x),$$
由于 $\varphi'(x) \mathrm{d}x = \mathrm{d}\varphi(x)$, 作变量代换 $u = \varphi(x)$, 则可将关于变量 x 的积分转化为关于变量 u 的积分, 于是有
$$\int f(x) \mathrm{d}x = \int g[\varphi(x)] \varphi'(x) \mathrm{d}x = \int g[\varphi(x)] \mathrm{d}\varphi(x) = \int g(u) \mathrm{d}u.$$

如果 $\int g(u)\mathrm{d}u$ 容易求出,不定积分 $\int f(x)\mathrm{d}x$ 的计算问题就解决了,这就是**第一类换元积分法**（**凑微分法**）.

定理1（**第一类换元积分法**） 设 $g(u)$ 的原函数为 $F(u)$，$u=\varphi(x)$ 可导,则有换元公式

$$\int g[\varphi(x)]\varphi'(x)\mathrm{d}x = \int g[\varphi(x)]\mathrm{d}\varphi(x) = \int g(u)\mathrm{d}u = F(u)+C = F[\varphi(x)]+C.$$

证 根据复合函数的求导法则,有

$$\{F[\varphi(x)]\}' = F'[\varphi(x)]\cdot\varphi'(x) = g[\varphi(x)]\cdot\varphi'(x),$$

即 $F[\varphi(x)]$ 是 $g[\varphi(x)]\varphi'(x)$ 的一个原函数,从而

$$\int g[\varphi(x)]\varphi'(x)\mathrm{d}x = F[\varphi(x)]+C.\qquad\blacksquare$$

利用第一类换元积分法求不定积分 $\int f(x)\mathrm{d}x$ 的关键是:根据被积函数 $f(x)$ 的特点,从中分出一部分与 $\mathrm{d}x$ 凑成微分式 $\mathrm{d}\varphi(x)$,余下部分的是 $\varphi(x)$ 的函数,即 $f(x)\mathrm{d}x=g[\varphi(x)]\cdot\mathrm{d}\varphi(x)$,从而将 $\int f(x)\mathrm{d}x$ 化为 $\int g(u)\mathrm{d}u$ 求解,且 $\int g(u)\mathrm{d}u$ 容易求出. 因此,第一类换元积分法又称为**凑微分法**.

例1 求不定积分 $\int 2(2x+1)^{10}\mathrm{d}x$.

解 $\int 2(2x+1)^{10}\mathrm{d}x = \int (2x+1)^{10}(2x+1)'\mathrm{d}x = \int (2x+1)^{10}\mathrm{d}(2x+1)$

$$= \int u^{10}\mathrm{d}u = \frac{u^{11}}{11}+C = \frac{(2x+1)^{11}}{11}+C.$$

一般地,有 $\int f(ax+b)\mathrm{d}x = \frac{1}{a}\int f(u)\mathrm{d}u$.

例2 求不定积分 $\int x\mathrm{e}^{x^2}\mathrm{d}x$.

解 $\int x\mathrm{e}^{x^2}\mathrm{d}x = \frac{1}{2}\int \mathrm{e}^{x^2}(x^2)'\mathrm{d}x = \frac{1}{2}\int \mathrm{e}^{x^2}\mathrm{d}(x^2) = \frac{1}{2}\int \mathrm{e}^u\mathrm{d}u = \frac{1}{2}\mathrm{e}^u+C = \frac{1}{2}\mathrm{e}^{x^2}+C.$

一般地,有 $\int x^{\mu-1}f(x^\mu)\mathrm{d}x = \frac{1}{\mu}\int f(u)\mathrm{d}u$.

例3 求不定积分 $\int \tan x\mathrm{d}x$.

解 $\int \tan x\mathrm{d}x = \int \frac{\sin x}{\cos x}\mathrm{d}x = -\int \frac{1}{\cos x}(\cos x)'\mathrm{d}x = -\int \frac{1}{\cos x}\mathrm{d}(\cos x)$

$$= -\int \frac{1}{u}\mathrm{d}u = -\ln|u|+C = -\ln|\cos x|+C.$$

类似地,可得 $\int \cot x\mathrm{d}x = \ln|\sin x|+C$.

一般地,有 $\int \sin x\cdot f(\cos x)\mathrm{d}x = -\int f(u)\mathrm{d}u$.

下面我们列出一些常用的凑微分公式（如表4-1）.

表 4-1　凑微分公式

积分类型	积　　分	换元公式
第一类换元积分法	1. $\int f(ax+b)\mathrm{d}x = \dfrac{1}{a}\int f(ax+b)\mathrm{d}(ax+b)\quad(a\neq 0)$	$u=ax+b$
	2. $\int f(x^{\mu})x^{\mu-1}\mathrm{d}x = \dfrac{1}{\mu}\int f(x^{\mu})\mathrm{d}(x^{\mu})\quad(\mu\neq -1)$	$u=x^{\mu}$
	3. $\int f(\ln x)\cdot\dfrac{1}{x}\mathrm{d}x = \int f(\ln x)\mathrm{d}(\ln x)$	$u=\ln x$
	4. $\int f(\mathrm{e}^{x})\cdot\mathrm{e}^{x}\mathrm{d}x = \int f(\mathrm{e}^{x})\mathrm{d}(\mathrm{e}^{x})$	$u=\mathrm{e}^{x}$
	5. $\int f(a^{x})\cdot a^{x}\mathrm{d}x = \dfrac{1}{\ln a}\int f(a^{x})\mathrm{d}(a^{x})$	$u=a^{x}$
	6. $\int f(\sin x)\cdot\cos x\mathrm{d}x = \int f(\sin x)\mathrm{d}(\sin x)$	$u=\sin x$
	7. $\int f(\cos x)\cdot\sin x\mathrm{d}x = -\int f(\cos x)\mathrm{d}(\cos x)$	$u=\cos x$
	8. $\int f(\tan x)\cdot\sec^{2}x\mathrm{d}x = \int f(\tan x)\mathrm{d}(\tan x)$	$u=\tan x$
	9. $\int f(\cot x)\cdot\csc^{2}x\mathrm{d}x = -\int f(\cot x)\mathrm{d}(\cot x)$	$u=\cot x$
	10. $\int f(\arctan x)\cdot\dfrac{1}{1+x^{2}}\mathrm{d}x = \int f(\arctan x)\mathrm{d}(\arctan x)$	$u=\arctan x$
	11. $\int f(\arcsin x)\cdot\dfrac{1}{\sqrt{1-x^{2}}}\mathrm{d}x = \int f(\arcsin x)\mathrm{d}(\arcsin x)$	$u=\arcsin x$

对变量代换比较熟练后,就可以省去书写中间变量的换元和回代过程.

例 4　求不定积分 $\displaystyle\int\dfrac{1}{a^{2}+x^{2}}\mathrm{d}x$.

解　$\displaystyle\int\dfrac{1}{a^{2}+x^{2}}\mathrm{d}x = \int\dfrac{1}{a^{2}}\cdot\dfrac{1}{1+\left(\dfrac{x}{a}\right)^{2}}\mathrm{d}x = \dfrac{1}{a}\int\dfrac{1}{1+\left(\dfrac{x}{a}\right)^{2}}\mathrm{d}\left(\dfrac{x}{a}\right) = \dfrac{1}{a}\arctan\dfrac{x}{a} + C.$

类似地,可得 $\displaystyle\int\dfrac{1}{\sqrt{a^{2}-x^{2}}}\mathrm{d}x = \arcsin\dfrac{x}{a} + C(a>0)$.

例 5　求不定积分 $\displaystyle\int\dfrac{1}{x^{2}-a^{2}}\mathrm{d}x$.

解　由于 $\dfrac{1}{x^{2}-a^{2}} = \dfrac{1}{2a}\left(\dfrac{1}{x-a}-\dfrac{1}{x+a}\right)$,所以

$$\int\dfrac{1}{x^{2}-a^{2}}\mathrm{d}x = \dfrac{1}{2a}\int\left(\dfrac{1}{x-a}-\dfrac{1}{x+a}\right)\mathrm{d}x = \dfrac{1}{2a}\left[\int\dfrac{1}{x-a}\mathrm{d}x - \int\dfrac{1}{x+a}\mathrm{d}x\right]$$

$$= \dfrac{1}{2a}\left[\int\dfrac{1}{x-a}\mathrm{d}(x-a) - \int\dfrac{1}{x+a}\mathrm{d}(x+a)\right]$$

$$= \dfrac{1}{2a}[\ln|x-a| - \ln|x+a|] + C = \dfrac{1}{2a}\ln\left|\dfrac{x-a}{x+a}\right| + C.$$

下面求一些被积函数中含有三角函数的不定积分,在计算这种积分的过程中,注意灵活

应用三角恒等式.

例 6 求 $\int \dfrac{1}{x(x-1)^2}\mathrm{d}x$.

解 $\int \dfrac{1}{x(x-1)^2}\mathrm{d}x = \int \dfrac{(1-x)+x}{x(x-1)^2}\mathrm{d}x = \int \dfrac{-1}{x(x-1)}\mathrm{d}x + \int \dfrac{1}{(x-1)^2}\mathrm{d}x$

$\qquad = \int \dfrac{1}{x}\mathrm{d}x - \int \dfrac{1}{x-1}\mathrm{d}(x-1) + \int \dfrac{1}{(x-1)^2}\mathrm{d}(x-1)$

$\qquad = \ln|x| - \ln|x-1| - \dfrac{1}{x-1} + C$

$\qquad = \ln\left|\dfrac{x}{x-1}\right| - \dfrac{1}{x-1} + C.$

例 7 求 $\int \dfrac{\mathrm{d}x}{x(1+2\ln x)}$.

解 $\int \dfrac{\mathrm{d}x}{x(1+2\ln x)} = \int \dfrac{\mathrm{d}\ln x}{1+2\ln x} = \dfrac{1}{2}\int \dfrac{\mathrm{d}(1+2\ln x)}{1+2\ln x} = \dfrac{1}{2}\ln|1+2\ln x| + C.$

例 8 求不定积分 $\int \sin 2x\,\mathrm{d}x$.

解 方法一 原式 $= \dfrac{1}{2}\int \sin 2x\,\mathrm{d}(2x) = -\dfrac{1}{2}\cos 2x + C$;

方法二 原式 $= 2\int \sin x\cos x\,\mathrm{d}x = 2\int \sin x\,\mathrm{d}(\sin x) = (\sin x)^2 + C$;

方法三 原式 $= 2\int \sin x\cos x\,\mathrm{d}x = -2\int \cos x\,\mathrm{d}(\cos x) = -(\cos x)^2 + C.$

注：易检验，上述三个结果 $-\dfrac{1}{2}\cos 2x+C$, $(\sin x)^2+C$, $-(\cos x)^2+C$ 虽不相同，但都是正确的. 由此可见，运用不同的方法计算不定积分，结果可能不同.

例 9 求不定积分 $\int \sec x\,\mathrm{d}x$.

解 $\int \sec x\,\mathrm{d}x = \int \dfrac{1}{\cos x}\mathrm{d}x = \int \dfrac{\cos x}{\cos^2 x}\mathrm{d}x = \int \dfrac{1}{1-\sin^2 x}\mathrm{d}(\sin x)$

$\qquad = \dfrac{1}{2}\ln\left|\dfrac{1+\sin x}{1-\sin x}\right| + C = \dfrac{1}{2}\ln\left|\dfrac{(1+\sin x)^2}{\cos^2 x}\right| + C$

$\qquad = \ln\left|\dfrac{1+\sin x}{\cos x}\right| + C = \ln|\sec x+\tan x| + C.$

例 10 求不定积分 $\int \csc x\,\mathrm{d}x$.

解 $\int \csc x\,\mathrm{d}x = \int \dfrac{\mathrm{d}x}{\sin x} = \int \dfrac{\mathrm{d}x}{2\sin\frac{x}{2}\cos\frac{x}{2}} = \int \dfrac{1}{\tan\frac{x}{2}\cos^2\frac{x}{2}}\mathrm{d}\left(\dfrac{x}{2}\right)$

$\qquad = \int \dfrac{1}{\tan\frac{x}{2}}\sec^2\dfrac{x}{2}\mathrm{d}\left(\dfrac{x}{2}\right) = \int \dfrac{1}{\tan\frac{x}{2}}\mathrm{d}\left(\tan\dfrac{x}{2}\right) = \ln\left|\tan\dfrac{x}{2}\right| + C,$

因为

$$\tan \frac{x}{2} = \frac{\sin \dfrac{x}{2}}{\cos \dfrac{x}{2}} = \frac{2\sin^2 \dfrac{x}{2}}{\sin x} = \frac{1-\cos x}{\sin x} = \csc x - \cot x,$$

所以

$$\int \csc x \mathrm{d}x = \ln \mid \csc x - \cot x \mid + C.$$

例 11　求不定积分 $\displaystyle\int \sin^2 x \cdot \cos^5 x \mathrm{d}x$.

解
$$\int \sin^2 x \cdot \cos^5 x \mathrm{d}x = \int \sin^2 x \cdot \cos^4 x \cdot \cos x \mathrm{d}x = \int \sin^2 x \cdot \cos^4 x \mathrm{d}(\sin x)$$
$$= \int \sin^2 x \cdot (1 - \sin^2 x)^2 \mathrm{d}(\sin x)$$
$$= \int (\sin^2 x - 2\sin^4 x + \sin^6 x) \mathrm{d}(\sin x)$$
$$= \frac{1}{3}\sin^3 x - \frac{2}{5}\sin^5 x + \frac{1}{7}\sin^7 x + C.$$

例 12　求不定积分 $\displaystyle\int \cos^2 x \mathrm{d}x$.

解
$$\int \cos^2 x \mathrm{d}x = \int \frac{1+\cos 2x}{2} \mathrm{d}x = \frac{1}{2}\left(\int 1 \mathrm{d}x + \int \cos 2x \mathrm{d}x\right)$$
$$= \frac{1}{2}\int \mathrm{d}x + \frac{1}{4}\int \cos 2x \mathrm{d}(2x) = \frac{x}{2} + \frac{1}{4}\sin 2x + C.$$

例 13　求 $\displaystyle\int \sin^3 x \mathrm{d}x$.

解
$$\int \sin^3 x \mathrm{d}x = \int \sin^2 x \cdot \sin x \mathrm{d}x = -\int (1 - \cos^2 x) \mathrm{d}(\cos x)$$
$$= -\int \mathrm{d}(\cos x) + \int \cos^2 x \mathrm{d}(\cos x) = -\cos x + \frac{1}{3}\cos^3 x + C.$$

例 14　求不定积分 $\displaystyle\int \tan x \sec^6 x \mathrm{d}x$.

解
$$\int \tan x \sec^6 x \mathrm{d}x = \int \tan x (\sec^2 x)^2 \sec^2 x \mathrm{d}x = \int \tan x (1 + \tan^2 x)^2 \mathrm{d}(\tan x)$$
$$= \int (\tan x + 2\tan^3 x + \tan^5 x) \mathrm{d}(\tan x)$$
$$= \frac{1}{2}\tan^2 x + \frac{1}{2}\tan^4 x + \frac{1}{6}\tan^6 x + C.$$

例 15　求不定积分 $\displaystyle\int \tan^5 x \sec^3 x \mathrm{d}x$.

解
$$\int \tan^5 x \sec^3 x \mathrm{d}x = \int \tan^4 x \sec^2 x \tan x \sec x \mathrm{d}x = \int (\sec^2 x - 1)^2 \sec^2 x \mathrm{d}(\sec x)$$
$$= \int (\sec^6 x - 2\sec^4 x + \sec^2 x) \mathrm{d}(\sec x)$$
$$= \frac{1}{7}\sec^7 x - \frac{2}{5}\sec^5 x + \frac{1}{3}\sec^3 x + C.$$

例 16 求不定积分 $\int \sin 5x \sin 7x \, dx$.

解 由积化和差公式 $\sin A \sin B = \dfrac{1}{2}[\cos(A-B)-\cos(A+B)]$,得

$$\int \sin 5x \sin 7x \, dx = \frac{1}{2}\int (\cos 2x - \cos 12x)\, dx = \frac{1}{2}\left[\int \cos 2x \, dx - \frac{1}{12}\int \cos 12x \, d(12x)\right]$$

$$= \frac{1}{4}\sin 2x + \frac{1}{24}\sin 12x + C.$$

例 17 求不定积分 $\int \dfrac{1}{1+e^x} \, dx$.

解
$$\int \frac{1}{1+e^x} \, dx = \int \frac{1+e^x-e^x}{1+e^x}\, dx = \int\left(1-\frac{e^x}{1+e^x}\right)dx = \int 1\, dx - \int \frac{e^x}{1+e^x}\, dx$$

$$= \int dx - \int \frac{1}{1+e^x}\, d(1+e^x) = x - \ln(1+e^x) + C.$$

4.2.2 第二类换元积分法

对于不定积分 $\int f(x)\, dx$,如果作适当的变量替换 $x=\varphi(t)$ 后,所得到的关于新积分变量 t 的不定积分

$$\int f[\varphi(t)]\varphi'(t)\, dt$$

可以求得,则可解决 $\int f(x)\, dx$ 的计算问题,这就是所谓的**第二类换元积分法**.

定理 2(第二类换元积分法) 设 $x=\varphi(t)$ 是单调、可导函数,且 $\varphi'(t)\neq 0$,又设 $f[\varphi(t)]\varphi'(t)$ 具有原函数 $F(t)$,则有换元公式

$$\int f(x)\, dx = \int f[\varphi(t)]\varphi'(t)\, dt = F(t) + C = F[\psi(x)] + C,$$

其中 $\psi(x)$ 是 $x=\varphi(t)$ 的反函数.

证 记 $G(x)=F[\psi(x)]$,因为 $F(t)$ 是 $f[\varphi(t)]\varphi'(t)$ 的原函数,由复合函数求导法则及反函数的求导法则,得

$$G'(x) = \frac{dF}{dt}\cdot\frac{dt}{dx} = f[\varphi(t)]\varphi'(t)\cdot\frac{1}{\varphi'(t)} = f[\varphi(t)] = f(x),$$

即 $F[\psi(x)]$ 为 $f(x)$ 的一个原函数,从而结论得证.

注:由定理 2 可见,第二类换元积分法的换元与回代过程与第一类换元积分法的正好相反.从形式上看,后者是前者的逆行,但两者的目的相同,都是为了将不定积分化为容易求解的形式.

首先,我们介绍几种常见的变量代换方法.

1. 简单无理函数代换

当被积函数中含有根式 $\sqrt[n]{ax+b}$ 时,常作变量代换 $t=\sqrt[n]{ax+b}$.

例 18 求不定积分 $\int \dfrac{dx}{1+\sqrt[3]{x+1}}$.

解 令 $t=\sqrt[3]{x+1}$,则 $x=t^3-1$,$dx=3t^2\, dt$,从而

$$\int \frac{\mathrm{d}x}{1+\sqrt[3]{x+1}} = \int \frac{3t^2}{1+t} \mathrm{d}t = 3\int \frac{t^2-1+1}{1+t} \mathrm{d}t = 3\int \left(t-1+\frac{1}{1+t}\right) \mathrm{d}t$$

$$= 3\left(\frac{t^2}{2} - t + \ln|1+t|\right) + C$$

$$= \frac{3}{2}(\sqrt[3]{x+1})^2 - 3\sqrt[3]{x+1} + 3\ln|1+\sqrt[3]{x+1}| + C.$$

例 19　求 $\int \frac{1}{x} \sqrt{\frac{1-x}{x}} \mathrm{d}x$.

解　令 $\sqrt{\frac{1-x}{x}} = t$，即 $x = \frac{1}{1+t^2}$，则 $\mathrm{d}x = \frac{-2t\mathrm{d}t}{(1+t^2)^2}$，于是

$$\int \frac{1}{x} \sqrt{\frac{1-x}{x}} \mathrm{d}x = -\int (1+t^2)t \frac{2t}{(1+t^2)^2} \mathrm{d}t = -2\int \frac{t^2}{1+t^2} \mathrm{d}t = -2(t-\arctan t) + C$$

$$= -2\sqrt{\frac{1-x}{x}} + 2\arctan \sqrt{\frac{1-x}{x}} + C.$$

2. 倒代换

当有理分式函数中分母(多项式)的次数较高时，常采用**倒代换** $x = \frac{1}{t}$.

例 20　求不定积分 $\int \frac{1}{x(x^7+2)} \mathrm{d}x$.

解　令 $x = \frac{1}{t}$，则 $\mathrm{d}x = -\frac{1}{t^2}\mathrm{d}t$，于是

$$\int \frac{1}{x(x^7+2)} \mathrm{d}x = \int \frac{t}{\left(\frac{1}{t}\right)^7 + 2} \cdot \left(-\frac{1}{t^2}\right) \mathrm{d}t = -\int \frac{t^6}{1+2t^7} \mathrm{d}t$$

$$= -\frac{1}{14} \ln|1+2t^7| + C = -\frac{1}{14} \ln|2+x^7| + \frac{1}{2} \ln|x| + C.$$

3. 三角函数代换

例 21　求不定积分 $\int \sqrt{a^2-x^2} \mathrm{d}x (a > 0)$.

解　令 $x = a\sin t, t \in (-\pi/2, \pi/2)$，则 $\sqrt{a^2-x^2} = \sqrt{a^2\cos^2 t} = a|\cos t| = a\cos t, \mathrm{d}x = a\cos t\mathrm{d}t$，所以

$$\int \sqrt{a^2-x^2} \mathrm{d}x = \int a\cos t \cdot a\cos t\mathrm{d}t = a^2\int \cos^2 t\mathrm{d}t = \frac{a^2}{2}\int (1+\cos 2t) \mathrm{d}t$$

$$= \frac{a^2}{2}\left(t + \frac{1}{2}\sin 2t\right) + C = \frac{a^2}{2}(t + \sin t\cos t) + C.$$

为将变量 t 还原回原来的积分变量 x，由 $x = a\sin t$ 作直角三角形(如

图 4-2)，可知 $\cos t = \frac{\sqrt{a^2-x^2}}{a}$，又 $t = \arctan \frac{x}{a}$，代入上式，得

$$\int \sqrt{a^2-x^2} \mathrm{d}x = \frac{a^2}{2}\left(\arctan \frac{x}{a} + \frac{x}{a} \cdot \frac{\sqrt{a^2-x^2}}{a}\right) + C$$

$$= \frac{a^2}{2}\arctan \frac{x}{a} + \frac{x}{2} \cdot \sqrt{a^2-x^2} + C.$$

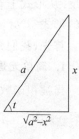

图 4-2

注：若令 $x = a\cos t, t \in (0, \pi)$，同样可以计算.

例 22 求不定积分 $\displaystyle\int \frac{1}{\sqrt{x^2+a^2}}\mathrm{d}x (a>0)$.

解 令 $x=a\tan t, t\in(-\pi/2,\pi/2)$, 则 $\sqrt{x^2+a^2}=\sqrt{a^2\sec^2 t}=a\sec t, \mathrm{d}x=a\sec^2 t\mathrm{d}t$, 所以

$$\int \frac{1}{\sqrt{x^2+a^2}}\mathrm{d}x = \int \frac{1}{a\sec t}\cdot a\sec^2 t\mathrm{d}t = \int \sec t\mathrm{d}t = \ln|\sec t+\tan t|+C_1.$$

由 $x=a\tan t$, 可知 $\sec t=\dfrac{\sqrt{x^2+a^2}}{a}$, 代入上式, 得

$$\int \frac{1}{\sqrt{x^2+a^2}}\mathrm{d}x = \ln|\sec t+\tan t|+C_1 = \ln\left|\frac{\sqrt{x^2+a^2}}{a}+\frac{x}{a}\right|+C_1$$

$$=\ln|x+\sqrt{x^2+a^2}|+C.$$

例 23 求不定积分 $\displaystyle\int \frac{1}{\sqrt{x^2-a^2}}\mathrm{d}x (a>0)$.

解 注意到被积函数的定义域是 $(-\infty,-a)\bigcup(a,+\infty)$, 我们在两个区间上分别求不定积分.

当 $x>a$ 时, 令 $x=a\sec t, t\in(0,\pi/2)$, 则 $\sqrt{x^2-a^2}=\sqrt{a^2\tan^2 t}=a\tan t, \mathrm{d}x=a\sec t\tan t\mathrm{d}t$, 所以

$$\int \frac{1}{\sqrt{x^2-a^2}}\mathrm{d}x = \int \frac{a\sec t\cdot\tan t}{a\tan t}\mathrm{d}t = \int \sec t\mathrm{d}t = \ln|\sec t+\tan t|+C_1.$$

由 $x=a\sec t$, 可知 $\tan t=\dfrac{\sqrt{x^2-a^2}}{a}$, 代入上式, 得

$$\int \frac{1}{\sqrt{x^2-a^2}}\mathrm{d}x = \ln|\sec t+\tan t|+C_1 = \ln\left|\frac{x}{a}+\frac{\sqrt{x^2-a^2}}{a}\right|+C_1$$

$$=\ln|x+\sqrt{x^2-a^2}|+C.$$

当 $x<-a$ 时, 令 $x=-u$, 则 $u>a$. 由上述结果, 有

$$\int \frac{1}{\sqrt{x^2-a^2}}\mathrm{d}x = -\int \frac{1}{\sqrt{u^2-a^2}}\mathrm{d}u = -\ln|u+\sqrt{u^2-a^2}|+C_2$$

$$=-\ln|-x+\sqrt{x^2-a^2}|+C_2$$

$$=\ln\left|\frac{x+\sqrt{x^2-a^2}}{a^2}\right|+C_2$$

$$=\ln|x+\sqrt{x^2-a^2}|+C.$$

综上所述, $\displaystyle\int \frac{1}{\sqrt{x^2-a^2}}\mathrm{d}x = \ln|x+\sqrt{x^2-a^2}|+C.$

注: 例 23 中, 对于 $x<-a$ 的情形也可采用下述方法: 当 $x<-a$ 时, 令 $x=-a\sec t, t\in(0,\pi/2)$, 则

$$\int \frac{1}{\sqrt{x^2-a^2}}\mathrm{d}x = \int \frac{-a\sec t\cdot\tan t}{a\tan t}\mathrm{d}t = -\int \sec t\mathrm{d}t = -\ln|\sec t+\tan t|+C_2,$$

由 $x=-a\sec t$ 作直角三角形 (如图 4-3), 可知 $\tan t=\dfrac{\sqrt{x^2-a^2}}{a}$, 代入上式, 得

$$\int \frac{1}{\sqrt{x^2 - a^2}} \mathrm{d}x = -\ln | \sec t + \tan t | + C_2$$

$$= -\ln \left| \frac{-x}{a} + \frac{\sqrt{x^2 - a^2}}{a} \right| + C_2 = \ln \left| \frac{1}{-x + \sqrt{x^2 - a^2}} \right| + \ln a + C_2$$

$$= \ln \left| \frac{x + \sqrt{x^2 - a^2}}{a^2} \right| + \ln a + C_2 = \ln | x + \sqrt{x^2 - a^2} | + C.$$

以上三例所使用的均为**三角代换**,三角代换的目的是化掉根式,其一般规律如下:

如果被积函数中含有 $\sqrt{a^2 - x^2}$ 时,可令 $x = a\sin t$, $t \in (-\pi/2, \pi/2)$;

如果被积函数中含有 $\sqrt{x^2 + a^2}$ 时,可令 $x = a\tan t$, $t \in (-\pi/2, \pi/2)$;

如果被积函数中含有 $\sqrt{x^2 - a^2}$ 时,可令 $x = \pm a\sec t$, $t \in (0, \pi/2)$.

以上我们介绍了三种常用的变量代换方法,遇到实际问题时不能拘泥于具体形式,应灵活应用各种方法.

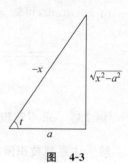

图 4-3

例 24 求不定积分 $\int \frac{x^5}{\sqrt{1 + x^2}} \mathrm{d}x$.

解 本例如果采用三角代换将相当繁琐. 令 $t = \sqrt{1 + x^2}$,则 $x^2 = t^2 - 1$, $x\mathrm{d}x = t\mathrm{d}t$,于是,

$$\int \frac{x^5}{\sqrt{1 + x^2}} \mathrm{d}x = \int \frac{(t^2 - 1)^2}{t} t \mathrm{d}t = \int (t^4 - 2t^2 + 1)\mathrm{d}t = \frac{1}{5} t^5 - \frac{2}{3} t^3 + t + C$$

$$= \frac{1}{15}(8 - 4x^2 + 3x^4)\sqrt{1 + x^2} + C.$$

例 25 求不定积分 $\int \frac{1}{x^2\sqrt{x^2 - 1}} \mathrm{d}x (x > 1)$.

解 方法一 令 $x = \frac{1}{t}$,则

$$\int \frac{1}{x^2\sqrt{x^2 - 1}} \mathrm{d}x = \int \frac{-t}{\sqrt{1 - t^2}} \mathrm{d}t = \sqrt{1 - t^2} + C = \frac{\sqrt{x^2 - 1}}{x} + C.$$

方法二 令 $x = \sec t$,则

$$\int \frac{1}{x^2\sqrt{x^2 - 1}} \mathrm{d}x = \int \frac{\sec t \tan t}{\sec^2 t \tan t} \mathrm{d}t = \int \cos t \mathrm{d}t = \sin t + C = \frac{\sqrt{x^2 - 1}}{x} + C.$$

本节中一些结果以后会经常遇到,所以它们通常也被当作公式使用. 这样,常用的积分公式,除了基本积分公式外,我们再补充下面几个(其中常数 $a > 0$).

(14) $\int \tan x \mathrm{d}x = -\ln | \cos x | + C$;   (15) $\int \cot x \mathrm{d}x = \ln | \sin x | + C$;

(16) $\int \sec x \mathrm{d}x = \ln | \sec x + \tan x | + C$;   (17) $\int \csc x \mathrm{d}x = \ln | \csc x - \cot x | + C$;

(18) $\int \frac{1}{a^2 + x^2} \mathrm{d}x = \frac{1}{a} \arctan \frac{x}{a} + C$;   (19) $\int \frac{1}{\sqrt{a^2 - x^2}} \mathrm{d}x = \arcsin \frac{x}{a} + C$;

(20) $\int \frac{1}{x^2 - a^2} \mathrm{d}x = \frac{1}{2a} \ln \left| \frac{x - a}{x + a} \right| + C$;   (21) $\int \frac{1}{\sqrt{x^2 \pm a^2}} \mathrm{d}x = \ln \left| x + \sqrt{x^2 \pm a^2} \right| + C$;

(22) $\int \sqrt{a^2 - x^2}\, \mathrm{d}x = \dfrac{a^2}{2}\arctan\dfrac{x}{a} + \dfrac{x}{2} \cdot \sqrt{a^2 - x^2} + C.$

习题 4-2

1. 填空使下列等式成立：

(1) $\mathrm{d}x = $ _____ $\mathrm{d}(7x - 3)$；

(2) $x\mathrm{d}x = $ _____ $\mathrm{d}(1 - x^2)$；

(3) $x^3\mathrm{d}x = $ _____ $\mathrm{d}(3x^4 - 2)$；

(4) $\mathrm{e}^{2x}\mathrm{d}x = $ _____ $\mathrm{d}(\mathrm{e}^{2x})$

(5) $\dfrac{1}{x}\mathrm{d}x = $ _____ $\mathrm{d}(3 - 5\ln|x|)$；

(6) $\dfrac{1}{\sqrt{t}}\mathrm{d}t = $ _____ $\mathrm{d}(\sqrt{t})$；

(7) $\sin\dfrac{3}{2}x\mathrm{d}x = $ _____ $\mathrm{d}\left(\cos\dfrac{3}{2}x\right)$；

(8) $\dfrac{\mathrm{d}x}{\cos^2 2x} = $ _____ $\mathrm{d}(\tan 2x)$；

(9) $\dfrac{\mathrm{d}x}{1 + 9x^2} = $ _____ $\mathrm{d}(\arctan 3x)$.

2. 求下列不定积分：

(1) $\displaystyle\int (3 - 5x)^4\, \mathrm{d}x$；

(2) $\displaystyle\int \dfrac{\mathrm{d}x}{3 + 2x}$；

(3) $\displaystyle\int \dfrac{\mathrm{d}x}{\sqrt[3]{5 - 3x}}$；

(4) $\displaystyle\int \dfrac{\cos\sqrt{t}}{\sqrt{t}}\mathrm{d}t$；

(5) $\displaystyle\int \dfrac{x\mathrm{d}x}{\sqrt{2 - 7x^2}}$；

(6) $\displaystyle\int \dfrac{1}{x^2}\mathrm{e}^{\frac{3}{x}}\mathrm{d}x$；

(7) $\displaystyle\int \dfrac{\mathrm{d}x}{x\ln x}$；

(8) $\displaystyle\int \dfrac{\mathrm{d}x}{\mathrm{e}^x + \mathrm{e}^{-x}}$；

(9) $\displaystyle\int 2^{2x+3}\, \mathrm{d}x$；

(10) $\displaystyle\int \dfrac{\sin x}{\cos^5 x}\mathrm{d}x$；

(11) $\displaystyle\int \dfrac{\sec^2 x}{\sqrt{1 - \tan^2 x}}\mathrm{d}x$；

(12) $\displaystyle\int \dfrac{10^{\arccos x}}{\sqrt{1 - x^2}}\mathrm{d}x$；

(13) $\displaystyle\int \dfrac{\mathrm{d}x}{(\arcsin x)^2\sqrt{1 - x^2}}$；

(14) $\displaystyle\int \dfrac{\mathrm{d}x}{x^2 - 8x + 25}$；

(15) $\displaystyle\int \dfrac{x}{4 + x^4}\mathrm{d}x$；

(16) $\displaystyle\int \dfrac{\mathrm{d}x}{2x^2 - 1}$；

(17) $\displaystyle\int \dfrac{x^2\mathrm{d}x}{(x - 1)^{100}}$；

(18) $\displaystyle\int \dfrac{1 - x}{\sqrt{9 - 4x^2}}\mathrm{d}x$；

(19) $\displaystyle\int \cos^2 x\sin^3 x\mathrm{d}x$；

(20) $\displaystyle\int \dfrac{x\ln(1 + x^2)}{1 + x^2}\mathrm{d}x$；

(21) $\displaystyle\int \dfrac{\mathrm{d}x}{1 - \mathrm{e}^x}$；

(22) $\displaystyle\int \cot^3 x\csc x\mathrm{d}x$；

(23) $\displaystyle\int \tan\sqrt{1 + x^2} \cdot \dfrac{x\mathrm{d}x}{\sqrt{1 + x^2}}$；

(24) $\displaystyle\int \dfrac{\ln\tan x}{\sin x\cos x}\mathrm{d}x$；

(25) $\displaystyle\int \dfrac{1 + \ln x}{(x\ln x)^2}\mathrm{d}x$.

3. 求下列不定积分：

(1) $\displaystyle\int \dfrac{x}{\sqrt{9 - x^2}}\mathrm{d}x$；

(2) $\displaystyle\int \dfrac{\mathrm{d}x}{\sqrt{(x^2 + a^2)^3}}$；

(3) $\displaystyle\int \dfrac{\sqrt{x^2 - 4}}{x}\mathrm{d}x$；

(4) $\displaystyle\int \sqrt{5 - 4x - x^2}\, \mathrm{d}x$；

(5) $\displaystyle\int \dfrac{1}{x\sqrt{1 + x^4}}\mathrm{d}x$；

(6) $\displaystyle\int \dfrac{\mathrm{d}x}{1 + \sqrt{1 + x}}$；

(7) $\displaystyle\int \dfrac{1}{\sqrt{1 + \mathrm{e}^x}}\mathrm{d}x$；

(8) $\displaystyle\int \dfrac{\mathrm{d}x}{x(x^6 + 4)}$；

(9) $\displaystyle\int \dfrac{\mathrm{d}x}{x^8(1 - x^2)}$；

4. 求下列不定积分：

(1) $\int [f(x)]^a f'(x)\mathrm{d}x \,(\alpha \neq -1)$；

(2) $\int \dfrac{f'(x)}{1+[f(x)]^2}\mathrm{d}x$；

(3) $\int \dfrac{f'(x)}{f(x)}\mathrm{d}x$；

(4) $\int \mathrm{e}^{f(x)}f'(x)\mathrm{d}x$；

(5) $\int xf(x^2)f'(x^2)\mathrm{d}x$；

(6) $\int \dfrac{f'(\ln x)}{x\sqrt{f(\ln x)}}\mathrm{d}x$.

5. 设 $\int f(x)\mathrm{d}x = x^2 + C$，求不定积分 $\int xf(1-x^2)\mathrm{d}x$.

6. 设 $f'(\cos x + 2) = \sin^2 x + \tan^2 x$，求函数 $f(x)$.

4.3 分部积分法

前面所介绍的换元积分法虽然可以解决许多积分的计算问题，但仍有些积分，如 $\int x\mathrm{e}^x\mathrm{d}x, \int x\cos x\mathrm{d}x$ 等，利用换元法无法解决. 本节我们介绍另一种基本的积分方法——**分部积分法**.

定理 1（**分部积分法**）　若函数 $u = u(x)$ 和 $v = v(x)$ 具有连续导数，则有公式

$$\int u(x)v'(x)\mathrm{d}x = u(x)v(x) - \int u'(x)v(x)\mathrm{d}x. \tag{4.1}$$

证　因为函数 $u = u(x)$ 和 $v = v(x)$ 具有连续导数，则根据两个函数乘积的求导法则，有

$$[u(x)v(x)]' = u'(x)v(x) + u(x)v'(x),$$

移项，得

$$u(x)v'(x) = [u(x)v(x)]' - u'(x)v(x).$$

对等式两边同时求不定积分，得

$$\int u(x)v'(x)\mathrm{d}x = u(x)v(x) - \int u'(x)v(x)\mathrm{d}x. \qquad ∎$$

注：公式(4.1)称为**分部积分公式**，常简写为

$$\int u\mathrm{d}v = uv - \int v\mathrm{d}u. \tag{4.2}$$

由证明过程可以看出，分部积分法实质上就是求两函数乘积的导数(或微分)的逆运算.

利用分部积分公式求不定积分的关键在于如何将所给积分 $\int f(x)\mathrm{d}x$ 化为 $\int u\mathrm{d}v$ 形式，即恰当地选取 u 与 $\mathrm{d}v$. 如果选择恰当，可以简化积分的计算；反之，选择不当，将会使积分的计算变得更加复杂.

例如，求不定积分 $\int x\mathrm{e}^x\mathrm{d}x$.

若令 $u = x, \mathrm{d}v = \mathrm{e}^x\mathrm{d}x = \mathrm{d}(\mathrm{e}^x)$，则

$$\int x\mathrm{e}^x\mathrm{d}x = \int x\mathrm{d}(\mathrm{e}^x) = x\mathrm{e}^x - \int \mathrm{e}^x\mathrm{d}x = x\mathrm{e}^x - \mathrm{e}^x + C = (x-1)\mathrm{e}^x + C.$$

而若令 $u = \mathrm{e}^x, \mathrm{d}v = x\mathrm{d}x = \mathrm{d}\left(\dfrac{x^2}{2}\right)$，则

$$\int x \mathrm{e}^x \mathrm{d}x = \int \mathrm{e}^x \mathrm{d}\left(\frac{x^2}{2}\right) = \frac{x^2}{2}\mathrm{e}^x - \int \frac{x^2}{2}\mathrm{d}(\mathrm{e}^x) = \frac{x^2}{2}\mathrm{e}^x - \int \frac{x^2}{2}\mathrm{e}^x \mathrm{d}x.$$

容易看出，$\int \frac{x^2}{2}\mathrm{e}^x \mathrm{d}x$ 比 $\int x\mathrm{e}^x \mathrm{d}x$ 更不容易积出.

注：选取 u 与 $\mathrm{d}v$ 一般要考虑下面两点：（1）$\mathrm{d}v$ 要容易凑出；（2）$\int v\mathrm{d}u$ 要比 $\int u\mathrm{d}v$ 容易积出.

下面将通过例题介绍分部积分法的应用.

例 1 求不定积分 $\int x\cos x\mathrm{d}x$.

解 令 $u=x, \mathrm{d}v=\cos x\mathrm{d}x=\mathrm{d}(\sin x)$，则

$$\int x\cos x\mathrm{d}x = \int x\mathrm{d}(\sin x) = x\sin x - \int \sin x\mathrm{d}x = x\sin x + \cos x + C.$$

有些函数的积分需要连续多次应用分部积分法.

例 2 求不定积分 $\int x^2 \mathrm{e}^{2x}\mathrm{d}x$.

解 令 $u=x^2, \mathrm{d}v=\mathrm{e}^{2x}\mathrm{d}x=\mathrm{d}\left(\frac{1}{2}\mathrm{e}^{2x}\right)$，则

$$\begin{aligned}
\int x^2 \mathrm{e}^{2x}\mathrm{d}x &= \int x^2 \mathrm{d}\left(\frac{1}{2}\mathrm{e}^{2x}\right) = \frac{1}{2}x^2\mathrm{e}^{2x} - \frac{1}{2}\int \mathrm{e}^{2x}\mathrm{d}(x^2) = \frac{1}{2}x^2\mathrm{e}^{2x} - \int x\mathrm{e}^{2x}\mathrm{d}x \\
&= \frac{1}{2}x^2\mathrm{e}^{2x} - \int x\mathrm{d}\left(\frac{1}{2}\mathrm{e}^{2x}\right) \quad \text{（再次应用分部积分法）} \\
&= \frac{1}{2}x^2\mathrm{e}^{2x} - \left(\frac{1}{2}x\mathrm{e}^{2x} - \frac{1}{2}\int \mathrm{e}^{2x}\mathrm{d}x\right) \\
&= \frac{1}{2}x^2\mathrm{e}^{2x} - \frac{1}{4}(2x-1)\mathrm{e}^{2x} + C.
\end{aligned}$$

注：若被积函数是幂函数（指数为正整数）与指数函数或正（余）弦函数的乘积，如 $x^n\sin mx, x^n\cos mx, x^n\mathrm{e}^{mx}$. 可设幂函数为 u，而将其余部分凑微分为 $\mathrm{d}v$，使得应用一次分部积分公式后，幂函数的幂次降低一次.

例 3 求不定积分 $\int x^2 \ln x\mathrm{d}x$.

解 令 $u=\ln x, \mathrm{d}v=x^2\mathrm{d}x=\mathrm{d}\left(\frac{x^3}{3}\right)$，则

$$\begin{aligned}
\int x^2 \ln x\mathrm{d}x &= \int \ln x\mathrm{d}\left(\frac{x^3}{3}\right) = \frac{x^3}{3}\ln x - \int \frac{x^3}{3}\mathrm{d}(\ln x) \\
&= \frac{x^3}{3}\ln x - \frac{1}{3}\int x^2 \mathrm{d}x = \frac{1}{3}x^3\ln x - \frac{1}{9}x^3 + C.
\end{aligned}$$

例 4 求不定积分 $\int x\arctan x\mathrm{d}x$.

解 令 $u=\arctan x, \mathrm{d}v=x\mathrm{d}x=\mathrm{d}\left(\frac{x^2}{2}\right)$，则

$$\int x\arctan x\mathrm{d}x = \int \arctan x\mathrm{d}\left(\frac{x^2}{2}\right) = \frac{x^2}{2}\arctan x - \int \frac{x^2}{2}\mathrm{d}(\arctan x)$$

$$= \frac{x^2}{2} \arctan x - \int \frac{x^2}{2} \cdot \frac{1}{1+x^2} dx$$

$$= \frac{x^2}{2} \arctan x - \frac{1}{2} \int \left(1 - \frac{1}{1+x^2}\right) dx$$

$$= \frac{x^2}{2} \arctan x - \frac{1}{2}(x - \arctan x) + C.$$

注：若被积函数是幂函数与对数函数或反三角函数的乘积，如 $x^n \ln mx$，$x^n \arcsin mx$，$x^n \arccos mx$，$x^n \arctan mx$，$x^n \mathrm{arccot}\, mx$ 等. 可设对数函数或反三角函数为 u，而将幂函数凑微分为 dv，使得应用分部积分公式后，对数函数或反三角函数消失.

例 5　求不定积分 $\int e^x \sin x dx$.

解　$\int e^x \sin x dx = \int \sin x d(e^x)$（取三角函数为 u）

$$= e^x \sin x - \int e^x d(\sin x) = e^x \sin x - \int e^x \cos x dx$$

$$= e^x \sin x - \int \cos x d(e^x)（再取三角函数为 u）$$

$$= e^x \sin x - \left[e^x \cos x - \int e^x d(\cos x)\right]$$

$$= e^x (\sin x - \cos x) - \int e^x \sin x dx,$$

由此解得

$$\int e^x \sin x dx = \frac{1}{2} e^x (\sin x - \cos x) + C.$$

注：若被积函数是指数函数与正（余）函数的乘积，如 $e^{nx} \sin mx$，$e^{nx} \cos mx$. u 与 dv 可随意选取，但在两次分部积分中，必须选用同类型的 u，以便经过两次分部积分后产生循环式，从而解出所求积分.

灵活应用分部积分公式，可以解决许多不定积分的计算问题. 下面再举一些例子，请读者悉心体会其解题方法.

例 6　求不定积分 $\int (x^2 + 2x) \sin x dx$.

解　$\int (x^2 + 2x) \sin x dx = -\int (x^2 + 2x) d(\cos x) = -(x^2 + 2x)\cos x + \int \cos x d(x^2 + 2x)$

$$= -(x^2 + 2x)\cos x + 2 \int (x+1)\cos x dx$$

$$= -(x^2 + 2x)\cos x + 2 \int (x+1) d(\sin x)$$

$$= -(x^2 + 2x)\cos x + 2(x+1)\sin x - 2 \int \sin x dx$$

$$= -(x^2 + 2x)\cos x + 2(x+1)\sin x + 2\cos x + C.$$

例 7　求不定积分 $\int \sin(\ln x) dx$.

解　$\int \sin(\ln x) dx = x\sin(\ln x) - \int x d[\sin(\ln x)] = x\sin(\ln x) - \int x\cos(\ln x) \frac{1}{x} dx$

$$= x\sin(\ln x) - \left(x\cos(\ln x) - \int x\mathrm{d}[\cos(\ln x)]\right)$$

$$= x\sin(\ln x) - x\cos(\ln x) - \int \sin(\ln x)\mathrm{d}x,$$

解得

$$\int \sin(\ln x)\mathrm{d}x = \frac{1}{2}x[\sin(\ln x) - \cos(\ln x)] + C.$$

例 8 求不定积分 $\int \sec^3 x\mathrm{d}x$.

解 $\displaystyle\int \sec^3 x\mathrm{d}x = \int \sec x \cdot \sec^2 x\mathrm{d}x = \int \sec x\mathrm{d}(\tan x) = \sec x\tan x - \int \sec x\tan^2 x\mathrm{d}x$

$$= \sec x\tan x - \int \sec x(\sec^2 x - 1)\mathrm{d}x$$

$$= \sec x\tan x - \int \sec^3 x\mathrm{d}x + \int \sec x\mathrm{d}x$$

$$= \sec x\tan x + \ln|\sec x + \tan x| - \int \sec^3 x\mathrm{d}x,$$

解得

$$\int \sec^3 x\mathrm{d}x = \frac{1}{2}(\sec x\tan x + \ln|\sec x + \tan x|) + C.$$

在积分的过程中,往往需要兼用换元积分法和分部积分法,使积分计算更为简便.

例 9 求不定积分 $\int \mathrm{e}^{\sqrt[3]{x}}\mathrm{d}x$.

解 令 $t = \sqrt[3]{x}$,则 $x = t^3$,$\mathrm{d}x = 3t^2\mathrm{d}t$,于是

$$\int \mathrm{e}^{\sqrt[3]{x}}\mathrm{d}x = 3\int t^2\mathrm{e}^t\mathrm{d}t = 3\int t^2\mathrm{d}(\mathrm{e}^t) = 3t^2\mathrm{e}^t - 6\int t\mathrm{e}^t\mathrm{d}t$$

$$= 3t^2\mathrm{e}^t - 6(t\mathrm{e}^t - \mathrm{e}^t) + C = 3\mathrm{e}^{\sqrt[3]{x}}(\sqrt[3]{x^2} - 2\sqrt[3]{x} + 2) + C.$$

例 10 已知 $f(x)$ 的一个原函数是 $x\ln x$,求 $\int xf'(x)\mathrm{d}x$.

解 利用分部积分公式,得

$$\int xf'(x)\mathrm{d}x = \int x\mathrm{d}[f(x)] = xf(x) - \int f(x)\mathrm{d}x,$$

根据题意,有 $f(x) = (x\ln x)' = \ln x + 1$,同时

$$\int f(x)\mathrm{d}x = x\ln x + C,$$

所以

$$\int xf'(x)\mathrm{d}x = xf(x) - \int f(x)\mathrm{d}x = x(\ln x + 1) - x\ln x + C = x + C.$$

例 11 求不定积分 $I_n = \displaystyle\int \frac{\mathrm{d}x}{(x^2 + a^2)^n}$,其中 n 为正整数.

解 当 $n = 1$ 时,有 $I_1 = \displaystyle\int \frac{\mathrm{d}x}{x^2 + a^2} = \frac{1}{a}\arctan\frac{x}{a} + C$,

当 $n > 1$ 时,利用分部积分法,得

$$\int \frac{\mathrm{d}x}{(x^2+a^2)^{n-1}} = \frac{x}{(x^2+a^2)^{n-1}} + 2(n-1)\int \frac{x^2}{(x^2+a^2)^n}\mathrm{d}x$$

$$= \frac{x}{(x^2+a^2)^{n-1}} + 2(n-1)\int \left[\frac{1}{(x^2+a^2)^{n-1}} - \frac{a^2}{(x^2+a^2)^n}\right]\mathrm{d}x,$$

即

$$I_{n-1} = \frac{x}{(x^2+a^2)^{n-1}} + 2(n-1)(I_{n-1} - a^2 I_n),$$

于是

$$I_n = \frac{1}{2a^2(n-1)}\left[\frac{x}{(x^2+a^2)^{n-1}} + (2n-3)I_{n-1}\right].$$

以此作递推公式,则由 I_1 开始可计算出 $I_n(n>1)$.

习题 4-3

1. 求下列不定积分:

(1) $\displaystyle\int x\cos\frac{x}{2}\mathrm{d}x$;　　　　　(2) $\displaystyle\int x^2\mathrm{e}^{-x}\mathrm{d}x$;　　　　　(3) $\displaystyle\int \arcsin x\mathrm{d}x$;

(4) $\displaystyle\int \ln(x^2+1)\mathrm{d}x$;　　　(5) $\displaystyle\int x^2\arctan x\mathrm{d}x$;　　　(6) $\displaystyle\int x\ln(x-1)\mathrm{d}x$;

(7) $\displaystyle\int \frac{\ln^2 x}{x^2}\mathrm{d}x$;　　　　　(8) $\displaystyle\int \ln(1+\sqrt{x})\mathrm{d}x$;　　　(9) $\displaystyle\int (\arccos x)^2\mathrm{d}x$;

(10) $\displaystyle\int \mathrm{e}^{-2x}\sin\frac{x}{2}\mathrm{d}x$;　　　(11) $\displaystyle\int \cos(\ln x)\mathrm{d}x$;　　　(12) $\displaystyle\int x\tan^2 x\mathrm{d}x$;

(13) $\displaystyle\int \frac{\ln(\sin x)}{\cos^2 x}\mathrm{d}x$;　　　(14) $\displaystyle\int (x^2-1)\sin x\cos x\mathrm{d}x$;　　(15) $\displaystyle\int x^2\cos^2\frac{x}{2}\mathrm{d}x$;

(16) $\displaystyle\int \frac{\ln(\ln x)}{x}\mathrm{d}x$;　　　(17) $\displaystyle\int \mathrm{e}^x\sin^2 x\mathrm{d}x$;　　　(18) $\displaystyle\int \frac{\ln(1+x)}{\sqrt{x}}\mathrm{d}x$;

(19) $\displaystyle\int \frac{\ln(1+\mathrm{e}^x)}{\mathrm{e}^x}\mathrm{d}x$;　　　(20) $\displaystyle\int x\ln\frac{1+x}{1-x}\mathrm{d}x$.

2. 已知 $\dfrac{\sin x}{x}$ 是 $f(x)$ 的原函数,求 $\displaystyle\int xf'(x)\mathrm{d}x$.

3. 已知 $f(x)=\dfrac{\mathrm{e}^x}{x}$,求 $\displaystyle\int xf''(x)\mathrm{d}x$.

4.4 有理函数与可化为有理函数的积分

本节将进一步介绍几种比较简单的特殊类型函数的不定积分,包括有理函数的积分以及可化为有理函数的积分等.

4.4.1 有理函数的积分

有理函数是指由两个多项式的商所表示的函数,其一般形式为

$$\frac{P(x)}{Q(x)} = \frac{a_0 x^n + a_1 x^{n-1} + \cdots + a_{n-1} x + a_n}{b_0 x^m + b_1 x^{m-1} + \cdots + b_{m-1} x + b_m},$$

其中 m, n 都是非负整数；$a_0, a_1, \cdots, a_n$ 及 $b_0, b_1, \cdots, b_m$ 都是实数，且 $a_0 \neq 0, b_0 \neq 0$. 当 $n < m$ 时，称为**真分式**；而当 $n \geq m$ 时，称为**假分式**.

利用多项式的除法可知，一个假分式总可以化成一个多项式与一个真分式之和的形式. 例如，

$$\frac{x^3 + x + 1}{x^2 + 1} = x + \frac{1}{x^2 + 1}.$$

多项式的积分容易求解，以下我们只讨论有理真分式的积分.

1. 最简分式的积分

下列四类分式称为最简分式，其中 n 为大于等于 2 的正整数，A, M, N, a, p, q 均为常数，且 $p^2 - 4q < 0$.

(1) $\dfrac{A}{x-a}$； (2) $\dfrac{A}{(x-a)^n}$； (3) $\dfrac{Mx+N}{x^2+px+q}$； (4) $\dfrac{Mx+N}{(x^2+px+q)^n}$.

下面我们先来讨论这四类最简分式的不定积分.

前两类最简分式的不定积分可以由基本积分公式直接得到，即

(1) $\displaystyle\int \frac{A}{x-a} \mathrm{d}x = A\ln|x-a| + C.$

(2) $\displaystyle\int \frac{A}{(x-a)^n} \mathrm{d}x = \frac{A}{(1-n)(x-a)^{n-1}} + C.$

对第三类最简分式，将其分母配方得

$$x^2 + px + q = \left(x + \frac{p}{2}\right)^2 + q - \frac{p^2}{4},$$

令 $x + \dfrac{p}{2} = t$，并记 $x^2 + px + q = t^2 + a^2$，$Mx + N = Mt + b$，其中

$$a = q - \frac{p^2}{4}, \quad b = N - \frac{Mp}{2},$$

于是

(3) $\displaystyle\int \frac{Mx+N}{x^2+px+q} \mathrm{d}x = \int \frac{Mt}{t^2+a^2} \mathrm{d}t + \int \frac{b}{t^2+a^2} \mathrm{d}t = \frac{M}{2}\ln|x^2+px+q| + \frac{b}{a}\arctan\frac{x+\dfrac{p}{2}}{a} + C.$

对第四类最简分式，则有

(4) $\displaystyle\int \frac{Mx+N}{(x^2+px+q)^n} \mathrm{d}x = \int \frac{Mt}{(t^2+a^2)^n} \mathrm{d}t + \int \frac{b}{(t^2+a^2)^n} \mathrm{d}t = -\frac{M}{2(n-1)(t^2+a^2)^{n-1}} +$

$b\displaystyle\int \frac{\mathrm{d}t}{(t^2+a^2)^n}.$

上式中最后一个不定积分的求法在 4.3 节例 11 中已经给出.

综上所述，最简分式的不定积分都能被求出，且原函数都是初等函数. 根据代数学的有关定理可知，任何有理真分式都可以分解为上述四类最简分式之和，因此，**有理函数的原函数都是初等函数**.

2. 化有理真分式为最简分式之和

设给定有理真分式 $\dfrac{P(x)}{Q(x)}$，要将它表示为最简分式之和，首先要把分母 $Q(x)$ 在实数范围

内分解为一次因式与二次因式的乘积,再根据因式写出分解式,最后利用待定系数法确定分解式中的所有系数.

设多项式 $Q(x)$ 在实数范围内能分解为如下形式:

$$Q(x) = b_0(x-a)^\alpha \cdots (x-b)^\beta (x^2+px+q)^\lambda \cdots (x^2+rx+s)^\mu,$$

其中 $p^2-4q<0, \cdots, r^2-4s<0$,则有理真分式 $\dfrac{P(x)}{Q(x)}$ 可以分解成如下的形式:

$$\frac{P(x)}{Q(x)} = \frac{A_1}{(x-a)^\alpha} + \frac{A_2}{(x-a)^{\alpha-1}} + \cdots + \frac{A_\alpha}{x-a} + \cdots + \frac{B_1}{(x-b)^\beta} + \frac{B_2}{(x-b)^{\beta-1}} + \cdots$$
$$+ \frac{B_\beta}{x-b} + \cdots + \frac{M_1 x+N_1}{(x^2+px+q)^\lambda} + \frac{M_2 x+N_2}{(x^2+px+q)^{\lambda-1}} + \cdots + \frac{M_\lambda x+N_\lambda}{x^2+px+q} + \cdots$$
$$+ \frac{R_1 x+S_1}{(x^2+rx+s)^\mu} + \frac{R_2 x+S_2}{(x^2+rx+s)^{\mu-1}} + \cdots + \frac{R_\lambda x+S_\lambda}{x^2+rx+s}.$$

其中 $A_i, \cdots, B_i, \cdots, M_i, N_i, \cdots, R_i$ 及 S_i 等都是常数.

在上述分解式中,应注意到以下两点:

(1) 若分母 $Q(x)$ 中含有因式 $(x-a)^k$,则分解后含有下列 k 个最简分式之和:

$$\frac{A_1}{(x-a)^k} + \frac{A_2}{(x-a)^{k-1}} + \cdots + \frac{A_k}{x-a},$$

其中 $A_1, A_2, \cdots, A_k$ 都是常数. 特别地,若 $k=1$,分解后有 $\dfrac{A_1}{x-a}$.

(2) 若分母 $Q(x)$ 中含有因式 $(x^2+px+q)^k$,其中 $p^2-4q<0$,则分解后含有下列 k 个最简分式之和:

$$\frac{M_1 x+N_1}{(x^2+px+q)^k} + \frac{M_2 x+N_2}{(x^2+px+q)^{k-1}} + \cdots + \frac{M_k x+N_k}{x^2+px+q},$$

其中 $M_i, N_i (i=1,2,\cdots,k)$ 都是常数. 特别地,若 $k=1$,分解后有 $\dfrac{M_1 x+N_1}{x^2+px+q}$.

例 1 求不定积分 $\displaystyle\int \frac{x-2}{x^2-7x+12} \mathrm{d}x$.

解 因为 $x^2-7x+12=(x-3)(x-4)$,所以设

$$\frac{x-2}{x^2-7x+12} = \frac{A}{x-3} + \frac{B}{x-4},$$

其中 A, B 为待定系数. 两端消去分母,得

$$x-2 = A(x-4) + B(x-3) = (A+B)x - (4A+3B),$$

两端比较,得

$$A+B=1, \quad 4A+3B=2,$$

解得 $A=-1, B=2$,即

$$\frac{x-2}{x^2-7x+12} = \frac{-1}{x-3} + \frac{2}{x-4}.$$

所以

$$\int \frac{x-2}{x^2-7x+12} \mathrm{d}x = \int \frac{-1}{x-3} \mathrm{d}x + \int \frac{2}{x-4} \mathrm{d}x = -\ln|x-3| + 2\ln|x-4| + C.$$

例 2 求不定积分 $\displaystyle\int \frac{1}{x(x-1)^2} \mathrm{d}x$.

解 被积函数可分解为

$$\frac{1}{x(x-1)^2} = \frac{A}{x} + \frac{B}{(x-1)^2} + \frac{C}{x-1},$$

其中 A,B,C 为待定系数. 两端消去分母,得

$$1 = A(x-1)^2 + Bx + Cx(x-1),$$

令 $x=0$,得 $A=1$;令 $x=1$,得 $B=1$;令 $x=2$,得 $C=-1$,即

$$\frac{1}{x(x-1)^2} = \frac{1}{x} + \frac{1}{(x-1)^2} - \frac{1}{x-1}.$$

所以

$$\int \frac{1}{x(x-1)^2}\mathrm{d}x = \int \frac{1}{x}\mathrm{d}x + \int \frac{1}{(x-1)^2}\mathrm{d}x - \int \frac{1}{x-1}\mathrm{d}x = \ln|x| - \frac{1}{x-1} - \ln|x-1| + C.$$

例 3 求不定积分 $\displaystyle\int \frac{1}{(x^2+1)(x^2+x)}\mathrm{d}x$.

解 因为 $(x^2+1)(x^2+x)=x(x+1)(x^2+1)$,所以被积函数可分解为

$$\frac{1}{(x^2+1)(x^2+x)} = \frac{A}{x} + \frac{B}{x+1} + \frac{Cx+D}{x^2+1},$$

其中 A,B,C,D 为待定系数. 两端消去分母,得

$$1 = A(x+1)(x^2+1) + Bx(x^2+1) + (Cx+D)(x+1),$$

整理,得

$$1 = (A+B+C)x^3 + (A+C+D)x^2 + (A+B+D)x + A,$$

解得 $A=1, B=C=D=-\dfrac{1}{2}$,即

$$\frac{1}{(x^2+1)(x^2+x)} = \frac{1}{x} - \frac{1}{2}\frac{1}{x+1} - \frac{1}{2}\frac{x+1}{x^2+1}.$$

所以

$$\begin{aligned}
\int \frac{1}{(x^2+1)(x^2+x)}\mathrm{d}x &= \int \frac{1}{x}\mathrm{d}x - \frac{1}{2}\int \frac{1}{x+1}\mathrm{d}x - \frac{1}{2}\int \frac{x+1}{x^2+1}\mathrm{d}x \\
&= \int \frac{1}{x}\mathrm{d}x - \frac{1}{2}\int \frac{1}{x+1}\mathrm{d}x - \frac{1}{2}\int \frac{x}{x^2+1}\mathrm{d}x - \frac{1}{2}\int \frac{1}{x^2+1}\mathrm{d}x \\
&= \ln|x| - \frac{1}{2}\ln|x+1| - \frac{1}{4}\ln(x^2+1) - \frac{1}{2}\arctan x + C.
\end{aligned}$$

前面介绍的求有理函数的不定积分的方法虽然具有普遍性,但在具体积分时,不应拘泥于上述方法,而应根据被积函数的特点,灵活选用各种能简化积分计算的方法.

例 4 求不定积分 $\displaystyle\int \frac{2x^3+2x^2+5x+5}{x^4+5x^2+4}\mathrm{d}x$.

解
$$\begin{aligned}
\int \frac{2x^3+2x^2+5x+5}{x^4+5x^2+4}\mathrm{d}x &= \int \frac{2x^3+5x}{x^4+5x^2+4}\mathrm{d}x + \int \frac{2x^2+5}{x^4+5x^2+4}\mathrm{d}x \\
&= \frac{1}{2}\int \frac{\mathrm{d}(x^4+5x^2+4)}{x^4+5x^2+4} + \int \frac{x^2+1+x^2+4}{(x^2+1)(x^2+4)}\mathrm{d}x \\
&= \frac{1}{2}\ln|x^4+5x^2+4| + \int \frac{\mathrm{d}x}{x^2+4} + \int \frac{\mathrm{d}x}{x^2+1} \\
&= \frac{1}{2}\ln|x^4+5x^2+4| + \frac{1}{2}\arctan \frac{x}{2} + \arctan x + C.
\end{aligned}$$

4.4.2　可化为有理函数的积分

所谓三角函数有理式是指由三角函数和常数经过有限次四则运算所构成的函数. 由于各种三角函数都可用 $\sin x$ 及 $\cos x$ 的有理式表示, 故三角函数有理式也就是 $\sin x, \cos x$ 的有理式, 记作 $R(\sin x, \cos x)$. 求三角函数有理式的积分 $\int R(\sin x, \cos x)\mathrm{d}x$, 其基本思路是通过适当的变换, 将其化为有理函数的积分.

由三角函数理论我们知道, $\sin x$ 及 $\cos x$ 都可以用 $\tan\dfrac{x}{2}$ 的有理式来表示, 即

$$\sin x = 2\sin\frac{x}{2}\cos\frac{x}{2} = \frac{2\tan\dfrac{x}{2}}{\sec^2\dfrac{x}{2}} = \frac{2\tan\dfrac{x}{2}}{1+\tan^2\dfrac{x}{2}},$$

$$\cos x = \cos^2\frac{x}{2} - \sin^2\frac{x}{2} = \frac{1-\tan^2\dfrac{x}{2}}{\sec^2\dfrac{x}{2}} = \frac{1-\tan^2\dfrac{x}{2}}{1+\tan^2\dfrac{x}{2}},$$

因此, 若令 $u=\tan\dfrac{x}{2}$, 则 $x=2\arctan u$, 从而有

$$\sin x = \frac{2u}{1+u^2}, \quad \cos x = \frac{1-u^2}{1+u^2}, \quad \mathrm{d}x = \frac{2\mathrm{d}u}{1+u^2}.$$

由此可见, 通过变换 $u=\tan\dfrac{x}{2}$, 三角函数有理式的积分总是可以转化为有理函数的积分, 即

$$\int R(\sin x, \cos x)\mathrm{d}x = \int R\left(\frac{2u}{1+u^2}, \frac{1-u^2}{1+u^2}\right)\frac{2}{1+u^2}\mathrm{d}u,$$

这个变换公式又称为**万能置换公式**.

有些情况下(如三角函数有理式中 $\sin x$ 和 $\cos x$ 的幂次均为偶数时), 也常用变换 $u=\tan x$, 此时易推出

$$\sin x = \frac{u}{\sqrt{1+u^2}}, \quad \cos x = \frac{1}{\sqrt{1+u^2}}, \quad \mathrm{d}x = \frac{\mathrm{d}u}{1+u^2},$$

从而有

$$\int R(\sin x, \cos x)\mathrm{d}x = \int R\left(\frac{u}{\sqrt{1+u^2}}, \frac{1}{\sqrt{1+u^2}}\right)\frac{1}{1+u^2}\mathrm{d}u,$$

这个变换公式常称为**修改的万能置换公式**.

例 5　求不定积分 $\displaystyle\int\frac{1+\sin x}{\sin x(1+\cos x)}\mathrm{d}x$.

解　由万能置换公式, 令 $u=\tan\dfrac{x}{2}$, 则

$$\int\frac{1+\sin x}{\sin x(1+\cos x)}\mathrm{d}x = \int\frac{1+\dfrac{2u}{1+u^2}}{\dfrac{2u}{1+u^2}\left(1+\dfrac{1-u^2}{1+u^2}\right)}\cdot\frac{2}{1+u^2}\mathrm{d}u$$

$$= \frac{1}{2} \int \left(u + 2 + \frac{1}{u} \right) du = \frac{1}{2} \left(\frac{u^2}{2} + 2u + \ln |u| \right) + C$$

$$= \frac{1}{4} \tan^2 \frac{x}{2} + \tan \frac{x}{2} + \frac{1}{2} \ln \left| \tan \frac{x}{2} \right| + C.$$

例 6 求不定积分 $\int \frac{1}{\sin^4 x} dx$.

解 方法一 由万能置换公式,令 $u = \tan \frac{x}{2}$,则

$$\int \frac{1}{\sin^4 x} dx = \int \frac{1}{\left(\dfrac{2u}{1+u^2} \right)^4} \cdot \frac{2}{1+u^2} du = \int \frac{1 + 3u^2 + 3u^4 + u^6}{8u^4} du$$

$$= \frac{1}{8} \left(-\frac{1}{3u^3} - \frac{3}{u} + 3u + \frac{u^3}{3} \right) + C$$

$$= -\frac{1}{24 \left(\tan \dfrac{x}{2} \right)^3} - \frac{3}{8 \tan \dfrac{x}{2}} + \frac{3}{8} \tan \frac{x}{2} + 24 \left(\tan \frac{x}{2} \right)^3 + C.$$

方法二 由修改的万能置换公式,令 $u = \tan x$,则

$$\int \frac{1}{\sin^4 x} dx = \int \frac{1}{\left(\dfrac{u}{\sqrt{1+u^2}} \right)^4} \cdot \frac{1}{1+u^2} du = \int \frac{1+u^2}{u^4} du = -\frac{1}{3u^3} - \frac{1}{u} + C$$

$$= -\frac{1}{3} \cot^3 x - \cot x + C.$$

方法三 不用万能置换公式.

$$\int \frac{1}{\sin^4 x} dx = \int \csc^4 x \, dx = \int \csc^2 x (1 + \cot^2 x) \, dx$$

$$= \int \csc^2 x \, dx + \int \csc^2 x \cot^2 x \, dx = -\cot x - \frac{1}{3} \cot^3 x + C.$$

注:由上例可知,利用万能置换化出的有理函数的积分往往比较繁琐,万能置换不一定是最简便的方法,故三角函数有理式的计算中应先考虑其他方法,不得已时再使用万能置换.

本章我们介绍了不定积分的概念及计算方法.必须指出的是:初等函数在其定义区间上的不定积分一定存在,但其不定积分却不一定都能用初等函数表示出来.例如,不定积分 $\int e^{\pm x^2} dx, \int \frac{\sin x}{x} dx, \int \frac{dx}{\ln x}, \int \frac{dx}{\sqrt{1+x^4}}$ 等虽然都存在,但却无法用初等函数表示.

习题 4-4

1. 求下列不定积分:

(1) $\int \frac{x^3}{x-1} dx$;

(2) $\int \frac{2x+3}{x^2+3x-10} dx$;

(3) $\int \frac{x^5 + x^4 - 8}{x^3 - x} dx$;

(4) $\int \frac{3}{1+x^3} dx$;

(5) $\int \frac{3x+2}{x(x+1)^3} dx$;

(6) $\int \frac{x \, dx}{(x+2)(x+3)^2}$;

(7) $\displaystyle\int \frac{1-x-x^2}{(x^2+1)^2}\mathrm{d}x;$　　(8) $\displaystyle\int \frac{x\mathrm{d}x}{(x+1)(x+2)(x+3)};$　　(9) $\displaystyle\int \frac{1}{x(x^2+1)}\mathrm{d}x;$

(10) $\displaystyle\int \frac{1}{x^4+1}\mathrm{d}x;$　　(11) $\displaystyle\int \frac{x\mathrm{d}x}{(x^2+1)(x^2+x+1)};$　　(12) $\displaystyle\int \frac{-x^2-2}{(x^2+x+1)^2}\mathrm{d}x;$

(13) $\displaystyle\int \frac{\mathrm{d}x}{3+\sin^2 x};$　　(14) $\displaystyle\int \frac{\mathrm{d}x}{5-3\cos x};$　　(15) $\displaystyle\int \frac{\mathrm{d}x}{2+\sin x};$

(16) $\displaystyle\int \frac{\mathrm{d}x}{1+\tan x};$　　(17) $\displaystyle\int \frac{\sin x}{1+\sin x+\cos x}\mathrm{d}x;$　　(18) $\displaystyle\int \frac{\mathrm{d}x}{(5+4\sin x)\cos x};$

(19) $\displaystyle\int \frac{\mathrm{d}x}{1+\sqrt[3]{x+1}};$　　(20) $\displaystyle\int \frac{(\sqrt{x})^3+1}{\sqrt{x}+1}\mathrm{d}x;$　　(21) $\displaystyle\int \frac{\sqrt{x+1}-1}{\sqrt{x+1}+1}\mathrm{d}x;$

(22) $\displaystyle\int \frac{\mathrm{d}x}{\sqrt{x}+\sqrt[4]{x}};$　　(23) $\displaystyle\int \frac{x^3\,\mathrm{d}x}{\sqrt{1+x^2}};$　　(24) $\displaystyle\int \frac{\mathrm{d}x}{\sqrt[3]{(x+1)^2(x-1)^4}}.$

总习题 4

1. 设 $\displaystyle\int xf(x)\mathrm{d}x = \arcsin x + C$，则 $\displaystyle\int \frac{\mathrm{d}x}{f(x)} = $ _____ .

2. 设 $f(x)=\mathrm{e}^{-x}$，则 $\displaystyle\int \frac{f'(\ln x)}{x}\mathrm{d}x = $ _____ .

3. 已知 $f'(\cos x)=\sin x$，则 $f(\cos x) = $ _____ .

4. 设 $F(x)$ 为 $f(x)$ 的原函数，当 $x\geqslant 0$ 时，有 $f(x)F(x)=\sin^2 2x$，且 $F(0)=1$，$F(x)\geqslant 0$，试求 $f(x)$.

5. 求下列不定积分：

(1) $\displaystyle\int x\sqrt{2-5x}\,\mathrm{d}x;$　　(2) $\displaystyle\int \frac{\mathrm{d}x}{x\sqrt{x^2-1}}\,(x>1);$　　(3) $\displaystyle\int \frac{\mathrm{d}x}{\sqrt{x}(1+x)};$

(4) $\displaystyle\int \frac{\mathrm{d}x}{x(2+x^{10})};$　　(5) $\displaystyle\int \frac{x\mathrm{d}x}{x^8-1};$　　(6) $\displaystyle\int \frac{7\cos x-3\sin x}{5\cos x+2\sin x}\mathrm{d}x.$

6. 求下列不定积分：

(1) $\displaystyle\int \frac{x^2+1}{x\sqrt{1+x^4}}\mathrm{d}x;$　　(2) $\displaystyle\int \frac{x+1}{x^2\sqrt{x^2-1}}\mathrm{d}x;$　　(3) $\displaystyle\int \frac{x+2}{x^2\sqrt{1-x^2}}\mathrm{d}x;$

(4) $\displaystyle\int \frac{\mathrm{d}x}{(1+x^2)\sqrt{1-x^2}};$　　(5) $\displaystyle\int \frac{\mathrm{d}x}{x\sqrt{4-x^2}};$　　(6) $\displaystyle\int \frac{\sqrt{x}}{\sqrt{(1-x)^5}}\mathrm{d}x.$

7. 求下列不定积分：

(1) $\displaystyle\int \ln(x+\sqrt{1+x^2})\mathrm{d}x;$　　(2) $\displaystyle\int x\tan x\sec^4 x\mathrm{d}x;$　　(3) $\displaystyle\int \frac{x^2}{1+x^2}\arctan x\mathrm{d}x;$

(4) $\displaystyle\int \frac{\ln(1+x^2)}{x^3}\mathrm{d}x;$　　(5) $\displaystyle\int \frac{x}{\sqrt{1-x^2}}\arcsin x\mathrm{d}x;$　　(6) $\displaystyle\int x^2(1+x^3)\mathrm{e}^{x^3}\mathrm{d}x.$

8. 设 $f(x)$ 的原函数为 $\dfrac{\sin x}{x}$，求不定积分 $\displaystyle\int xf'(2x)\mathrm{d}x.$

9. 设 $f(x)$ 是单调连续函数，$f^{-1}(x)$ 是它的反函数，且 $\displaystyle\int f(x)\mathrm{d}x = F(x)+C$，求

$\int f^{-1}(x)\mathrm{d}x.$

10. 求下列不定积分：

(1) $\int \sqrt{x}\sin\sqrt{x}\,\mathrm{d}x$；

(2) $\int \ln(1+x^2)\,\mathrm{d}x$；

(3) $\int \arctan\sqrt{x}\,\mathrm{d}x$；

(4) $\int \dfrac{\sqrt[3]{x}}{x(\sqrt{x}+\sqrt[3]{x})}\,\mathrm{d}x$；

(5) $\int \dfrac{\mathrm{d}x}{(1+\mathrm{e}^x)^2}$；

(6) $\int \dfrac{\cot x}{1+\sin x}\,\mathrm{d}x$；

(7) $\int \dfrac{\sqrt{1+\cos 2x}}{\sin 2x}\,\mathrm{d}x$；

(8) $\int \dfrac{\mathrm{d}x}{\sqrt{x}+\sqrt{x+1}}$.

11. 设 $y(x-y)^2=x$，求 $\int \dfrac{1}{x-3y}\,\mathrm{d}x$.

12. 设 $f(x)$ 的一个原函数为 $\dfrac{\sin x}{x}$，求 $\int x^3 f'(x)\,\mathrm{d}x$.

13. 设 $f(x^2-1)=\ln\dfrac{x^2}{x^2-2}$，且 $f[\varphi(x)]=\ln x$，求 $\int \varphi(x)\,\mathrm{d}x$.

14. 设 $f(x)$ 的一个原函数为 $\dfrac{\ln x}{x}$，求 $\int x f'(2x)\,\mathrm{d}x$.

15. 设函数 $f(x)$ 满足 $\int x f(x)\,\mathrm{d}x=\arctan x+C$，求 $\int f(x)\,\mathrm{d}x$.

第5章 定积分及其应用

微积分学是指微分学与积分学,积分是微分的逆运算,不定积分是微分学的一个侧面,定积分是微分学的另一个侧面.本章先从几何问题与物体运动问题引入定积分的概念,然后讨论定积分的性质、计算方法.

5.1 定积分的概念与性质

5.1.1 实际问题举例

1. 曲边梯形的面积

设 $y=f(x)$ 在区间 $[a,b]$ 是非负、连续曲线. 在直角坐标系中,由连续曲线 $y=f(x)$、直线 $x=a$, $x=b$ 及 x 轴所围成的图形称为曲边梯形(图 5-1).

如何求曲边梯形的面积呢?

大家知道,矩形的面积＝底×高,而曲边梯形在底边上各点的高 $f(x)$ 在区间 $[a,b]$ 上是变化的,故它的面积不能直接按矩形的面积公式来计算. 然而,由于 $f(x)$ 在区间 $[a,b]$ 上是连续变化的,根据连续的性质,当自变量的变化很小时,因变量的变化也很小. 因此,若把区间 $[a,b]$ 划分为许多个小区间,在每个小区间上用其中某一点处的高来近似代替同一

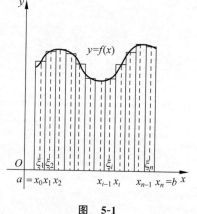

图 5-1

小区间上的小曲边梯形的高,则每个小曲边梯形就可以近似为小矩形,我们就以所有这些小矩形的面积之和作为曲边梯形的面积的近似值;当把小区间无限细分,使得每个小区间的长度趋于零,这时所有小矩形面积之和的极限就可以定义为曲边梯形的面积,这个定义同时也给出了计算曲边梯形面积的方法.

下面计算由曲线 $f(x)$、直线 $x=a$、$x=b$ 和 x 轴所围成曲边梯形的面积.

（1）分割区间 $[a,b]$

在区间 $[a,b]$ 中任意插入 $n-1$ 个分点,
$$a = x_0 < x_1 < x_2 < \cdots < x_{n-1} < x_n = b,$$
将区间 $[a,b]$ 分成 n 个小区间,

$$[x_0,x_1], \quad [x_1,x_2], \quad \cdots, \quad [x_i,x_{i-1}], \quad \cdots, \quad [x_n,x_{n-1}],$$

每个小区间长度为 $\Delta x_i = x_i - x_{i-1}, i=1,2,3,\cdots,n$,过分点 x_i 作 y 轴的平行线,将曲边梯形分成 n 个小曲边梯形,其面积分别记为 $\Delta s_i, i=1,2,3,\cdots,n$.

（2）近似代替（以直代曲）

由于 $f(x)$ 在 $[a,b]$ 连续,当分割很细时,即 Δx_i 很小时,在每个小区间内 $f(x)$ 的值变化不大,所以在第 i 个小区间 $[x_{i-1},x_i]$ 内任取一点 ξ_i,以 ξ_i 点的函数值 $f(\xi_i)$ 代替整个小区间上的函数值.则第 i 个小曲边梯形的面积可以近似地用以 Δx_i 为底、以 $f(\xi_i)$ 为高的小矩形的面积代替,于是

$$\Delta S_i \approx f(\xi_i) \cdot \Delta x_i, \quad i=1,2,3,\cdots,n.$$

（3）求和

将 n 个小矩形的面积相加,得到曲边梯形的面积的近似值,即

$$S = \sum_{i=1}^{n} \Delta S_i \approx \sum_{i=1}^{n} f(\xi_i) \cdot \Delta x_i. \tag{5.1}$$

（4）取极限

为保证所有小区间的长度都趋于零,我们要求小区间长度最大的趋于零.

记 $\lambda = \max\{\Delta x_1, \Delta x_2, \Delta x_3, \cdots, \Delta x_n\}$.当 $\lambda \to 0$ 时,即每个小区间的长度趋于零,同时每个小矩形的面积趋于每个小曲边梯形的面积,从而和式（5.1）就无限趋于曲边梯形的面积,即得曲边梯形面积的精确值

$$S = \lim_{\lambda \to 0} \sum_{i=1}^{n} \Delta f(\xi_i) \cdot \Delta x_i.$$

2. 变速直线运动的路程问题

设质点沿直线作变速运动,已知速度为 $v=v(x)$ 是时间间隔 $[T_1,T_2]$ 上的连续函数,且 $v(x)>0$,求质点在这段时间内所经过的路程 s.

（1）分割区间

在时间间隔 $[T_1,T_2]$ 中任意插入 $n-1$ 个分点,

$$T_1 = t_0 < t_1 < t_2 < \cdots < t_{n-1} < t_n = T_2,$$

把 $[T_1,T_2]$ 分成 n 个小时间段

$$[t_0,t_1], \quad [t_1,t_2], \quad [t_{i-1},t_i], \quad \cdots, \quad [t_{n-1},t_n],$$

各小区间的长度分别为

$$\Delta t_1 = t_1 - t_0, \quad \Delta t_2 = t_2 - t_1, \quad \cdots, \quad \Delta t_i = t_i - t_{i-1}, \quad \cdots, \quad \Delta t_n = t_n - t_{n-1},$$

各小时间段内质点经过的路程为：$\Delta s_1, \cdots, \Delta s_i, \cdots, \Delta s_n$.

（2）近似代替（以直代曲）

在每个小时间段 $[t_{i-1},t_i]$ 内任取一点 τ_i,以时刻 τ_i 的速度近似代替 $[t_{i-1},t_i]$ 上各时刻的速度,得到小时间段 $[t_{i-1},t_i]$ 内质点经过的路程 Δs_i 的近似值,即

$$\Delta s_i \approx v(\tau_i)\Delta t_i, \quad i=1,2,3,\cdots,n.$$

（3）求和

$$s = \sum_{i=1}^{n} \Delta s_i \approx \sum_{i=1}^{n} v(\tau_i)\Delta t_i.$$

（4）取极限

记 $\lambda = \max\{\Delta t_1, \Delta t_2, \cdots, \Delta t_n\}$. 当 $\lambda \to 0$ 时，取上述和式的极限，得变速直线运动路程的精确值

$$s = \lim_{\lambda \to 0} \sum_{i=1}^{n} v(\tau_i) \Delta t_i.$$

5.1.2 定积分的概念

从前述的两个引例可以看到，无论是求曲边梯形的面积问题还是求变速直线运动的路程问题，实际背景不同，但通过"分割区间、近似代替、求和、取极限"，都能转化为形如 $\sum_{i=1}^{n} f(\xi_i) \Delta x_i$ 和式的极限问题，由此抽象出定积分的定义.

定义1 设 $y = f(x)$ 在 $[a,b]$ 上有界，在 $[a,b]$ 中任意插入若干个分点，

$$a = x_0 < x_1 < x_2 < \cdots < x_{n-1} < x_n = b,$$

把区间 $[a,b]$ 分割成 n 个小区间

$$[x_0, x_1], \quad [x_1, x_2], \quad \cdots, \quad [x_i, x_{i-1}], \quad \cdots, \quad [x_n, x_{n-1}],$$

各小区间的长度依次为

$$\Delta x_1 = x_1 - x_0, \quad \Delta x_2 = x_2 - x_1, \quad \cdots, \quad \Delta x_i = x_i - x_{i-1}, \quad \cdots, \quad \Delta x_n = x_n - x_{n-1}.$$

在每个小区间 $[x_{i-1}, x_i]$ 上任取一点 $\xi_i (x_{i-1} < \xi_i < x_i)$，作函数值 $f(\xi_i)$ 与小区间长度 Δx_i 的乘积 $f(\xi_i) \Delta x_i$，并作和式

$$S_n = \sum_{i=1}^{n} f(\xi_i) \Delta x_i.$$

记 $\lambda = \max\{\Delta x_1, \Delta x_2, \cdots, \Delta x_n\}$，不论对 $[a,b]$ 怎样的分法，也不论在小区间上的点 ξ_i 怎样取法，只要当 $\lambda \to 0$ 时，和 S_n 总趋于确定的极限 I，称这个极限 I 为函数 $f(x)$ 在区间 $[a,b]$ 上的定积分，记为

$$\int_a^b f(x) \mathrm{d}x = I = \lim_{\lambda \to 0} \sum_{i=1}^{n} f(\xi_i) \Delta x_i,$$

其中 $f(x)$ 叫做被积函数，$f(x)\mathrm{d}x$ 叫做被积表达式，x 叫做积分变量，$[a,b]$ 叫做积分区间.

注：（1）定积分 $\int_a^b f(x)\mathrm{d}x$ 是和式 $\sum_{i=1}^{n} f(\xi_i) \Delta x_i$ 的极限值，是一个确定的常数，这个常数只与被积函数 $f(x)$ 和积分区间 $[a,b]$ 有关，而与积分变量用什么字母表示无关.

$$\int_a^b f(x) \mathrm{d}x = \int_a^b f(t) \mathrm{d}t.$$

（2）定义中区间 $[a,b]$ 的分法和 ξ_i 的取法都是任意的.

（3）当函数 $f(x)$ 在区间 $[a,b]$ 上的定积分存在，称 $f(x)$ 在区间 $[a,b]$ 上可积；否则称为不可积.

为了以后计算及应用方便起见，我们先在这里对定积分作以下两点补充规定：

（1）当 $a = b$ 时，$\int_a^b f(x)\mathrm{d}x = 0$；

（2）当 $a > b$ 时，$\int_a^b f(x)\mathrm{d}x = -\int_b^a f(x)\mathrm{d}x.$

由上式可知，交换定积分的上下限时，绝对值不变而符号相反.

5.1.3 可积函数类

关于定积分,还有一个重要的问题:函数 $f(x)$ 在区间 $[a,b]$ 上满足怎样的条件,$f(x)$ 在区间 $[a,b]$ 一定可积? 这个问题本书不作深入讨论,只给出下面两个定理.

定理 1 若函数 $f(x)$ 在区间 $[a,b]$ 上连续,则 $f(x)$ 在区间 $[a,b]$ 上可积.

定理 2 若函数 $f(x)$ 在区间 $[a,b]$ 上有界,且只有有限个间断点,则 $f(x)$ 在区间 $[a,b]$ 上可积.

根据定积分的定义,引例可以简述为:

(1) 由曲线 $f(x)$、直线 $x=a$,$x=b$ 和 x 轴所围成曲边梯形的面积等于函数 $f(x)$ 在区间 $[a,b]$ 上的定积分,即

$$S = \int_a^b f(x)\mathrm{d}x.$$

(2) 以速度 $v=v(x)$,$v(x)>0$ 作直线运动的质点,从时刻 $t=T_1$ 到时刻 $t=T_2$ 所经过的路程等于 $v(x)$ 在时间间隔 $[T_1,T_2]$ 上的定积分,即

$$s = \int_{T_1}^{T_2} v(x)\mathrm{d}x.$$

例 1 利用定积分的定义计算定积分 $\int_0^1 x^2 \mathrm{d}x$.

解 因 $f(x)=x^2$ 在 $[0,1]$ 上连续,被积函数是可积的,因此定积分的值与区间 $[0,1]$ 的分法及 ξ_i 的取法无关. 不妨将区间 $[0,1]$ n 等分(图 5-2),分点为

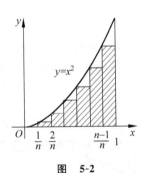

图 5-2

$$x_i = \frac{i}{n} \quad (i=1,2,\cdots,n-1),$$

小区间的长度为

$$\lambda = \Delta x_i = \frac{1}{n} \quad (i=1,2,\cdots,n),$$

ξ_i 就取小区间的右端点

$$\xi_i = x_i = \frac{i}{n} \quad (i=1,2,\cdots,n),$$

则得到积分和式

$$\sum_{i=1}^n f(\xi_i)\Delta x_i = \sum_{i=1}^n \xi_i^2 \Delta x_i = \sum_{i=1}^n \left(\frac{i}{n}\right)^2 \frac{1}{n} = \frac{1}{n^3}\sum_{i=1}^n i^2,$$

$$= \frac{1}{n^3}(1^2 + 2^2 + \cdots + n^2) = \frac{1}{n^3} \frac{n(n+1)(2n+1)}{6} = \frac{1}{6}\left(1 + \frac{1}{n}\right)\left(2 + \frac{1}{n}\right).$$

当 $\lambda \to 0$ 时,即 $n \to \infty$ 时,上式右端取极限,由定积分的定义,即得所求的定积分为

$$\int_0^1 x^2 \mathrm{d}x = \lim_{\lambda \to 0} \sum_{i=1}^n \xi_i^2 \Delta x_i = \lim_{n \to \infty} \frac{1}{6}\left(1 + \frac{1}{n}\right)\left(2 + \frac{1}{n}\right) = \frac{1}{3}.$$

5.1.4 定积分的几何意义

(1) 在区间 $[a,b]$ 上,$f(x) \geqslant 0$ 时,定积分 $\int_a^b f(x)\mathrm{d}x$ 在几何上表示由曲线 $y = f(x)$、直

线 $x=a$,$x=b$ 及 x 轴所围成的曲边梯形的面积.

(2) 在区间$[a,b]$上，$f(x)\leqslant 0$ 时，由曲线 $y=f(x)$、直线 $x=a$,$x=b$ 及 x 轴所围成的曲边梯形在 x 轴的下方，定积分 $\int_a^b f(x)\mathrm{d}x$ 在几何上表示上述曲边梯形面积的负值.

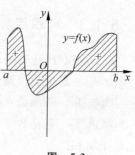

图 5-3

(3) 一般地，函数 $f(x)$ 在区间$[a,b]$上既取负值也取正值时，定积分 $\int_a^b f(x)\mathrm{d}x$ 在几何上表示 x 轴上方图形的面积减去 x 轴下方图形的面积(图 5-3).

5.1.5 定积分的性质

性质 1 代数和的定积分等于定积分的代数和，即

$$\int_a^b [f(x)\pm g(x)]\mathrm{d}x = \int_a^b f(x)\mathrm{d}x \pm \int_a^b g(x)\mathrm{d}x.$$

证

$$\int_a^b [f(x)\pm g(x)]\mathrm{d}x = \lim_{\lambda\to 0}\sum_{i=1}^n [f(\xi_i)\pm g(\xi_i)]\Delta x_i$$

$$= \lim_{\lambda\to 0}\sum_{i=1}^n f(\xi_i)\Delta x_i \pm \lim_{\lambda\to 0}\sum_{i=1}^n g(\xi_i)\Delta x_i$$

$$= \int_a^b f(x)\mathrm{d}x \pm \int_a^b g(x)\mathrm{d}x.$$

注：此性质可以推广到有限个函数的情形.

性质 2 常数因子可以提到积分符号的前面，即

$$\int_a^b kf(x)\mathrm{d}x = k\int_a^b f(x)\mathrm{d}x, \quad k\neq 0 \text{ 为常数}.$$

这个性质的证明由读者自己根据定积分的定义证明

性质 3（定积分的区间可加性） 如果积分区间$[a,b]$被 c 点分成两个小区间$[a,c]$与$[c,b]$,则

$$\int_a^b f(x)\mathrm{d}x = \int_a^c f(x)\mathrm{d}x + \int_c^b f(x)\mathrm{d}x.$$

性质 4 $\int_a^b 1\mathrm{d}x = \int_a^b \mathrm{d}x = b-a.$

根据定积分的几何意义，$\int_a^b 1\mathrm{d}x$ 表示以$[a,b]$为底、$f(x)\equiv 1$ 为高的矩形面积.

这个性质的证明由读者自己根据定积分的定义证明.

性质 5 若在区间$[a,b]$上有 $f(x)\geqslant g(x)$,则

$$\int_a^b f(x)\mathrm{d}x \geqslant \int_a^b g(x)\mathrm{d}x.$$

推论 1 若在区间$[a,b]$上有 $f(x)\geqslant 0$, 则 $\int_a^b f(x)\mathrm{d}x \geqslant 0.$

推论 2 $\left|\int_a^b f(x)\mathrm{d}x\right| \leqslant \int_a^b |f(x)|\mathrm{d}x(a<b).$

证 因为$-|f(x)|\leqslant f(x)\leqslant |f(x)|$,所以

$$-\int_a^b |f(x)|\,\mathrm{d}x \leqslant \int_a^b f(x)\mathrm{d}x \leqslant \int_a^b |f(x)|\,\mathrm{d}x,$$

即 $\left|\int_a^b f(x)\mathrm{d}x\right| \leqslant \int_a^b |f(x)|\,\mathrm{d}x.$ ∎

性质 6（估值定理） 设函数 $f(x)$ 在区间 $[a,b]$ 上有最大值 M 及最小值 m，则

$$m(b-a) \leqslant \int_a^b f(x)\mathrm{d}x \leqslant M(b-a).$$

证 因为 $m\leqslant f(x)\leqslant M x\in[a,b]$，所以由性质 5 得

$$\int_a^b m\mathrm{d}x \leqslant \int_a^b f(x)\mathrm{d}x \leqslant \int_a^b M\mathrm{d}x,$$

再由性质 2 和性质 4 得

$$m(b-a) \leqslant \int_a^b f(x)\mathrm{d}x \leqslant M(b-a).$$ ∎

性质 7（定积分中值定理） 如果函数 $f(x)$ 在闭区间 $[a,b]$ 上连续，则在 $[a,b]$ 上至少存在一个点 ξ，使得

$$\int_a^b f(x)\mathrm{d}x = f(\xi)(b-a) \quad (a\leqslant\xi\leqslant b).$$

证 因为函数 $f(x)$ 在闭区间 $[a,b]$ 上连续，所以有

$$m \leqslant f(x) \leqslant M,$$

$$m \leqslant \frac{1}{(b-a)}\int_a^b f(x)\mathrm{d}x \leqslant M.$$

由闭区间上连续函数的介值定理知，在区间 $[a,b]$ 上至少存在一个点 ξ，使得

$$\frac{1}{(b-a)}\int_a^b f(x)\mathrm{d}x = f(\xi),$$

从而 $\int_a^b f(x)\mathrm{d}x = f(\xi)(b-a).$ ∎

积分中值定理的几何意义是：在闭区间 $[a,b]$ 上至少存在一个点 ξ，使得以 $[a,b]$ 为底、$y=f(x)$ 为曲边的曲边梯形的面积 $\int_a^b f(x)\mathrm{d}x$ 等于同一底边而高为 $f(\xi)$ 的矩形面积 $f(\xi)(b-a).$

由积分中值公式可得

$$f(\xi) = \frac{1}{b-a}\int_a^b f(x)\mathrm{d}x,$$

称为函数 $f(x)$ 在区间 $[a,b]$ 上的平均值。例如图 5-4，$f(\xi)$ 可看作图中曲边梯形的平均高度。又如物体以变速 $v(t)$ 作直线运动，在时间区间 $[T_1,T_2]$ 上经过的路程为 $\int_{T_1}^{T_2} v(t)\mathrm{d}t$，因此，

$$v(\xi) = \frac{1}{T_2-T_1}\int_{T_1}^{T_2} v(t)\mathrm{d}t, \quad \xi\in[T_1,T_2]$$

便是运动物体在 $[T_1,T_2]$ 这段时间内的平均速度。

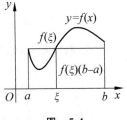

图 5-4

例 2 比较 $\int_0^{\frac{\pi}{2}} x\mathrm{d}x$ 与 $\int_0^{\frac{\pi}{2}} \sin x\mathrm{d}x$ 的大小。

解 因为当 $x\in\left[0,\dfrac{\pi}{2}\right]$ 时，有 $\sin x\leqslant x$，所以

$$\int_0^{\frac{\pi}{2}} \sin x \, dx < \int_0^{\frac{\pi}{2}} x \, dx.$$

例 3 估计积分 $\int_1^4 (x^2+1) \, dx$ 的值.

解 设 $f(x)=x^2+1, x\in[1,4]$. 由

$$2 \leqslant f(x) \leqslant 17,$$

所以

$$2(4-1) \leqslant \int_1^4 (x^2+1) \, dx \leqslant 17(4-1),$$

$$6 \leqslant \int_1^4 (x^2+1) \, dx \leqslant 51.$$

习题 5-1

1. 利用定积分的定义计算下列积分:

(1) $\int_a^b 2x \, dx$;   (2) $\int_0^1 e^x \, dx$.

2. 利用定积分的定义计算由抛物线 $y=x^2+1$、直线 $x=a, x=b(b>a)$ 及 x 轴所围成的图形的面积.

3. 利用定积分的几何意义,证明下列等式:

(1) $\int_{-\frac{\pi}{2}}^{\frac{\pi}{2}} \cos x \, dx = 2\int_0^{\frac{\pi}{2}} \cos x \, dx$;   (2) $\int_{-\pi}^{\pi} \sin x \, dx = 0$;

(3) $\int_0^a \sqrt{a^2-x^2} \, dx = \frac{\pi}{4}a^2$;   (4) $\int_{-1}^1 \arctan x \, dx = 0$.

4. 试将和式的极限 $\lim\limits_{n\to\infty} \dfrac{1}{n^2} \sqrt[n]{n(n+1)(n+2)\cdots(2n-1)}$ 表示成定积分形成.

5. 估计下列积分值:

(1) $\int_1^4 (x^2+2) \, dx$;   (2) $\int_{\frac{\pi}{4}}^{\frac{3\pi}{4}} (1+\sin^2 x) \, dx$;

(3) $\int_{\frac{1}{\sqrt{3}}}^{\sqrt{3}} x \arctan x \, dx$;   (4) $\int_0^1 e^{x^2} \, dx$;

(5) $\int_1^2 \dfrac{x}{x^2+1} \, dx$;   (6) $\int_0^{\frac{\pi}{2}} \dfrac{\sin x}{x} \, dx$.

6. 根据定积分的性质比较下列定积分的大小:

(1) $\int_0^{\frac{\pi}{2}} \sin^3 x \, dx, \int_0^{\frac{\pi}{2}} \sin^2 x \, dx$;   (2) $\int_1^2 x^2 \, dx, \int_1^2 x^3 \, dx$;

(3) $\int_1^2 \ln x \, dx, \int_1^2 (\ln x)^2 \, dx$;   (4) $\int_1^0 \ln(x+1) \, dx, \int_1^0 \dfrac{x}{1+x} \, dx$.

7. 利用积分中值定理求下列极限:

(1) $\lim\limits_{n\to\infty} \int_n^{n+p} \dfrac{\sin x}{x} \, dx$;   (2) $\lim\limits_{n\to\infty} \int_0^{\frac{1}{2}} \dfrac{x^n}{1+x} \, dx$.

5.2 微积分基本公式

从 5.1 节的例 1 可以看到,尽管被积函数是简单的函数 $y = x^2$,但是,直接按定义来计算定积分也是一件十分困难的事.所以,需要寻求简便而有效的计算方法.我们知道,不定积分作为原函数的概念与定积分作为积分和的极限的概念是完全不相干的两个概念.但是,牛顿和莱布尼茨不仅发现而且找到了这两个概念之间存在着深刻的内在联系,即微积分基本公式.

下面我们先从实际问题中寻找解决问题的线索.为此,我们对变速直线运动中遇到的位置函数 $s(t)$ 及速度函数 $v(t)$ 之间的联系作进一步的研究.

5.2.1 变速直线运动中位置函数与速度函数之间的联系

一物体在直线上运动,在这直线上取定原点、正向及长度单位,使它成一数轴.设时刻 t 时物体所在位置为 $s(t)$,速度为 $v(t)$,为了讨论方便起见,可以设 $v(t) \geqslant 0$.

从 5.1 节知道,物体在时间间隔 $[T_1, T_2]$ 内经过的路程可以用速度函数 $v(t)$ 在 $[T_1, T_2]$ 上的定积分

$$\int_{T_1}^{T_2} v(t) \mathrm{d}t$$

表达;另一方面,这段路程又可以通过位置函数 $s(t)$ 在区间 $[T_1, T_2]$ 上的增量

$$s(T_2) - s(T_1)$$

表达.由此可见,位置函数 $s(t)$ 与速度函数 $v(t)$ 之间有如下关系:

$$\int_{T_1}^{T_2} v(t) \mathrm{d}t = s(T_2) - s(T_1).$$

因为 $s'(t) = v(t)$,即位置函数 $s(t)$ 是速度函数 $v(t)$ 的原函数,所以速度函数 $v(t)$ 在区间 $[T_1, T_2]$ 上的定积分等于 $v(t)$ 的原函数 $s(t)$ 在区间 $[T_1, T_2]$ 上的增量 $s(T_2) - s(T_1)$.

上述从变速直线运动的路程这个特殊问题中得出的关系,在一定条件下具有普遍性.事实上,我们将在 5.2.3 节中证明,如果函数 $f(x)$ 在区间 $[a, b]$ 上连续,那么,$f(x)$ 在区间 $[a, b]$ 上的定积分就等于 $f(x)$ 的原函数(设为 $F(x)$)在区间 $[a, b]$ 上的增量,即

$$\int_a^b f(x) \mathrm{d}x = F(b) - F(a).$$

5.2.2 积分上限的函数及其导数

我们知道,定积分

$$\int_a^b f(x) \mathrm{d}x = \int_a^b f(t) \mathrm{d}t$$

在几何上表示连续曲线 $y = f(x)$ 在区间 $[a, b]$ 上的曲边梯形 $AabB$ 的面积(图 5-5).如果 x 是区间 $[a, b]$ 上任一点,同样,定积分

$$\int_a^x f(t) \mathrm{d}t$$

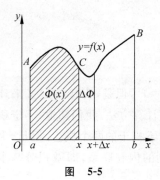

图　5-5

表示曲线 $y=f(x)$ 在部分区间 $[a,x]$ 上的曲边梯形 $AaxC$ 的面积,即图 5-5 中阴影部分的面积.当 x 在区间 $[a,b]$ 上变化时,阴影部分的曲边梯形面积也随之变化,所以变上限定积分

$$\int_a^x f(t)\mathrm{d}t$$

是上限变量 x 的函数,称为积分上限的函数,记作 $\Phi(x)$,即

$$\Phi(x) = \int_a^x f(t)\mathrm{d}t \quad (a \leqslant x \leqslant b).$$

类似地,又可定义积分下限的函数

$$\Psi(x) = \int_x^b f(t)\mathrm{d}t \quad (a \leqslant x \leqslant b).$$

由于积分下限的函数

$$\int_x^b f(t)\mathrm{d}t = -\int_b^x f(t)\mathrm{d}t$$

可以转化为积分上限的函数,因此下面只讨论积分上限的函数.

函数 $\Phi(x)$ 具有定理 1 所指出的重要性质.

定理 1　如果函数 $f(x)$ 在区间 $[a,b]$ 上连续,则积分上限的函数

$$\Phi(x) = \int_a^x f(t)\mathrm{d}t$$

在 $[a,b]$ 上可导,并且它的导数是

$$\Phi'(x) = \frac{\mathrm{d}}{\mathrm{d}x}\int_a^x f(t)\mathrm{d}t = f(x) \quad (a \leqslant x \leqslant b).$$

证　若 $x \in (a,b)$,设 x 获得增量 Δx,其绝对值足够的小,使得 $x+\Delta x \in (a,b)$,我们直接按导数定义来证明.

(1) 求增量 $\Delta\Phi(x)$,

$$\begin{aligned}
\Delta\Phi(x) &= \Phi(x+\Delta x) - \Phi(x) = \int_a^{x+\Delta x} f(t)\mathrm{d}t - \int_a^x f(t)\mathrm{d}t \\
&= \int_a^x f(t)\mathrm{d}t + \int_x^{x+\Delta x} f(t)\mathrm{d}t - \int_a^x f(t)\mathrm{d}t \\
&= \int_x^{x+\Delta x} f(t)\mathrm{d}t = f(\xi)\Delta x,
\end{aligned}$$

其中 ζ 在 x 与 $x+\Delta x$ 之间.如图 5-6 所示,图中 $\Delta x > 0$.

(2) 求增量比值 $\dfrac{\Delta\Phi}{\Delta x}$,

$$\frac{\Delta\Phi}{\Delta x} = f(\xi).$$

(3) 取极限,令 $\Delta x \to 0$ 时,$\xi \to x$,注意到 $f(x)$ 的连续性,有

$$\lim_{\Delta x \to 0} \frac{\Delta\Phi}{\Delta x} = \lim_{\Delta x \to 0} f(\xi) = \lim_{\xi \to x} f(\xi) = f(x).$$

这说明函数 $\Phi(x)$ 在点 x 处的导数存在,并且

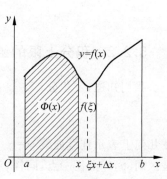

图　5-6

$$\Phi'(x) = f(x).$$

若 $x=a$, 取 $\Delta x > 0$, 则同理可证 $\Phi'_+(a) = f(a)$; 若 $x=b$, 取 $\Delta x < 0$, 则同理可证 $\Phi'_-(b) = f(b)$. ■

这个定理指出了一个重要结论: 连续函数 $f(x)$ 取变上限 x 的定积分然后求导, 其结果还原为 $f(x)$ 本身. 联想到原函数的定义, 就可以从定理 1 推知 $\Phi(x)$ 是连续函数 $f(x)$ 的一个原函数. 因此, 我们可把定理 1 叙述成如下的原函数存在定理.

定理 2　如果函数 $f(x)$ 在区间 $[a,b]$ 上连续, 则积分上限的函数

$$\Phi(x) = \int_a^x f(t)\,dt$$

就是 $f(x)$ 在 $[a,b]$ 上的一个原函数, 且 $\int f(x)\,dx = \int_a^x f(t)\,dt + C$.

这个定理的重要意义是: 一方面肯定了连续函数的原函数是存在的, 另一方面初步地揭示了积分学中的定积分与原函数(或不定积分)之间的联系. 因此, 我们就有可能通过原函数来计算定积分.

例 1　求 $y = \int_0^x e^{-t^2}\,dt$ 的导数.

解　$\dfrac{d}{dx}\left[\int_0^x e^{-t^2}\,dt\right] = e^{-x^2}$.

有时, 变限积分是 x 的复合函数, 则由复合函数求导法则可得如下结论:

设 $f(x)$ 连续, $\varphi(x), \psi(x)$ 可导, 则

(1) $\left(\int_a^{\varphi(x)} f(t)\,dt\right)' = f(\varphi(x))\varphi'(x)$;

(2) $\left(\int_{\psi(x)}^b f(t)\,dt\right)' = -f(\psi(x))\psi'(x)$;

(3) $\left(\int_{\psi(x)}^{\varphi(x)} f(t)\,dt\right)' = f(\varphi(x))\varphi'(x) - f(\psi(x))\psi'(x)$.

例 2　求 $\int_{\frac{\pi}{6}}^{x^3} \cos^2 t\,dt$ 的导数.

解　这里 $\int_{\frac{\pi}{6}}^{x^3} \cos^2 t\,dt$ 是 x^3 的函数, 因而是复合函数, 令 $u = x^3$, 则

$$\varphi(u) = \int_{\frac{\pi}{6}}^{u} \cos^2 t\,dt.$$

根据复合函数的求导法则, 有

$$\frac{d}{dt}\int_{\frac{\pi}{6}}^{x^3} \cos^2 t\,dt = \frac{d}{du}\int_{\frac{\pi}{6}}^{u} \cos^2 t\,dt \cdot \frac{du}{dt} = \varphi'(u) \cdot 3x^2 = \cos^2 u \cdot 3x^2 = 3x^2 \cos^2 x^3.$$

例 3　求 $\lim\limits_{x \to 0^+} \dfrac{\int_0^x \arctan t\,dt}{x^2}$.

解　$\lim\limits_{x \to 0^+} \dfrac{\int_0^x \arctan t\,dt}{x^2} = \lim\limits_{x \to 0^+} \dfrac{\arctan x}{2x} = \dfrac{1}{2}$.

例 4　设函数 $y = y(x)$ 由方程 $\int_0^{y^2} e^t\,dt + \int_x^0 \cos t\,dt = 0$ 所确定, 求 $\dfrac{dy}{dx}$.

解　在方程两边关于 x 求导数,得

$$\frac{\mathrm{d}}{\mathrm{d}x}\int_0^{y^2}\mathrm{e}^{t^3}\mathrm{d}t+\frac{\mathrm{d}}{\mathrm{d}x}\int_x^0\cos t\mathrm{d}t=\mathrm{e}^{y^6}\cdot 2y\cdot\frac{\mathrm{d}y}{\mathrm{d}x}-\cos x=0,$$

从而 $\dfrac{\mathrm{d}y}{\mathrm{d}x}=\dfrac{\cos x}{2y\mathrm{e}^{y^6}}.$

5.2.3　牛顿-莱布尼茨公式

定理 3　若函数 $F(x)$ 是连续函数 $f(x)$ 在区间 $[a,b]$ 上的一个原函数,则

$$\int_a^b f(x)\mathrm{d}x=F(b)-F(a).$$

证　已知函数 $F(x)$ 是连续函数 $f(x)$ 的一个原函数,又根据定理 2 知

$$\Phi(x)=\int_a^x f(t)\mathrm{d}t$$

也是 $f(x)$ 的一个原函数,所以

$$F(x)-\Phi(x)=C,\quad x\in[a,b].$$

令 $x=a$,得 $F(a)-\Phi(a)=C.$ 而

$$\Phi(a)=\int_a^a f(x)\mathrm{d}x=0,$$

所以 $F(a)=C.$

又

$$F(x)-\Phi(x)=C,$$
$$\Phi(x)=F(x)-C,$$
$$\int_a^x f(x)\mathrm{d}x=F(x)-F(a).$$

再令 $x=b$,即得 $\int_a^b f(x)\mathrm{d}x=F(b)-F(a).$　∎

注：公式 $\int_a^b f(x)\mathrm{d}x=F(x)\Big|_a^b=F(x)-F(a)$ 也称为**微积分基本公式**. 此公式的重要性在于把定积分的计算问题转化为求被积函数的原函数问题,从而为定积分的计算提供了一个简便而有效的方法.

例 5　求定积分 $\int_0^1 x^3\mathrm{d}x.$

解　$\int_0^1 x^3\mathrm{d}x=\dfrac{1}{4}x^4\Big|_0^1=\dfrac{1}{4}\cdot 1^4-\dfrac{1}{4}\cdot 0^4=\dfrac{1}{4}.$

例 6　计算 $\int_{-2}^{-1}\dfrac{1}{x}\mathrm{d}x.$

解　当 $x<0$ 时,$\ln(-x)$ 是 $\dfrac{1}{x}$ 的一个原函数,所以

$$\int_{-2}^{-1}\frac{1}{x}\mathrm{d}x=\ln(-x)\Big|_{-2}^{-1}=\ln1-\ln2=-\ln2.$$

例 7　求定积分 $\int_{-1}^0\dfrac{3x^4+3x^2+1}{x^2+1}\mathrm{d}x.$

解 $\int_{-1}^{0} \frac{3x^4 + 3x^2 + 1}{x^2 + 1} \mathrm{d}x = \int_{-1}^{0} \left(3x^2 + \frac{1}{x^2 + 1}\right) \mathrm{d}x = (x^3 + \arctan x) \Big|_{-1}^{0} = 1 + \frac{\pi}{4}.$

例 8 求定积分 $\int_{-1}^{2} |x| \mathrm{d}x.$

解 因为 $|x| = \begin{cases} x, & 0 \leqslant x \leqslant 2, \\ -x, & -1 \leqslant x < 0, \end{cases}$ 所以

$$\int_{-1}^{2} |x| \mathrm{d}x = \int_{-1}^{0} (-x) \mathrm{d}x + \int_{0}^{2} x \mathrm{d}x = -\frac{1}{2}x^2 \Big|_{-1}^{0} + \frac{1}{2}x^2 \Big|_{0}^{2} = \frac{5}{2}.$$

习题 5-2

1. 求下列函数的导数：

(1) $\varphi(x) = \int_{0}^{x} \sin t^2 \mathrm{d}t$;   (2) $\varphi(x) = \int_{x^2}^{3} \mathrm{e}^{-t^2} \mathrm{d}t$;

(3) $\varphi(x) = \int_{\sqrt{x}}^{x^2} \frac{t}{1+t^2} \mathrm{d}t$;   (4) $\varphi(x) = \int_{\sin x}^{\cos x} \cos(\pi t^2) \mathrm{d}t$;

(5) $\varphi(x) = \int_{0}^{x^2} \sqrt{1+t^2} \mathrm{d}t$;   (6) $\varphi(x) = \int_{x^2}^{x^3} \frac{\mathrm{d}t}{\sqrt{1+t^4}}$.

2. 利用洛必达法则求下列极限.

(1) $\lim\limits_{x \to 0} \dfrac{\int_{0}^{x} \cos t^2 \mathrm{d}t}{x}$;   (2) $\lim\limits_{x \to 0} \dfrac{\int_{0}^{x^2} t^{\frac{3}{2}} \mathrm{d}t}{\int_{0}^{x} t(t - \sin t) \mathrm{d}t}$;

(3) $\lim\limits_{x \to 1} \dfrac{\int_{1}^{x} \frac{\ln t}{t+1} \mathrm{d}t}{(x-1)^2}$;   (4) $\lim\limits_{x \to +\infty} \dfrac{1}{x} \int_{0}^{x} (t + t^2) \mathrm{e}^{t^2 - x^2} \mathrm{d}t$;

(5) $\lim\limits_{x \to 0} \dfrac{\left(\int_{0}^{x} \mathrm{e}^{t^2} \mathrm{d}t\right)^2}{\int_{0}^{x} t \mathrm{e}^{2t^2} \mathrm{d}t}$;   (6) $\lim\limits_{x \to 0} \dfrac{1}{x^2} \int_{0}^{x} \arctan t \mathrm{d}t$.

3. 设函数 $y = y(x)$ 由方程 $\int_{0}^{y} \mathrm{e}^t \mathrm{d}t + \int_{0}^{x} \cos t \mathrm{d}t = 0$ 所确定，求 $\dfrac{\mathrm{d}y}{\mathrm{d}x}$.

4. 设 $x = \int_{0}^{t} \sin u \mathrm{d}u, y = \int_{0}^{t} \cos u \mathrm{d}u$，求 $\dfrac{\mathrm{d}y}{\mathrm{d}x}$.

5. 设 $f(x) = \int_{0}^{x} t(1 - t) \mathrm{e}^{-2t} \mathrm{d}t$，问 x 为何值时，$f(x)$ 有极值？

6. 求函数 $F(x) = \int_{0}^{x} t(t - 4) \mathrm{d}t$ 在 $[-1, 5]$ 上的最大值与最小值.

7. 计算下列定积分：

(1) $\int_{0}^{2} \left(x^4 + \frac{1}{x^2}\right) \mathrm{d}x$;   (2) $\int_{-1}^{1} (x^3 - 3x^2) \mathrm{d}x$;

(3) $\displaystyle\int_{-2}^{3}(2x-1)^3\mathrm{d}x$; (4) $\displaystyle\int_{0}^{1}(2\mathrm{e}^x+1)\mathrm{d}x$;

(5) $\displaystyle\int_{-1}^{1}\frac{1}{1+x^2}\mathrm{d}x$; (6) $\displaystyle\int_{0}^{\frac{\pi}{4}}\tan^2 x\mathrm{d}x$;

(7) $\displaystyle\int_{0}^{\frac{1}{2}}\frac{1}{\sqrt{1-x^2}}\mathrm{d}x$; (8) $\displaystyle\int_{0}^{1}\frac{x^2}{1+x^2}\mathrm{d}x$;

(9) $\displaystyle\int_{0}^{\pi}\cos^2\left(\frac{x}{2}\right)\mathrm{d}x$; (10) $\displaystyle\int_{4}^{9}\sqrt{x}\,(1+\sqrt{x}\,)\mathrm{d}x$;

(11) $\displaystyle\int_{-1}^{0}\frac{3x^4+3x^2+1}{x^2+1}\mathrm{d}x$; (12) $\displaystyle\int_{-\mathrm{e}-1}^{-2}\frac{\mathrm{d}x}{x+1}$;

(13) $\displaystyle\int_{0}^{2\pi}\mid\sin x\mid\mathrm{d}x$; (14) 设 $f(x)=\begin{cases}1+x^2, & 0\leqslant x\leqslant 1,\\ x+1, & -1\leqslant x<0,\end{cases}$ 求 $\displaystyle\int_{-1}^{1}f(x)\mathrm{d}x$.

5.3 定积分的换元积分法与分部积分法

由 5.2 节知道,计算定积分 $\displaystyle\int_{a}^{b}f(x)\mathrm{d}x$ 的简便方法是把它转化为求 $f(x)$ 的原函数的增量. 在第 4 章中,我们知道用换元积分法和分部积分法可以求出一些函数的原函数. 因此,在一定条件下,可以用换元积分法和分部积分法来计算定积分. 下面就来讨论定积分的这两种计算方法.

5.3.1 定积分的换元积分法

为了说明怎样用换元法计算定积分,我们先来证明下面的定理.

定理 1 设函数 $f(x)$ 在闭区间 $[a,b]$ 上连续,函数 $x=\varphi(t)$ 满足条件:

(1) $\varphi(\alpha)=a$, $\varphi(\beta)=b$,且 $a\leqslant\varphi(t)\leqslant b$;

(2) $\varphi(t)$ 在 $[\alpha,\beta]$(或 $[\beta,\alpha]$)上具有连续导数.

则有

$$\int_{a}^{b}f(x)\mathrm{d}x=\int_{\alpha}^{\beta}f[\varphi(t)]\varphi'(t)\mathrm{d}t \tag{5.2}$$

上述公式称为**定积分的换元公式**.

证 由假设知式(5.2)两边的被积函数都是连续的,故两边的定积分都存在,并且由 5.2 节的定理 2 知道,被积函数的原函数也都存在. 所以式(5.2)两边的定积分都可应用微积分基本公式. 设 $F(x)$ 是 $f(x)$ 的一个原函数,则

$$\int_{a}^{b}f(x)\mathrm{d}x=F(b)-F(a).$$

另一方面,$\varPhi(t)=F[\varphi(t)]$,由复合函数求导法则,得

$$\varPhi'(t)=F'[\varphi(t)]\varphi'(t)=f[\varphi(t)]\varphi'(t),$$

即 $\varPhi(t)$ 是 $f[\varphi(t)]\varphi'(t)$ 的一个原函数. 从而

$$\int_{\alpha}^{\beta}f[\varphi(t)]\varphi'(t)\mathrm{d}t=\varPhi(\beta)-\varPhi(\alpha),$$

注意到 $\Phi(t) = F[\varphi(t)]$，$\varphi(\alpha) = a$，$\varphi(\beta) = b$，则

$$\int_a^b f(x)\mathrm{d}x = F(b) - F(a) = \Phi(\beta) - \Phi(\alpha) = \int_\alpha^\beta f[\varphi(t)]\varphi'(t)\mathrm{d}t.$$

这就证明了换元公式. ■

在定积分 $\int_a^b f(x)\mathrm{d}x$ 中的 $\mathrm{d}x$，本来是整个定积分记号中不可分割的一部分，但由上述定理可知，在一定条件下，它确实可以作为微分记号来对待. 也就是说，应用换元公式时如果把 $\int_a^b f(x)\mathrm{d}x$ 中的 x 换成 $\varphi(t)$，则 $\mathrm{d}x$ 就换成 $\varphi'(t)\mathrm{d}t$，这正好是 $x = \varphi(t)$ 的微分 $\mathrm{d}x$.

注：(1) **换元必换限**. 即用 $x = \varphi(t)$ 把原变量 x 换成新变量 t 时，积分限也要换成相应于新变量 t 的积分限.

(2) **换元不回代**. 即求出 $f[\varphi(t)]\varphi'(t)$ 的一个原函数 $\Phi(t)$ 后，不必像计算不定积分那样再把 $\Phi(t)$ 变换成原来变量 x 的函数，而只要把新变量 t 的上、下限分别代入 $\Phi(t)$ 中，然后相减就行了.

例 1 求定积分 $\int_0^{\frac{\pi}{2}} \sin^4 x \cos x \mathrm{d}x$.

解 $\int_0^{\frac{\pi}{2}} \sin^4 x \cos x \mathrm{d}x = \int_0^{\frac{\pi}{2}} \sin^4 x \mathrm{d}\sin x = \frac{1}{5}\sin^5 x \Big|_0^{\frac{\pi}{2}} = \frac{1}{5}$.

这个例题是对换元公式反过来使用的，即把换元公式中左右两边对调位置，同时把 t 改记为 x，而 x 改记为 t，得

$$\int_a^b f[\varphi(x)]\varphi'(x)\mathrm{d}x = \int_\alpha^\beta f(t)\mathrm{d}t.$$

这样用 $t = \varphi(x)$ 引入新变量 t，而 $\alpha = \varphi(a)$，$\beta = \varphi(b)$.

例 2 求定积分 $\int_0^a \sqrt{a^2 - x^2}\,\mathrm{d}x\,(a > 0)$.

解 令 $x = a\sin t$，则 $\mathrm{d}x = a\cos t\mathrm{d}t$，且当 $x = 0$ 时，$t = 0$；当 $x = a$ 时，$t = \frac{\pi}{2}$.

$$\sqrt{a^2 - x^2} = a\sqrt{1 - \sin^2 t} = a\cos t,$$

所以

$$\int_0^a \sqrt{a^2 - x^2}\,\mathrm{d}x = a^2 \int_0^{\frac{\pi}{2}} \cos^2 t\mathrm{d}t = a^2 \int_0^{\frac{\pi}{2}} \frac{1 + \cos 2t}{2}\mathrm{d}t = \frac{a^2}{2}\left(t + \frac{1}{2}\sin 2t\right)\Big|_0^{\frac{\pi}{2}} = \frac{\pi a^2}{4}.$$

例 3 求定积分 $\int_0^1 x^2 \sqrt{1 - x^2}\,\mathrm{d}x$.

解 设 $x = \sin t$，则 $\mathrm{d}x = \cos t\mathrm{d}t$，当 $x = 1$ 时，$t = \frac{\pi}{2}$；当 $x = 0$ 时，$t = 0$. 于是

$$\int_0^1 x^2 \sqrt{1 - x^2}\,\mathrm{d}x = \int_0^{\frac{\pi}{2}} \sin^2 t \cdot \cos t \cdot \cos t\mathrm{d}t = \frac{1}{4}\int_0^{\frac{\pi}{2}} \sin^2 2t\mathrm{d}t = \frac{1}{8}\int_0^{\frac{\pi}{2}}(1 - \cos 4t)\mathrm{d}t$$

$$= \frac{1}{8}\left(t - \frac{1}{4}\sin 4t\right)\Big|_0^{\frac{\pi}{2}} = \frac{\pi}{16}.$$

例 4 设 $f(x) = \begin{cases} 1 + x^2, & x \leqslant 0, \\ \mathrm{e}^x & x > 0, \end{cases}$ 求定积分 $\int_1^3 f(x-2)\mathrm{d}x$.

解 设 $x-2=t$，则 $f(x-2)=f(t)$，$\mathrm{d}x=\mathrm{d}t$.

当 $x=1$ 时，$t=-1$；当 $x=3$ 时，$t=1$，于是

$$\int_1^3 f(x-2)\mathrm{d}x = \int_{-1}^1 f(t)\mathrm{d}t = \int_{-1}^0 f(t)\mathrm{d}t + \int_0^1 f(t)\mathrm{d}t = \int_{-1}^0 (1+t^2)\mathrm{d}t + \int_0^1 \mathrm{e}^t \mathrm{d}t$$

$$= \left(t+\frac{1}{3}t^3\right)\Big|_{-1}^0 + \mathrm{e}^t\Big|_0^1 = \frac{1}{3}+\mathrm{e}.$$

例 5 计算 $\int_0^4 \frac{x+1}{\sqrt{2x+1}}\mathrm{d}x$.

解 $\int_0^4 \frac{x+1}{\sqrt{2x+1}}\mathrm{d}x = \frac{1}{2}\int_0^4 \frac{2x+1+1}{\sqrt{2x+1}}\mathrm{d}x = \frac{1}{2}\int_0^4 \left(\sqrt{2x+1}+\frac{1}{\sqrt{2x+1}}\right)\mathrm{d}x$

$$= \frac{1}{2}\int_0^4 \sqrt{2x+1}\,\mathrm{d}x + \frac{1}{2}\int_0^4 \frac{1}{\sqrt{2x+1}}\mathrm{d}x$$

$$= \frac{1}{3}(2x+1)^{\frac{3}{2}}\Big|_0^4 + \frac{1}{2}\sqrt{2x+1}\Big|_0^4$$

$$= \frac{1}{3}(9^{\frac{3}{2}}-1)+\frac{1}{2}(3-1) = \frac{29}{3}.$$

例 6 计算 $\int_{-\frac{\pi}{2}}^{\frac{\pi}{2}} \sqrt{\cos x - \cos^3 x}\,\mathrm{d}x$.

解 由于 $\sqrt{\cos x - \cos^3 x} = \sqrt{\cos x}\,|\sin x|$，所以

$$\int_{-\frac{\pi}{2}}^{\frac{\pi}{2}} \sqrt{\cos x - \cos^3 x}\,\mathrm{d}x = \int_{-\frac{\pi}{2}}^{\frac{\pi}{2}} \sqrt{\cos x}\,|\sin x|\,\mathrm{d}x$$

$$= -\int_{-\frac{\pi}{2}}^0 \sqrt{\cos x}\cdot\sin x\,\mathrm{d}x + \int_0^{\frac{\pi}{2}} \sqrt{\cos x}\cdot\sin x\,\mathrm{d}x$$

$$= \frac{2}{3}(\cos x)^{\frac{3}{2}}\Big|_{-\frac{\pi}{2}}^0 - \frac{2}{3}(\cos x)^{\frac{3}{2}}\Big|_0^{\frac{\pi}{2}} = \frac{4}{3}.$$

注：若忽略 $\sin x$ 在 $\in\left[-\frac{\pi}{2},\frac{\pi}{2}\right]$ 上不全为正，而按

$$\sqrt{\cos x - \cos^3 x} = (\cos x)^{\frac{1}{2}}\sin x$$

计算，将导致错误.

例 7 若 $f(x)$ 在 $[-a,a]$ $(a>0)$ 上连续，则有

(1) 当 $f(x)$ 为偶函数，有 $\int_{-a}^a f(x)\mathrm{d}x = 2\int_0^a f(x)\mathrm{d}x$；

(2) 当 $f(x)$ 为奇函数，有 $\int_{-a}^a f(x)\mathrm{d}x = 0$.

证 因为 $\int_{-a}^a f(x)\mathrm{d}x = \int_{-a}^0 f(x)\mathrm{d}x + \int_0^a f(x)\mathrm{d}x$，

$$\int_{-a}^0 f(x)\mathrm{d}x \xlongequal{x=-t} -\int_a^0 f(-t)\mathrm{d}t = \int_0^a f(t)\mathrm{d}t = \int_0^a f(x)\mathrm{d}x,$$

所以 $\int_{-a}^a f(x)\mathrm{d}x = \int_0^a f(-x)\mathrm{d}x + \int_0^a f(x)\mathrm{d}x$.

(1) 当 $f(x)$ 为偶函数，即 $f(-x)=f(x)$，有

$$\int_{-a}^a f(x)\mathrm{d}x = 2\int_0^a f(x)\mathrm{d}x.$$

(2) 当 $f(x)$ 为奇函数，即 $f(-x) = -f(x)$，有

$$\int_{-a}^{a} f(x) \mathrm{d}x = 0.$$

例 8 计算 $\displaystyle\int_{-\sqrt{3}}^{\sqrt{3}} \frac{x^5 \sin^2 x}{1 + x^2 + x^4} \mathrm{d}x.$

解 易知 $f(x) = \dfrac{x^5 \sin^2 x}{1 + x^2 + x^4}$ 在对称区间 $[-\sqrt{3}, \sqrt{3}]$ 上为奇函数，因此

$$\int_{-\sqrt{3}}^{\sqrt{3}} \frac{x^5 \sin^2 x}{1 + x^2 + x^4} \mathrm{d}x = 0.$$

例 9 计算 $\displaystyle\int_{-1}^{1} x(\cos x + x) \mathrm{d}x.$

解 由于在对称区间 $[-1, 1]$ 上 $x\cos x$ 为奇函数，x^2 为偶函数，因此

$$\int_{-1}^{1} x(\cos x + x) \mathrm{d}x = \int_{-1}^{1} x\cos x \mathrm{d}x + \int_{-1}^{1} x^2 \mathrm{d}x = 0 + 2\int_{0}^{1} x^2 \mathrm{d}x = \frac{2x^3}{3} \Big|_{0}^{1} = \frac{2}{3}.$$

例 10 设 $f(x)$ 是以 $T(T > 0)$ 为周期的周期函数，且可积，则对任一实数 a，有

$$\int_{a}^{a+T} f(x) \mathrm{d}x = \int_{0}^{T} f(x) \mathrm{d}x.$$

证 由定积分性质 3，有

$$\int_{a}^{a+T} f(x) \mathrm{d}x = \int_{a}^{0} f(x) \mathrm{d}x + \int_{0}^{T} f(x) \mathrm{d}x + \int_{T}^{a+T} f(x) \mathrm{d}x.$$

对右边第三个积分，令 $x = t + T$，则 $\mathrm{d}x = \mathrm{d}t$，当 $x = T$ 时，$t = 0$，当 $x = a + T$ 时，$t = a$. 并注意到 $f(t + T) = f(t)$，得

$$\int_{T}^{a+T} f(x) \mathrm{d}x = \int_{0}^{a} f(t + T) \mathrm{d}t = \int_{0}^{a} f(t) \mathrm{d}t.$$

于是，$\displaystyle\int_{a}^{a+T} f(x) \mathrm{d}x = \int_{a}^{0} f(x) \mathrm{d}x + \int_{0}^{T} f(x) \mathrm{d}x + \int_{0}^{a} f(t) \mathrm{d}t = \int_{0}^{T} f(x) \mathrm{d}x.$

例 11 设 $f(x)$ 在 $[0, 1]$ 上连续，证明：

(1) $\displaystyle\int_{0}^{\frac{\pi}{2}} f(\sin x) \mathrm{d}x = \int_{0}^{\frac{\pi}{2}} f(\cos x) \mathrm{d}x;$

(2) $\displaystyle\int_{0}^{\pi} x f(\sin x) \mathrm{d}x = \frac{\pi}{2} \int_{0}^{\pi} f(\sin x) \mathrm{d}x$，并由此计算 $\displaystyle\int_{0}^{\pi} \frac{x \sin x}{1 + \cos^2 x} \mathrm{d}x.$

证 (1) 因为设 $x = \dfrac{\pi}{2} - t$，则 $\mathrm{d}x = -\mathrm{d}t$，且当 $x = 0$ 时，$t = \dfrac{\pi}{2}$；当 $x = \dfrac{\pi}{2}$ 时，$t = 0.$

所以 $\displaystyle\int_{0}^{\frac{\pi}{2}} f(\sin x) \mathrm{d}x = -\int_{\frac{\pi}{2}}^{0} f\left[\sin\left(\frac{\pi}{2} - t\right)\right] \mathrm{d}t = \int_{0}^{\frac{\pi}{2}} f(\cos t) \mathrm{d}t = \int_{0}^{\frac{\pi}{2}} f(\cos x) \mathrm{d}x.$

(2) 因为设 $x = \pi - t$，则 $\mathrm{d}x = -\mathrm{d}t$，且当 $x = 0$ 时，$t = \pi$；当 $x = \pi$ 时，$t = 0.$

所以 $\displaystyle\int_{0}^{\pi} x f(\sin x) \mathrm{d}x = -\int_{\pi}^{0} (\pi - t) f[\sin(\pi - t)] \mathrm{d}t$

$$= \int_{0}^{\pi} (\pi - t) f[\sin(\pi - t)] \mathrm{d}t$$

$$= \pi \int_{0}^{\pi} f[\sin(\pi - t)] \mathrm{d}t - \int_{0}^{\pi} t f(\sin x) \mathrm{d}x.$$

得 $\displaystyle\int_{0}^{\pi} x f(\sin x) \mathrm{d}x = \frac{\pi}{2} \int_{0}^{\pi} f(\sin x) \mathrm{d}x.$

利用上述结果,即得

$$\int_0^\pi \frac{x\sin x}{1+\cos^2 x}\mathrm{d}x = \frac{\pi}{2}\int_0^\pi \frac{\sin x}{1+\cos^2 x}\mathrm{d}x = -\frac{\pi}{2}\arctan x\,\Big|_0^\pi = \frac{\pi^2}{4}.$$　■

5.3.2　定积分的分部积分法

设函数 $u=u(x),v=v(x)$ 在区间 $[a,b]$ 上具有连续导数,则

$$\mathrm{d}(uv) = v\mathrm{d}u + u\mathrm{d}v,$$

移项得

$$u\mathrm{d}v = \mathrm{d}(uv) - v\mathrm{d}u,$$

于是

$$\int_a^b u\,\mathrm{d}v = \int_a^b \mathrm{d}(uv) - \int_a^b v\mathrm{d}u,$$

即

$$\int_a^b u\,\mathrm{d}v = \big[uv\big]\,\Big|_a^b - \int_a^b v\mathrm{d}u,$$

或

$$\int_a^b uv'\,\mathrm{d}x = \big[uv\big]\,\Big|_a^b - \int_a^b vu'\,\mathrm{d}u. \tag{5.3}$$

这就是定积分的**分部积分公式**.公式(5.3)表明原函数已经积出来的部分可以先用上、下限代入.

例 12　求定积分 $\displaystyle\int_0^\pi x\cos x\mathrm{d}x$.

解　$\displaystyle\int_0^\pi x\cos x\mathrm{d}x = \int_0^\pi x\mathrm{d}\sin x = x\sin x\,\Big|_0^\pi - \int_0^\pi \sin x\mathrm{d}x = \cos x\,\Big|_0^\pi = -2.$

例 13　求定积分 $\displaystyle\int_0^{\frac{1}{2}} \arcsin x\mathrm{d}x$.

解　$\displaystyle\int_0^{\frac{1}{2}} \arcsin x\mathrm{d}x = x\arcsin x\,\Big|_0^{\frac{1}{2}} - \int_0^{\frac{1}{2}} \frac{x}{\sqrt{1-x^2}}\mathrm{d}x$

$$= \frac{1}{2}\cdot\frac{\pi}{6} + \frac{1}{2}\int_0^{\frac{1}{2}} \frac{\mathrm{d}(1-x^2)}{\sqrt{1-x^2}}\mathrm{d}x = \frac{\pi}{12} + \frac{\sqrt{3}}{2} - 1.$$

例 14　求定积分 $\displaystyle\int_0^1 \ln(x+\sqrt{1+x^2})\mathrm{d}x$.

解　$\displaystyle\int_0^1 \ln(x+\sqrt{1+x^2})\mathrm{d}x = \big[x\ln(x+\sqrt{1+x^2})\big]\,\Big|_0^1 - \int_0^1 x\mathrm{d}\ln(x+\sqrt{1+x^2})$

$$= \ln(1+\sqrt{2}) - \int_0^1 \frac{x}{\sqrt{1+x^2}}\mathrm{d}x$$

$$= \ln(1+\sqrt{2}) - \sqrt{1+x^2}\,\Big|_0^1 = \ln(1+\sqrt{2}) - \sqrt{2} + 1.$$

例 15　求定积分 $\displaystyle\int_{\frac{\pi}{4}}^{\frac{\pi}{2}} \frac{x\mathrm{d}x}{1-\cos 2x}$.

解　$\displaystyle\int_{\frac{\pi}{4}}^{\frac{\pi}{2}} \frac{x\mathrm{d}x}{1-\cos 2x} = \int_{\frac{\pi}{4}}^{\frac{\pi}{2}} \frac{x\mathrm{d}x}{2\sin^2 x} = -\frac{1}{2}\int_{\frac{\pi}{4}}^{\frac{\pi}{2}} x\mathrm{d}\cot x$

$$= -\frac{1}{2}x\cot x\Big|_{\frac{\pi}{4}}^{\frac{\pi}{2}} + \frac{1}{2}\int_{\frac{\pi}{4}}^{\frac{\pi}{2}}\cot x\mathrm{d}x$$

$$= \frac{\pi}{8} + \frac{1}{2}\ln|\sin x|\Big|_{\frac{\pi}{4}}^{\frac{\pi}{2}} = \frac{\pi}{8} - \frac{1}{4}\ln 2.$$

例 16   计算 $\int_0^1 e^{\sqrt{x}}\mathrm{d}x$.

解   令 $t=\sqrt{x}$, $x=t^2$, $\mathrm{d}x=2t\mathrm{d}t$,

$$\int_0^1 e^{\sqrt{x}}\mathrm{d}x = \int_0^1 2te^t\mathrm{d}t = 2\int_0^1 t\mathrm{d}e^t = 2[te^t]_0^1 - 2\int_0^1 e^t\mathrm{d}t = 2e - 2[e^t]_0^1 = 2.$$

例 17   证明定积分公式

$$I_n = \int_0^{\frac{\pi}{2}}\sin^n x\,\mathrm{d}x = \int_0^{\frac{\pi}{2}}\cos^n x\,\mathrm{d}x$$

$$= \begin{cases} \dfrac{n-1}{n}\cdot\dfrac{n-3}{n-2}\cdot\cdots\cdot\dfrac{3}{4}\cdot\dfrac{1}{2}\cdot\dfrac{\pi}{2}, & n\text{ 为正偶数,} \\[2mm] \dfrac{n-1}{n}\cdot\dfrac{n-3}{n-2}\cdot\cdots\cdot\dfrac{4}{5}\cdot\dfrac{2}{3}, & n\text{ 为大于 1 的正奇数.} \end{cases}$$

证

$$I_n = -\int_0^{\frac{\pi}{2}}\sin^{n-1}x\mathrm{d}(\cos x) = [-\cos x\sin^{n-1}x]_0^{\frac{\pi}{2}} + (n-1)\int_0^{\frac{\pi}{2}}\sin^{n-2}x\cos^2 x\mathrm{d}x.$$

右端第一项等于零;将第二项里的 $\cos^2 x$ 写成 $1-\sin^2 x$,并把积分分成两个,得

$$I_n = (n-1)\int_0^{\frac{\pi}{2}}\sin^{n-2}x\mathrm{d}x - (n-1)\int_0^{\frac{\pi}{2}}\sin^n x\mathrm{d}x = (n-1)I_{n-2} - (n-1)I_n,$$

由此得

$$I_n = \frac{n-1}{n}I_{n-2}.$$

这个等式称作积分 I_n 关于下标的递推公式.

如果把 n 换成 $n-2$,则得

$$I_{n-2} = \frac{n-3}{n-2}I_{n-4}.$$

同样地依次进行下去,直到 I_n 的下标递减到 0 或 1 为止. 于是,

$$I_{2m} = \frac{2m-1}{2m}\cdot\frac{2m-3}{2m-2}\cdot\frac{2m-5}{2m-4}\cdot\cdots\cdot\frac{5}{6}\cdot\frac{3}{4}\cdot\frac{1}{2}\cdot I_0,$$

$$I_{2m+1} = \frac{2m}{2m+1}\cdot\frac{2m-2}{2m-1}\cdot\frac{2m-4}{2m-3}\cdot\cdots\cdot\frac{6}{7}\cdot\frac{4}{5}\cdot\frac{2}{3}\cdot I_1 \quad (m=1,2,\cdots),$$

而

$$I_0 = \int_0^{\frac{\pi}{2}}\mathrm{d}x = \frac{\pi}{2}, \quad I_1 = \int_0^{\frac{\pi}{2}}\sin x\mathrm{d}x = 1,$$

因此

$$I_{2m} = \int_0^{\frac{\pi}{2}}\sin^{2m}x\,\mathrm{d}x = \frac{2m-1}{2m}\cdot\frac{2m-3}{2m-2}\cdot\frac{2m-5}{2m-4}\cdot\cdots\cdot\frac{5}{6}\cdot\frac{3}{4}\cdot\frac{1}{2}\cdot\frac{\pi}{2},$$

$$I_{2m+1} = \int_0^{\frac{\pi}{2}}\sin^{2m+1}x\,\mathrm{d}x = \frac{2m}{2m+1}\cdot\frac{2m-2}{2m-1}\cdot\cdots\cdot\frac{6}{7}\cdot\frac{4}{5}\cdot\frac{2}{3} \quad (m=1,2,\cdots).$$

同理可证 $I_n = \int_0^{\frac{\pi}{2}} \cos^n x \, dx$ 情形.

在计算定积分时, 本例的结果可作为已知结果使用, 例如, 计算定积分

$$\int_0^{\pi} \sin^6 \frac{x}{2} \, dx.$$

令 $\frac{x}{2} = t, t = 2x$, 则 $dx = 2dt$. 当 $x = 0$ 时, $t = 0$; 当 $x = \pi$ 时, $t = \frac{\pi}{2}$. 于是

$$\int_0^{\pi} \sin^6 \frac{x}{2} \, dx = 2 \int_0^{\frac{\pi}{2}} \sin^6 t \, dt = 2 \cdot \frac{5}{6} \cdot \frac{3}{4} \cdot \frac{1}{2} \cdot \frac{\pi}{2} = \frac{5\pi}{16}.$$

习题 5-3

1. 计算下列定积分:

(1) $\int_{\frac{\pi}{3}}^{\pi} \sin\left(x + \frac{\pi}{3}\right) dx$;

(2) $\int_{-2}^{1} \frac{dx}{(11 + 5x)^3}$;

(3) $\int_0^{\frac{\pi}{2}} \sin\varphi \cos^3 \varphi \, d\varphi$;

(4) $\int_0^{\pi} (1 - \sin^3 \theta) d\theta$;

(5) $\int_{\frac{\pi}{6}}^{\frac{\pi}{2}} \cos^2 u \, du$;

(6) $\int_0^{\sqrt{2}} \sqrt{2 - x^2} \, dx$;

(7) $\int_1^2 \frac{e^{\frac{1}{x}}}{x^2} dx$;

(8) $\int_0^3 \frac{x}{\sqrt{x+1}} dx$;

(9) $\int_0^a x^2 \sqrt{a^2 - x^2} \, dx$;

(10) $\int_0^1 \frac{dx}{e^x + e^{-x}}$;

(11) $\int_{-1}^1 \frac{x \, dx}{\sqrt{5 - 4x}}$;

(12) $\int_1^4 \frac{dx}{1 + \sqrt{x}}$;

(13) $\int_{\frac{3}{4}}^1 \frac{dx}{\sqrt{1-x} - 1}$;

(14) $\int_0^{\sqrt{2}a} \frac{x \, dx}{\sqrt{3a^2 - x^2}}$;

(15) $\int_0^1 t e^{-\frac{t^2}{2}} dt$;

(16) $\int_1^{e^2} \frac{dx}{x \sqrt{1 + \ln x}}$;

(17) $\int_{-2}^0 \frac{dx}{x^2 + 2x + 2}$;

(18) $\int_{-\frac{\pi}{2}}^{\frac{\pi}{2}} \cos x \cos 2x \, dx$;

(19) $\int_{-\frac{\pi}{2}}^{\frac{\pi}{2}} \sqrt{\cos x - \cos^3 x} \, dx$;

(20) $\int_0^{\pi} \sqrt{1 + \cos 2x} \, dx$.

2. 利用函数的奇偶性计算下列积分:

(1) $\int_{-\pi}^{\pi} x^4 \sin x \, dx$;

(2) $\int_{-\frac{\pi}{2}}^{\frac{\pi}{2}} \cos^5 \theta \, d\theta$;

(3) $\int_{-\frac{1}{2}}^{\frac{1}{2}} \frac{(\arcsin x)^2}{\sqrt{1 - x^2}} dx$;

(4) $\int_{-5}^5 \frac{x^3 \sin^2 x}{x^4 + 2x^2 + 1} dx$;

(5) $\int_{-\frac{\pi}{3}}^{\frac{\pi}{3}} \frac{x}{1 + \cos x} dx$.

3. 设 $f(x)$ 在 $[-b,b]$ 上连续，证明

$$\int_{-b}^{b} f(x)\mathrm{d}x = \int_{-b}^{b} f(-x)\mathrm{d}x.$$

4. 设 $f(x)$ 在 $[a,b]$ 上连续，证明

$$\int_{a}^{b} f(x)\mathrm{d}x = \int_{a}^{b} f(a+b-x)\mathrm{d}x.$$

5. 证明：$\int_{x}^{1} \dfrac{\mathrm{d}x}{x^2+1} = \int_{1}^{\frac{1}{x}} \dfrac{\mathrm{d}x}{x^2+1}(x>0).$

6. 已知 $f(x)$ 的一个原函数是 x^2，求 $\int_{0}^{\frac{\pi}{2}} f(-\sin x)\cos x\mathrm{d}x$；

7. 设 $f(x)$ 是以 l 为周期的连续函数，证明 $\int_{a}^{a+l} f(x)\mathrm{d}x$ 的值与 a 无关.

8. 若 $f(t)$ 是连续函数且为奇函数，证明 $\int_{0}^{x} f(t)\mathrm{d}t$ 是偶函数；若 $f(t)$ 是连续函数且为偶函数，证明 $\int_{0}^{x} f(t)\mathrm{d}t$ 是奇函数.

9. 计算下列定积分：

(1) $\int_{0}^{1} x\mathrm{e}^{-x}\mathrm{d}x$；

(2) $\int_{1}^{e} x\ln x\mathrm{d}x$；

(3) $\int_{0}^{\frac{2\pi}{\omega}} t\sin\omega t\,\mathrm{d}t(\omega$ 为常数$)$；

(4) $\int_{\frac{\pi}{4}}^{\frac{\pi}{3}} \dfrac{x}{\sin^2 x}\mathrm{d}x$；

(5) $\int_{1}^{4} \dfrac{\ln x}{\sqrt{x}}\mathrm{d}x$；

(6) $\int_{0}^{1} x\arctan x\mathrm{d}x$；

(7) $\int_{0}^{\pi} (x\sin x)^2\mathrm{d}x$；

(8) $\int_{\frac{1}{e}}^{e} |\ln x|\,\mathrm{d}x.$

10. 当 $x>0$ 时，$f(x)$ 可导，且满足方程 $f(x)=1+\int_{1}^{x}\dfrac{1}{x}f(t)\mathrm{d}t$，求 $f(x)$.

11. 设 $f(x)=\dfrac{1}{1+x^2}+\sqrt{1-x^2}\int_{0}^{1}f(x)\mathrm{d}x$，求 $\int_{0}^{1}f(x)\mathrm{d}x.$

5.4 反常积分

前面所讨论的定积分 $\int_{a}^{b} f(x)\mathrm{d}x$ 有两个条件要同时满足：(1)积分区间为有限闭区间；(2)被积函数是此区间上的有界函数. 但在实际问题中，我们常遇到积分区间为无穷区间，或者被积函数为无界函数的积分. 两者统称为**反常积分**. 相对应地，前面的定积分则称为**正常积分**或**常义积分**.

5.4.1 无穷限反常积分

定义 1 设函数 $f(x)$ 在区间 $[a,+\infty)$ 上连续，取 $t>a$，如果极限

$$\lim_{t\to+\infty}\int_{a}^{t} f(x)\mathrm{d}x$$

存在,则称此极限为函数 $f(x)$ 在无穷区间 $[a,+\infty)$ 上的**反常积分**,记作 $\int_a^{+\infty} f(x)\mathrm{d}x$,即

$$\int_a^{+\infty} f(x)\mathrm{d}x = \lim_{t\to+\infty}\int_a^t f(x)\mathrm{d}x.$$

这时也称反常积分 $\int_a^{+\infty} f(x)\mathrm{d}x$ **收敛**;如果上述极限不存在,函数 $f(x)$ 在无穷区间 $[a,+\infty)$ 上的反常积分 $\int_a^{+\infty} f(x)\mathrm{d}x$ 就没有意义,习惯上称反常积分 $\int_a^{+\infty} f(x)\mathrm{d}x$ **发散**,这时记号 $\int_a^{+\infty} f(x)\mathrm{d}x$ 不再表示数值了.

类似地,可定义函数 $f(x)$ 在区间 $(-\infty,b]$ 和 $(-\infty,+\infty)$ 上的反常积分.

定义 2 设函数 $f(x)$ 在区间 $(-\infty,b]$ 上连续,取 $t<b$,如果极限

$$\lim_{t\to-\infty}\int_t^b f(x)\mathrm{d}x$$

存在,则称此极限为函数 $f(x)$ 在无穷区间 $(-\infty,b]$ 上的反常积分,记作 $\int_{-\infty}^b f(x)\mathrm{d}x$,即

$$\int_{-\infty}^b f(x)\mathrm{d}x = \lim_{t\to-\infty}\int_t^b f(x)\mathrm{d}x.$$

这时也称反常积分 $\int_{-\infty}^b f(x)\mathrm{d}x$ 收敛;如果上述极限不存在,就称反常积分 $\int_{-\infty}^b f(x)\mathrm{d}x$ 发散.

定义 3 设函数 $f(x)$ 在区间 $(-\infty,+\infty)$ 上连续,且对任意实数 c,如果反常积分

$$\int_{-\infty}^c f(x)\mathrm{d}x \quad \text{和} \quad \int_c^{+\infty} f(x)\mathrm{d}x$$

都收敛,则称上述两反常积分之和为函数 $f(x)$ 在无穷区间 $(-\infty,+\infty)$ 上的反常积分,记作 $\int_{-\infty}^{+\infty} f(x)\mathrm{d}x$,即

$$\int_{-\infty}^{+\infty} f(x)\mathrm{d}x = \int_{-\infty}^c f(x)\mathrm{d}x + \int_c^{+\infty} f(x)\mathrm{d}x = \lim_{t\to-\infty}\int_t^c f(x)\mathrm{d}x + \lim_{t\to+\infty}\int_c^t f(x)\mathrm{d}x.$$

这时也称反常积分 $\int_{-\infty}^{+\infty} f(x)\mathrm{d}x$ 收敛;否则就称反常积分 $\int_{-\infty}^{+\infty} f(x)\mathrm{d}x$ 发散.

上述反常积分统称为**无穷限的反常积分**.

由上述定义及牛顿-莱布尼茨公式,可得如下结果.

设 $F(x)$ 为 $f(x)$ 在 $[a,+\infty)$ 上的一个原函数,若 $\lim\limits_{x\to+\infty}F(x)$ 存在,则反常积分

$$\int_a^{+\infty} f(x)\mathrm{d}x = \lim_{x\to+\infty}F(x) - F(a);$$

若 $\lim\limits_{x\to+\infty}F(x)$ 不存在,则反常积分 $\int_a^{+\infty} f(x)\mathrm{d}x$ 发散.

如果记 $F(+\infty) = \lim\limits_{x\to+\infty}F(x)$,$[F(x)]_a^{+\infty} = F(+\infty) - F(a)$,则当 $F(+\infty)$ 存在时,

$$\int_a^{+\infty} f(x)\mathrm{d}x = [F(x)]_a^{+\infty};$$

当 $F(+\infty)$ 不存在时,反常积分 $\int_a^{+\infty} f(x)\mathrm{d}x$ 发散.

类似地,若 $F(x)$ 为 $f(x)$ 在 $(-\infty,b]$ 上的一个原函数,则当 $F(-\infty) = \lim\limits_{x\to-\infty}F(x)$ 存在时,

$$\int_{-\infty}^{b} f(x)\mathrm{d}x = \left[F(x)\right]_{-\infty}^{b};$$

当 $F(-\infty)$ 不存在时,反常积分 $\int_{-\infty}^{b} f(x)\mathrm{d}x$ 发散.

若 $F(x)$ 为 $f(x)$ 在 $(-\infty, +\infty)$ 上的一个原函数,则当 $F(-\infty)$ 与 $F(+\infty)$ 都存在时,

$$\int_{-\infty}^{+\infty} f(x)\mathrm{d}x = \left[F(x)\right]_{-\infty}^{+\infty};$$

当 $F(-\infty)$ 与 $F(+\infty)$ 有一个不存在时,反常积分 $\int_{-\infty}^{+\infty} f(x)\mathrm{d}x$ 发散.

可见,无穷限的反常积分,可用类似的牛顿-莱布尼茨公式来计算.

例 1 计算反常积分 $\int_{0}^{+\infty} x\mathrm{e}^{-x}\mathrm{d}x$.

解 $\int_{0}^{+\infty} x\mathrm{e}^{-x}\mathrm{d}x = -\int_{0}^{+\infty} x\mathrm{d}\mathrm{e}^{-x} = -x\mathrm{e}^{-x}\Big|_{0}^{+\infty} + \int_{0}^{+\infty} \mathrm{e}^{-x}\mathrm{d}x = -\mathrm{e}^{-x}\Big|_{0}^{+\infty} = 1.$

例 2 计算反常积分 $\int_{\mathrm{e}}^{+\infty} \dfrac{\mathrm{d}x}{x(\ln x)^2}$.

解 $\int_{\mathrm{e}}^{+\infty} \dfrac{\mathrm{d}x}{x(\ln x)^2} = \int_{0}^{+\infty} \dfrac{\mathrm{d}\ln x}{(\ln x)^2} = -\dfrac{1}{\ln x}\Big|_{\mathrm{e}}^{+\infty} = 1.$

例 3 计算反常积分 $\int_{-\infty}^{+\infty} \dfrac{\mathrm{d}x}{1+x^2}$.

解 $\int_{-\infty}^{+\infty} \dfrac{\mathrm{d}x}{1+x^2} = \arctan x\Big|_{-\infty}^{+\infty} = \pi.$

例 4 判断反常积分 $\int_{0}^{+\infty} \cos x\mathrm{d}x$ 的敛散性.

解 取任意 $b>0$,则

$$\int_{0}^{b} \cos x\mathrm{d}x = \sin x\Big|_{0}^{b} = \sin b.$$

因为 $\lim\limits_{b\to+\infty} \sin b$ 不存在,所以 $\int_{0}^{+\infty} \cos x\mathrm{d}x$ 发散.

例 5 讨论反常积分 $\int_{a}^{+\infty} \dfrac{1}{x^p}\mathrm{d}x(a>0)$ 的敛散性.

解 因为当 $p\neq 1$ 时,

$$\int_{a}^{+\infty} \dfrac{1}{x^p}\mathrm{d}x = \dfrac{1}{1-p}x^{1-p}\Big|_{a}^{+\infty} = \begin{cases} \dfrac{a^{1-p}}{p-1}, & p>1, \\ +\infty, & p<1. \end{cases}$$

当 $p=1$ 时,有 $\int_{a}^{+\infty} \dfrac{1}{x}\mathrm{d}x = \ln x\Big|_{a}^{+\infty} = +\infty.$

所以综上所述,当 $p>1$ 时,反常积分 $\int_{a}^{+\infty} \dfrac{1}{x^p}\mathrm{d}x(a>0)$ 收敛;

当 $p\leqslant 1$ 时,反常积分 $\int_{a}^{+\infty} \dfrac{1}{x^p}\mathrm{d}x(a>0)$ 发散.

性质 1 $\int_{a}^{+\infty} f(x)\mathrm{d}x$ 与 $\int_{b}^{+\infty} f(x)\mathrm{d}x(b>a)$ 具有相同的收敛性.

性质 2 $\int_{a}^{+\infty} Af(x)\mathrm{d}x$ 与 $\int_{a}^{+\infty} f(x)\mathrm{d}x(A\neq 0$ 为常数$)$ 具有相同的收敛性.

性质 3 设 $\int_a^{+\infty} f(x)\mathrm{d}x$ 与 $\int_a^{+\infty} g(x)\mathrm{d}x$ 收敛,则 $\int_a^{+\infty} [f(x) \pm g(x)]\mathrm{d}x$ 收敛,且

$$\int_a^{+\infty} [f(x) \pm g(x)]\mathrm{d}x = \int_a^{+\infty} f(x)\mathrm{d}x \pm \int_a^{+\infty} g(x)\mathrm{d}x.$$

5.4.2 无界函数的反常积分

现在我们把定积分推广到被积函数为无界函数的情形.

如果函数 $f(x)$ 在点 a 的任一邻域内都无界,那么点 a 称为函数 $f(x)$ 的**瑕点**(也称为无界间断点). 无界函数的反常积分又称为**瑕积分**.

定义 4 设函数 $f(x)$ 在 $(a,b]$ 上连续,点 a 为 $f(x)$ 的瑕点. 取 $t>a$,如果极限

$$\lim_{t \to a^+} \int_t^b f(x)\mathrm{d}x$$

存在,则称此极限为函数 $f(x)$ 在 $(a,b]$ 上的**反常积分**,仍然记作 $\int_a^b f(x)\mathrm{d}x$,即

$$\int_a^b f(x)\mathrm{d}x = \lim_{t \to a^+} \int_t^b f(x)\mathrm{d}x.$$

这时也称反常积分 $\int_a^b f(x)\mathrm{d}x$ **收敛**. 如果上述极限不存在,就称反常积分 $\int_a^b f(x)\mathrm{d}x$ **发散**.

定义 5 设函数 $f(x)$ 在 $[a,b)$ 上连续,点 b 为 $f(x)$ 的瑕点. 取 $t<b$,如果极限

$$\lim_{t \to b^-} \int_a^t f(x)\mathrm{d}x$$

存在,则定义

$$\int_a^b f(x)\mathrm{d}x = \lim_{t \to b^-} \int_a^t f(x)\mathrm{d}x.$$

否则,就称反常积分 $\int_a^b f(x)\mathrm{d}x$ 发散.

定义 6 设函数 $f(x)$ 在 $[a,b]$ 上除点 $c(a<c<b)$ 外连续,点 c 为 $f(x)$ 的瑕点. 如果两个反常积分

$$\int_a^c f(x)\mathrm{d}x \quad 与 \quad \int_c^b f(x)\mathrm{d}x$$

都收敛,则定义

$$\int_a^b f(x)\mathrm{d}x = \int_a^c f(x)\mathrm{d}x + \int_c^b f(x)\mathrm{d}x$$

$$= \lim_{t \to c^-} \int_a^t f(x)\mathrm{d}x + \lim_{t \to c^+} \int_t^b f(x)\mathrm{d}x.$$

否则,就称反常积分 $\int_a^b f(x)\mathrm{d}x$ 发散.

计算无界函数的反常积分,也可借助于类似的牛顿-莱布尼茨公式.

设 $x=a$ 为 $f(x)$ 的瑕点,在 $(a,b]$ 上 $F'(x)=f(x)$,如果极限 $\lim\limits_{x \to a^+} F(x)$ 存在,则反常积分

$$\int_a^b f(x)\mathrm{d}x = F(b) - \lim_{x \to a^+} F(x) = F(b) - F(a^+).$$

如果 $\lim\limits_{x \to a^+} F(x)$ 不存在,则反常积分 $\int_a^b f(x)\mathrm{d}x$ 发散.

我们仍用记号 $[F(x)]_a^b$ 来表示 $F(b)-F(a^+)$，从而形式上仍有

$$\int_a^b f(x)\mathrm{d}x = [F(x)]_a^b.$$

对于 $f(x)$ 在 $[a,b)$ 上连续，b 为瑕点的反常积分，也有类似的计算公式，不再详述.

例 6 计算反常积分 $\displaystyle\int_0^a \frac{\mathrm{d}x}{\sqrt{a^2-x^2}}(a>0)$.

解
$$\int_0^a \frac{\mathrm{d}x}{\sqrt{a^2-x^2}} = \lim_{x\to a^-}\int_0^x \frac{\mathrm{d}t}{\sqrt{a^2-t^2}} = \lim_{x\to a^-}\left(\arcsin\frac{t}{a}\right)\Big|_0^x$$
$$= \lim_{x\to a^-}\arcsin\frac{x}{a} - 0 = \frac{\pi}{2}.$$

例 7 计算反常积分 $\displaystyle\int_1^2 \frac{\mathrm{d}x}{x\ln x}$.

解
$$\int_1^2 \frac{\mathrm{d}x}{x\ln x} = \lim_{x\to 1^+}\int_x^2 \frac{\mathrm{d}t}{t\ln t} = \lim_{x\to 1^+}\int_x^2 \frac{\mathrm{d}\ln t}{\ln t} = \lim_{x\to 1^+}\ln\ln t\Big|_x^2$$
$$= \lim_{x\to 1^+}[\ln\ln 2 - \ln\ln(x)] = +\infty.$$

例 8 讨论反常积分 $\displaystyle\int_0^a \frac{1}{x^q}\mathrm{d}x\,(a>0)$ 的敛散性.

解 因为当 $q\neq 1$ 时，有

$$\int_0^a \frac{1}{x^q}\mathrm{d}x = \frac{1}{1-q}x^{1-q} = \begin{cases} +\infty, & q>1, \\ \dfrac{a^{1-q}}{1-q}, & q<1; \end{cases}$$

当 $q=1$ 时，有 $\displaystyle\int_0^a \frac{1}{x}\mathrm{d}x = \ln x\Big|_0^a = -\infty$.

所以综上所述，当 $q<1$ 时，反常积分 $\displaystyle\int_0^a \frac{1}{x^q}\mathrm{d}x$ 收敛；

当 $q\geq 1$ 时，反常积分 $\displaystyle\int_0^a \frac{1}{x^q}\mathrm{d}x$ 发散.

例 9 计算反常积分 $\displaystyle\int_0^3 \frac{\mathrm{d}x}{(x-1)^{2/3}}$，$x=1$ 瑕点.

解
$$\int_0^3 \frac{\mathrm{d}x}{(x-1)^{2/3}} = \int_0^1 \frac{\mathrm{d}x}{(x-1)^{2/3}} + \int_1^3 \frac{\mathrm{d}x}{(x-1)^{2/3}}$$
$$= 3\sqrt[3]{x-1}\Big|_0^1 + 3\sqrt[3]{x-1}\Big|_1^3 = -3 + 3\sqrt[3]{2}.$$

习题 5-4

1. 判定下列各反常积分的收敛性，如果收敛，计算反常积分的值：

(1) $\displaystyle\int_1^{+\infty} \frac{\mathrm{d}x}{x^4}$; (2) $\displaystyle\int_1^{+\infty} \frac{\mathrm{d}x}{\sqrt{x}}$; (3) $\displaystyle\int_0^{+\infty} \mathrm{e}^{-ax}\mathrm{d}x\,(a>0)$;

(4) $\displaystyle\int_0^1 \frac{x\mathrm{d}x}{\sqrt{1-x^2}}$; (5) $\displaystyle\int_1^e \frac{\mathrm{d}x}{x\sqrt{1-(\ln x)^2}}$; (6) $\displaystyle\int_{-\infty}^{+\infty} \frac{\mathrm{d}x}{x^2+2x+2}$;

(7) $\displaystyle\int_0^2 \frac{\mathrm{d}x}{(1-x)^2}$; (8) $\displaystyle\int_1^2 \frac{x\mathrm{d}x}{\sqrt{x-1}}$.

2. 计算反常积分 $I_n = \displaystyle\int_0^{+\infty} x^n \mathrm{e}^{-x} \mathrm{d}x$（$n$ 为自然数）.

3. 求 c 为何值时，使 $\displaystyle\lim_{x \to +\infty} \left(\dfrac{x+c}{x-c}\right)^x = \int_{-\infty}^c t\mathrm{e}^{2t} \mathrm{d}t$.

4. 求 $\displaystyle\int_2^{+\infty} \dfrac{1}{(x+7)\sqrt{x-2}} \mathrm{d}x$.

5.5　定积分的几何应用

5.5.1　定积分的元素法

定积分是求总量的数学模型，虽然根据定积分的定义求定积分不方便，但我们可以根据定积分的定义总结出的四步法建立求总量的模型. 用定积分表示所求的总量，而后运用牛顿-莱布尼茨公式计算其总量. 现在介绍比四步法更简便实用的求总量的微元法，并运用微元法解决定积分在几何、物理等方向的简单应用问题.

首先，我们来回顾一下解决曲边梯形面积的过程.

设 $f(x)$ 在区间 $[a,b]$ 上连续且 $f(x) \geqslant 0$，求以曲线 $y = f(x)$ 为曲边、底为 $[a,b]$ 的曲边梯形的面积 A. 把这个面积 A 表示为定积分

$$A = \int_a^b f(x)\mathrm{d}x$$

的步骤是：

（1）**分割区间**：用任意一组分点把区间 $[a,b]$ 分成长度为 $\Delta x_i (i = 2,1,\cdots,n)$ 的 n 个小区间，相应地把曲边梯形分成 n 个窄曲边梯形，第 i 个窄曲边梯形的面积设为 ΔA_i，于是有

$$A = \sum_{i=1}^n \Delta A_i;$$

（2）**近似代替**：计算 ΔA_i 的近似值

$$\Delta A_i \approx f(\xi_i)\Delta x_i \quad (x_{i-1} \leqslant \xi_i \leqslant x_i);$$

（3）**求和**：得 A 的近似值

$$A \approx \sum_{i=1}^n f(\xi_i)\Delta x_i;$$

（4）**取极限**：得

$$A = \lim_{\lambda \to 0} \sum_{i=1}^n f(\xi_i)\Delta x_i = \int_a^b f(x)\mathrm{d}x.$$

对照上述四步，我们发现第二步取窄曲边梯形面积的近似值时，其形式 $f(\xi_i)\Delta x_i$ 与第四步积分 $\displaystyle\int_a^b f(x)\mathrm{d}x$ 中的被积表达式 $f(x)\mathrm{d}x$ 具有类似的形式，如果把第二步中的 ξ_i 用 x 替代，Δx_i 用 $\mathrm{d}x$ 替代，那么它就是第四步积分中的被积表达式，基于此，我们把上述四步可简化为三步：

第一步：选取积分变量，例如选为 x，并确定积分区间，例如 $x \in [a,b]$.

第二步：在 $[a,b]$ 上任取一个子区间，记作 $[x, x+\mathrm{d}x]$，求出相应于这个小区间的部分

量 ΔA 的近似值. 如果 ΔA 能近似地表示为 $[a,b]$ 上的一个连续函数在 x 处的值 $f(x)$ 与 $\mathrm{d}x$ 的乘积, 就把 $f(x)\mathrm{d}x$ 称为量 A 的元素且记作 $\mathrm{d}A$, 即

$$\mathrm{d}A = f(x)\mathrm{d}x.$$

第三步: 以所求量 A 的元素 $f(x)\mathrm{d}x$ 为被积表达式, 在区间 $[a,b]$ 上作定积分, 得

$$A = \int_a^b f(x)\mathrm{d}x.$$

上述这种简化了步骤的定积分方法称为定积分的**元素法**或**微元法**.

利用元素法不但可以把曲边梯形的面积归结为定积分来计算, 而且还可以把其他一些量归结为定积分来计算. 下面我们将应用元素法来讨论几何、物理中的一些量的计算问题.

5.5.2 平面图形的面积

1. 直角坐标系下平面图形的面积

（1）X 型区域的面积

X 型区域（图 5-7）可表示为 D: $\begin{cases} a \leqslant x \leqslant b, \\ y_{\text{下}}(x) \leqslant y \leqslant y_{\text{上}}(x), \end{cases}$ 其中 $y = y_{\text{下}}(x)$, $y = y_{\text{上}}(x)$ 在区间 $[a,b]$ 上连续.

取 x 作为积分变量, 其变化区间 $x \in [a,b]$. 任取小区间 $[x, x+\mathrm{d}x] \subset [a,b]$, 其面积元素

$$\mathrm{d}A = [y_{\text{上}}(x) - y_{\text{下}}(x)]\mathrm{d}x,$$

故 X 型区域的面积

$$A = \int_a^b \mathrm{d}A = \int_a^b [y_{\text{上}}(x) - y_{\text{下}}(x)]\mathrm{d}x.$$

（2）Y 型区域的面积

Y 型区域（图 5-8）可表示为 D: $\begin{cases} c \leqslant y \leqslant d, \\ x_{\text{左}}(y) \leqslant x \leqslant x_{\text{右}}(y), \end{cases}$ 其中 $x = x_{\text{左}}(y)$, $x = x_{\text{右}}(y)$ 在区间 $[c,d]$ 上连续.

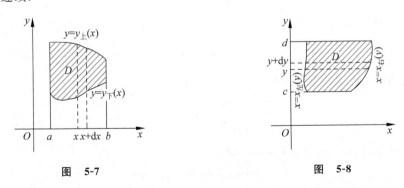

图 5-7 　　　　　　图 5-8

取 y 作为积分变量, 其变化区间 $y \in [c,d]$. 任取小区间 $[y, y+\mathrm{d}y] \subset [c,d]$, 其面积元素

$$\mathrm{d}A = [x_{\text{右}}(y) - x_{\text{左}}(y)]\mathrm{d}y,$$

故 Y 型区域的面积

$$A = \int_c^d dA = \int_c^d [x_右(y) - x_左(y)] dy.$$

例 1 求 $y=x, xy=1, x=2$ 所围平面图形的面积.

解 由 $\begin{cases} y=x, \\ xy=1 \end{cases}$ 得第一象限交点 $(1,1)$,如图 5-9 所示,从而

$$A = \int_1^2 \left(x - \frac{1}{x} \right) dx = \frac{3}{2} - \ln 2.$$

例 2 求由 $y^2 = 2x$ 与 $y = x - 4$ 所围平面图形的面积.

解 由 $\begin{cases} y^2=2x, \\ y=x-4 \end{cases}$ 得两条曲线的交点 $(2,-2),(8,4)$,如图 5-10 所示,因此

$$A = \int_{-2}^4 \left(y + 4 - \frac{1}{2} y^2 \right) dy = \left[\frac{1}{2} y^2 + 4y - \frac{1}{6} y^3 \right]_{-2}^4 = 18.$$

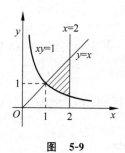

图 5-9

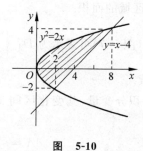

图 5-10

例 3 求椭圆 $\dfrac{x^2}{a^2} + \dfrac{y^2}{b^2} = 1(a>0, b>0)$ 所围成的面积.

解 由于椭圆关于两坐标轴对称,整个椭圆的面积是第一象限那部分面积的 4 倍.

选 x 为积分变量,积分区间为 $[0,a]$,任取其上的一个区间微元 $[x, x+dx]$,则得到相应的面积微元

$$dA = \frac{b}{a} \sqrt{a^2 - x^2} \, dx.$$

从而所求面积为

$$A = 4 \int_0^a \frac{b}{a} \sqrt{a^2 - x^2} \, dx = -4ab \int_{\frac{\pi}{2}}^0 \sin^2 t \, dt = 4ab \int_0^{\frac{\pi}{2}} \sin^2 t \, dt = \pi ab.$$

此例题还可用椭圆的参数方程

$$\begin{cases} x = a\cos t, \\ y = b\sin t, \end{cases} \quad 0 \leqslant t \leqslant \frac{\pi}{2}.$$

应用定积分的换元法,令 $x = a\cos t$,则

$$y = b\sin t, \quad dx = -a\sin t \, dt.$$

当 x 由 0 变到 a 时,t 由 $\dfrac{\pi}{2}$ 变到 0,所以

$$A = 4 \int_0^a y \, dx = 4 \int_{\frac{\pi}{2}}^0 b\sin t(-a\sin t) \, dt = -4ab \int_{\frac{\pi}{2}}^0 \sin^2 t \, dt = \pi ab.$$

由于平面图形的面积不随坐标轴的旋转、平移而改变,从例 3 我们知道:椭圆 $\dfrac{x^2}{a^2}+\dfrac{y^2}{b^2}\leqslant$ 1 的面积为 $S=\pi ab$,椭圆 $\dfrac{(x-x_0)^2}{a^2}+\dfrac{(y-y_0)^2}{b^2}\leqslant 1$ 的面积也为 $S=\pi ab$. 另外当 $a=b$ 时,椭圆 $\dfrac{x^2}{a^2}+\dfrac{y^2}{b^2}\leqslant 1$ 就是圆 $x^2+y^2\leqslant a^2$,它的面积就是我们所熟知的 $S=\pi a^2$.

2. 极坐标系下平面图形的面积

当一个图形的边界曲线用极坐标方程 $r=r(\theta)$ 表示时,如果能在极坐标系中求它的面积,就不必把它化为直角坐标系去求面积. 为了阐明这种方法的实质,我们从最简单的“曲边扇形”的面积求法谈起.

由曲线 $r=r(\theta)$ 及两条射线 $\theta=\alpha,\theta=\beta(\alpha<\beta)$ 所围成的图形称为**曲边扇形**. 如图 5-11 所示.

求曲边扇形的面积 A,积分变量就是 $\theta,\theta\in[\alpha,\beta]$. 应用微元法找面积 A 的微元 $\mathrm{d}A$ 时,任取一个子区间 $[\theta,\theta+\mathrm{d}\theta]\subset[\alpha,\beta]$,用以 θ 处的极径 $r(\theta)$ 为半径,$\mathrm{d}\theta$ 为圆心角的圆扇形的面积作为面积微元,得

$$\mathrm{d}A=\frac{1}{2}[r(\theta)]^2\mathrm{d}\theta,$$

于是

$$A=\int_\alpha^\beta\frac{1}{2}[r(\theta)]^2\mathrm{d}\theta.$$

例 4 求心形线 $r=a(1+\cos\theta)$ 所围平面图形的面积.

解 如图 5-12 所示,由对称性知,

$$A=2\int_0^\pi\frac{1}{2}a^2(1+\cos\theta)^2\mathrm{d}\theta=a^2\int_0^\pi(1+2\cos\theta+\cos^2\theta)\mathrm{d}\theta$$

$$=a^2\int_0^\pi\left(1+2\cos\theta+\frac{1+\cos2\theta}{2}\right)\mathrm{d}\theta=\frac{3\pi a^2}{2}.$$

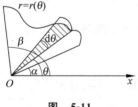

图 5-11

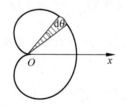

图 5-12

例 5 求双纽线 $r^2=a^2\cos2\theta(a>0)$ 所围平面图形的面积.

解 因 $r^2\geqslant0$,所以 θ 的变化范围为 $\left[-\dfrac{\pi}{4},\dfrac{\pi}{4}\right],\left[\dfrac{3\pi}{4},\dfrac{5\pi}{4}\right]$. 又因图形关于极点与极轴对称,所以只需计算 $\left[0,\dfrac{\pi}{4}\right]$ 上的图形的面积,再乘以 4 倍即可.

任取其上的一个区间微元 $[\theta,\theta+\mathrm{d}\theta]$,相应的面积微元为

$$\mathrm{d}A=\frac{1}{2}a^2\cos2\theta\mathrm{d}\theta,$$

156

从而，所求面积为 $A = 4 \cdot \dfrac{1}{2} \displaystyle\int_0^{\frac{\pi}{4}} a^2 \cos 2\theta \mathrm{d}\theta = a^2 \sin 2\theta \Big|_0^{\frac{\pi}{4}} = a^2.$

5.5.3　特殊立体的体积

1. 旋转体的体积

旋转体就是由一个平面图形绕这个平面内一条直线旋转一周而成的立体. 这条直线叫做**旋转轴**. 圆柱、圆锥、圆台、球体可以分别看成是由矩形绕它的一条边、直角三角形绕它的直角边、直角梯形绕它的直角腰、半圆绕它的直径旋转一周而成的立体，所以它们都是旋转体.

首先，讨论由 $x = a, x = b, y = f(x), y = 0$ 所围成的曲边梯形绕 x 轴旋转一周而成的旋转体的体积.

我们仍采用微元法.

第一步：取积分变量和积分区间为 $x \in [a, b]$.

第二步：任取一个子区间 $[x, x + \mathrm{d}x] \subset [a, b]$，以子区间 $[x, x + \mathrm{d}x]$ 上高度为 $|f(x)|$ 的矩形绕 x 轴旋转的体积替代小曲边梯形绕 x 轴旋转的体积（图 5-13），可得体积元素

$$\mathrm{d}V = \pi [f(x)]^2 \mathrm{d}x.$$

第三步：以 $\pi [f(x)]^2 \mathrm{d}x$ 为被积表达式，在积分区间 $[a, b]$ 上作定积分，便得所求旋转体体积为

$$V = \int_a^b \pi [f(x)]^2 \mathrm{d}x.$$

以后可直接应用此公式.

类似地，可求得由连续曲线 $x = \varphi(y)$ 与直线 $y = c, y = d$ 及 y 轴所围成的平面图形绕 y 轴旋转一周而成的旋转体的体积为

$$V = \pi \int_c^d [\varphi(y)]^2 \mathrm{d}y.$$

例 6　求椭圆 $\dfrac{x^2}{a^2} + \dfrac{y^2}{b^2} \leqslant 1$ 绕 x 轴旋转所成旋转体的体积.

解　该旋转体可以看作上半椭圆 $y = \dfrac{b}{a}\sqrt{a^2 - x^2}$ 与 x 轴所围图形绕 x 轴旋转而成. 如图 5-14.

$$V = \int_{-a}^a \pi \left(\frac{b}{a}\sqrt{a^2 - x^2} \right)^2 \mathrm{d}x = \frac{\pi b^2}{a^2} \int_{-a}^a (a^2 - x^2) \mathrm{d}x = \frac{\pi b^2}{a^2}\left[a^2 x - \frac{x^3}{3} \right]_{-a}^a = \frac{4\pi ab^2}{3}.$$

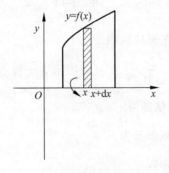

图　5-13

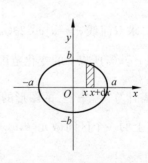

图　5-14

例 7 由直线 $y=\dfrac{r}{h}x$、直线 $x=h$ 及 x 轴围成一个直角三角形.将它绕 x 轴旋转构成一个底半径为 r,高为 h 的圆锥体,计算圆锥体的体积.

解 取 x 为自变量,其变化区间为 $[0,h]$,任取其上的一个微元区间 $[x,x+\mathrm{d}x]$,相应的体积微元为

$$\mathrm{d}V = \pi\left(\frac{r}{h}x\right)^2\mathrm{d}x.$$

所求旋转体的体积 $V = \pi\displaystyle\int_0^h\left(\frac{r}{h}x\right)^2\mathrm{d}x = \pi\frac{1}{3}\left(\frac{r}{h}\right)^2x^3\Big|_0^h = \dfrac{\pi hr^2}{3}.$

例 8 求曲线 $xy=2, y\geqslant 1, x>0$ 所围成的图形绕 y 轴旋转而成旋转体的体积.

解 易见体积微元

$$\mathrm{d}V = \pi x^2\mathrm{d}y = \pi\frac{4}{y^2}\mathrm{d}y,$$

故所求体积为

$$V = \int_1^{+\infty}\pi x^2\mathrm{d}y = 4\pi\int_1^{+\infty}\frac{1}{y^2}\mathrm{d}y = 4\pi\left[-\frac{1}{y}\right]\Big|_1^{+\infty} = 4\pi.$$

2. 平行截面面积为已知的立体的体积

从计算旋转体体积的过程中可以看出:如果一个立体不是旋转体,但已知该立体上垂直于一定轴的各个截面的面积,那么,这个立体的体积也可用定积分来计算.

如图 5-15 所示,取定轴为 x 轴,设该立体在过点 $x=a, x=b$ 且垂直于 x 轴的两平面之间,以 $A(x)$ 表示过点 x 且垂直于 x 轴的截面的面积,且 $A(x)$ 是 x 的连续函数.

取 x 为积分变量,其中任取一微元区间 $[x,x+\mathrm{d}x]$,相应该微元区间的小薄片的体积可以近似地等于底面积为 $A(x)$、高为 $\mathrm{d}x$ 的小圆柱体的体积,即体积微元为

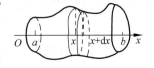

图 5-15

$$\mathrm{d}V = A(x)\mathrm{d}x,$$

所求立体的体积 $V = \displaystyle\int_a^b A(x)\mathrm{d}x.$

例 9 求椭球 $\dfrac{x^2}{a^2}+\dfrac{y^2}{b^2}+\dfrac{z^2}{c^2}\leqslant 1(a>0, b>0, c>0)$ 的体积.

解 取 x 为自变量,则其范围为 $[-a,a]$,椭球的垂直于 x 轴的截面为椭圆

$$\frac{y^2}{b^2\left(1-\dfrac{x^2}{a^2}\right)}+\frac{z^2}{c^2\left(1-\dfrac{x^2}{a^2}\right)} = 1,$$

其面积为 $A(x)=\pi bc\left(1-\dfrac{x^2}{a^2}\right)$. 则所求的体积为

$$\int_{-a}^a A(x)\mathrm{d}x = \int_{-a}^a \pi bc\left(1-\frac{x^2}{a^2}\right)\mathrm{d}x = \pi bc\left(x-\frac{x^3}{3a^2}\right)\Big|_{-a}^a = \frac{4\pi abc}{3}.$$

习题 5-5

1. 求由下列各组曲线所围成平面图形的面积:

(1) $xy=1, y=x, x=2$;　　　　　(2) $y=\mathrm{e}^x, y=\mathrm{e}^{-x}, x=1$;

(3) $y=x^2,x+y=2$; (4) $y=x^3,y=1,y=2,x=0$.

2. 直线 $x=k$ 平分由 $y=x^2,y=0,x=1$ 所围之面积,求 k 之值.

3. 求抛物线 $y=-x^2+4x-3$ 及在点 $(0,-3)$ 和 $(3,0)$ 处切线所围成图形的面积.

4. 求抛物线 $y^2=2px$ 及其在点 $\left(\dfrac{p}{2},p\right)$ 处的法线所围成的图形的面积.

5. 求曲线 $x=a\cos^3 t,y=a\sin^3 t(a>0)$ 所围成图形的面积.

6. 求曲线 $r=2a\cos\theta(a>0)$ 所围成图形的面积.

7. 求曲线 $r=2a(2+\cos\theta)(a>0)$ 所围成图形的面积.

8. 求由下列已知曲线围成的平面图形绕指定的轴旋转而成的旋转体的体积:

(1) $xy=a^2,y=0,x=a,x=2a(a>0)$,绕 x 轴.

(2) $x^2+(y-2)^2=1$,绕 x 轴.

(3) $y=\ln x,y=0,x=\mathrm{e}$,绕 x 轴和 y 轴.

9. 求摆线 $\begin{cases}x=a(t-\sin t),\\ y=a(1-\cos t)\end{cases}$ $(0\leqslant t\leqslant 2\pi,a>0)$ 的一拱与 $y=0$ 所围成的图形绕直线 $y=2a$ 旋转而成的旋转体的体积.

10. 求圆盘 $x^2+y^2\leqslant a^2$ 绕 $x=-b(b>a>0)$ 旋转而成的旋转体的体积.

5.6 定积分在经济分析中的应用

5.6.1 由边际函数求总函数

已知总成本函数为 $C=C(q)$,总收益函数 $R=R(q)$,由微分学可得:

边际成本函数 $MC=\dfrac{\mathrm{d}C}{\mathrm{d}q}$; 边际收益函数 $MR=\dfrac{\mathrm{d}R}{\mathrm{d}q}$.

因此,总成本函数可以表示为

$$C(q)=\int_0^q (MC)\,\mathrm{d}q+C_0,$$

总收益函数为

$$R(q)=\int_0^q (MR)\,\mathrm{d}q,$$

总利润函数为

$$L(q)=\int_0^q (MR-MC)\,\mathrm{d}q-C_0,$$

其中 C_0 为固定成本.

例 1 生产某产品的固定成本为 50 万元,边际成本与边际收益分别为

$$MC=q^2-14q+111(万元／单位),$$
$$MR=100-2q(万元／单位),$$

试确定厂商的最大利润.

解 先确定获得最大利润的产出水平 q_0.

由极值存在的必要条件 $MR=MC$,即

$$q^2-14q+111=100-2q,$$

解方程可得 $q_1 = 1, q_2 = 11$.

由极值存在的充分条件

$$\frac{\mathrm{d}(MR - MC)}{\mathrm{d}q} < 0,$$

即

$$\frac{\mathrm{d}(MR)}{\mathrm{d}q} - \frac{\mathrm{d}(MC)}{\mathrm{d}q} = -2q + 12 < 0,$$

显然 $q_2 = 11$ 满足条件,即获得最大利润的产出水平 $q_0 = 11$.

最大利润为

$$L = \int_0^{q_0} (MR - MC)\mathrm{d}q - C_0 = \int_0^{11} \left[(100 - 2q) - (q^2 - 14q + 111) \right]\mathrm{d}q - 50$$

$$= \frac{334}{3} \text{ 万元.}$$

例 1 是利润关于产出水平的最大化问题,还有与此相似的利润关于时间的最大化问题,它是具有特别性质的开发模型,如石油钻探、矿物开采等耗竭性开发. 收益率一般是时间的减函数,即开始收益率高,过一段时间就会降低. 另一方面,开发成本率随时间逐渐上升,它是时间的增函数.

作为开发者,面临的问题是如何定出 t^*,使 $L(t)$ 利润最大.

由于 $L(t) = R(t) - C(t)$,当 $L'(t) = R'(t) - C'(t) = 0$ 时,L 取最大,故 t^* 满足

$$R'(t^*) = C'(t^*).$$

而利润 $L(t) = \int_0^t [R'(t) - C'(t)]\mathrm{d}t - C_0$,当 $t = t^*$ 时,$L(t)$ 最大.

例 2 某煤矿投资 2000 万元建成,在 t 时刻的追加成本和增加收益分别为

$$C'(t) = 6 + 2t^{2/3} \quad \text{(百万元/年)},$$

$$R'(t) = 18 - t^{2/3} \quad \text{(百万元/年)}.$$

试确定该矿何时停止生产方可获得最大利润? 最大利润是多少?

解 由极值存在的必要条件 $L'(t) = R'(t) - C'(t) = 0$,即

$$18 - t^{2/3} - (6 + 2t^{2/3}) = 0,$$

可解得 $t = 8$.

又 $R''(t) - C''(t) = -\frac{2}{3}t^{-1/3} - \frac{4}{3}t^{-1/3}$,

$$R''(8) - C''(8) < 0,$$

故 $t^* = 8$ 是最佳终止时间. 此时利润为

$$L(t) = \int_0^8 [R'(t) - C'(t)]\mathrm{d}t - C_0 = \int_0^8 \left[(18 - t^{2/3}) - (6 + 2t^{2/3}) \right]\mathrm{d}t - 20$$

$$= \left[12t - \frac{9}{5}t^{5/3} \right]_0^8 - 20 = 38.4 - 20 = 18.4 \text{ 百万元.}$$

由前面我们知道,需求量 Q 是价格 P 的函数 $Q = Q(P)$,一般地,价格 $P = 0$ 时,需求量最大,设最大需求量为 Q_0,则有

$$Q_0 = Q(P)\Big|_{P=0}.$$

若边际需求为 $Q'(P)$,则总需求函数为

$$Q(P) = \int Q'(P)\mathrm{d}P,$$

其中,积分常数 C 可由条件 $Q_0 = Q(P)\big|_{P=0}$ 确定.

$Q(P)$ 也可用积分上限函数表示

$$Q(P) = \int_0^P Q'(t)\mathrm{d}t + Q_0.$$

5.6.2　其他经济问题中的应用

1. 广告策划

例 3　某出口公司每月销售额是 1000000 美元,平均利润是销售额的 10%. 根据公司以往的经验,广告宣传期间每月销售额的变化近似服从增长曲线 $1000000\mathrm{e}^{0.02t}$ (t 以月为单位),公司现在需要决定是否举行一次类似的总成本为 130000 美元的广告活动. 按惯例,对于超过 100000 美元的广告活动,如果新增销售额产生的利润超过投资广告的 10%,则决定做广告. 试问该公司按惯例是否应该做此广告?

解　由公式知,12 个月后总销售额是当 $t=12$ 时的定积分,即

$$\text{总销售额} = \int_0^{12} 1000000\mathrm{e}^{0.02t}\mathrm{d}t = \frac{1000000\mathrm{e}^{0.02t}}{0.02}\bigg|_0^{12}$$
$$= 50000000(\mathrm{e}^{0.24} - 1) \approx 13560000 \text{ 美元},$$

公司的利润是销售额 10%,所以新增销售额产生的利润是

$$0.10 \times (13560000 - 12000000) \text{ 美元} = 156000 \text{ 美元},$$

156000 美元利润是由于花费 130000 美元的广告费而取得的,因此,广告所产生的实际利润是

$$156000 \text{ 美元} - 130000 \text{ 美元} = 26000 \text{ 美元},$$

这表明盈利大于广告成本 10%,故该公司该做此广告.

2. 消费者剩余和生产者剩余

在市场经济中,生产并销售某一商品的数量可由这一商品的供给曲线与需求曲线来描述. 供给曲线描述的是生产者根据不同的价格水平所提供的商品数量,一般假定价格上涨时,供应量将会增加. 因此,把供给量看成价格的函数 $P = S(Q)$,这是一个增函数,即供给曲线是单调递增的. 需求曲线则反映了顾客购买行为,通过假定价格上涨,购买的数量下降,即需求曲线 $P = D(Q)$ 随价格的上升而单调递减.

需求量与供给量都是价格的函数,但经济学中习惯用纵坐标表示价格,横坐标表示需求量或供给量. 在市场经济下,价格和数量在不断调整,最后趋向于平衡价格和平衡数量,分别用 P^* 和 Q^* 表示,平衡点 (P^*, Q^*) 是供给曲线和需求曲线的交点,此时,经营者和消费者之间真正发生了购买与销售活动.

消费者剩余是经济学中的重要概念,它的具体定义就是:消费者对某种商品愿意付出的代价超过实际付出的代价的余额. 即

$$\text{消费者剩余} = \text{愿意付出的金额} - \text{实际付出的金额}.$$

由此可见,消费者剩余可以衡量消费者所得到的额外满足.

P_0 是供给曲线在价格坐标轴上的截距,也就是当价格为 P_0 时,供给量为零,只有价格

高于 P_0 时,才有供给量. 而 P_1 是需求曲线在价格坐标轴上的截距,当价格为 P_1 时,需求量是零,只有价格低于 P_1 时,才有需求. Q_0 则是表示当商品免费赠送时的最大需求量.

在市场经济中,有时一些消费者愿意对某种商品付出比他们实际所付出的市场价格 P^* 更高的价格,由此他们所得到的好处称为**消费者剩余**(CS),有

$$CS = \int_0^{Q^*} D(Q)\mathrm{d}Q - P^* Q^*.$$

$\int_0^{Q^*} D(Q)\mathrm{d}Q$ 表示由一些愿意付出比 P^* 更高价格的消费者的总消费量,而 $P^* Q^*$ 表示实际的消费额,两者之差为消费者省下来的钱,即消费者剩余.

同理,对生产者来说,有时也有一些生产者愿意以比市场价格 P^* 低的价格出售他们的商品,由此他们所得到的好处称为**生产者剩余**(PS),有

$$PS = P^* Q^* - \int_0^{Q^*} S(Q)\mathrm{d}Q.$$

例 4 已知需求函数为 $D(Q) = (Q-5)^2$ 和消费函数 $S(Q) = Q^2 + Q + 3$.

(1) 求平衡点;

(2) 求平衡点处的消费者剩余;

(3) 求平衡点处的生产者剩余.

解 (1) 为了求平衡点,令

$$D(Q) = S(Q),$$

并求解如下方程:

$$(Q-5)^2 = Q^2 + Q + 3,$$

解之得

$$Q = 2,$$

即 $Q^* = 2$. 把 $Q = 2$ 代入到 $D(Q)$,则

$$P^* = (2-5)^2 = 9,$$

因此,平衡点是 $(2, 9)$.

(2) 平衡点处的消费者剩余是

$$CS = \int_0^{Q^*} D(Q)\mathrm{d}Q - P^* Q^* = \int_0^2 (Q-5)^2 \mathrm{d}Q - 2 \cdot 9 = \frac{1}{3}(Q-5)^3 \Big|_0^2 - 18 = \frac{44}{3} \approx 14.67.$$

(3) 平衡点处的生产者剩余

$$PS = P^* Q^* - \int_0^{Q^*} S(Q)\mathrm{d}Q = 2 \cdot 9 - \int_0^2 (Q^2 + Q + 3)\mathrm{d}Q$$

$$= 18 - \left(\frac{1}{3}Q^3 + \frac{1}{2}Q^2 + 3Q \right) \Big|_0^2 = \frac{22}{3} \approx 7.33.$$

3. 资本现值和投资问题

设有 P 元货币,若按每年利率 r 作连续复利计算,则 t 年后的价值为 Pe^{rt} 元;反之,若 t 年后要有货币 P 元,则按连续复利计算,现在应有 Pe^{-rt} 元,称此为**资本现值**.

设在时间区间 $[0, T]$ 内 t 时刻的单位时间收入为 $f(t)$,称此为**收入率**,若按年利率为 r 的连续复利计算,则在时间区间 $[t, t+\mathrm{d}t]$ 内的收入现值为 $f(t)e^{-rt}\mathrm{d}t$. 按照定积分微元法的思想,则在 $[0, T]$ 内得到的总收入现值为

$$y = \int_0^T f(t) e^{-rt} \, dt.$$

若收入率 $f(t) = a$（a 为常数），称其为**均匀收入率**；如果年利率 r 也为常数，则总收入现值为

$$y = \int_0^T a e^{-rt} \, dt = a \cdot \frac{-1}{r} \cdot e^{-rt} \Big|_0^T = \frac{a}{r} (1 - e^{-rT}).$$

例 5 现给予某企业一笔投资 A，经测算，该企业在 T 年中可以按每年 a 元的均匀收入率获得收入，若年利率为 r，试求：

（1）该投资纯收入贴现值；

（2）收回该笔投资的时间为多久？

解 （1）求投资纯收入贴现值

因收入率为 a，年利率为 r，故投资后的 T 年中获得的总收入的现值为

$$y = \int_0^T a e^{-rt} \, dt = a \cdot \frac{-1}{r} \cdot e^{-rt} \Big|_0^T = \frac{a}{r} (1 - e^{-rT}),$$

从而，投资所获得的纯收入的贴现值为

$$R = y - A = \frac{a}{r} (1 - e^{-rT}) - A.$$

（2）求收回投资的时间

收回投资，即为总收入的现值等于投资，故有

$$\frac{a}{r} (1 - e^{-rT}) = A,$$

由此解得

$$T = \frac{1}{r} \ln \frac{a}{a - Ar},$$

即收回投资的时间为

$$T = \frac{1}{r} \ln \frac{a}{a - Ar}.$$

习题 5-6

1. 已知边际成本 $C'(q) = 25 + 30q - 9q^2$，固定成本为 55，试求总成本 $C(q)$，平均成本与变动成本.

2. 已知边际收入为 $R'(q) = 3 - 0.2q$，q 为销售量，求总收入函数 $R(q)$，并确定最高收入的大小.

3. 某产品生产 q 个单位是总收入 R 的变化率为 $R'(q) = 200 - \dfrac{q}{100}$，求：

（1）生产 50 个单位时的总收入；

（2）在生产 100 个单位的基础上，再生产 100 个单位时总收入的增量.

4. 已知某商品每周生产 q 个单位时，总成本变化率为 $C'(q) = 0.4q - 12$（元/单位），固定成本 500 元，求总成本 $C(q)$. 如果这种商品的销售单价是 20 元，求总利润 $L(q)$，并问每周生产多少单位时才能获得最大利润？

5. 某新产品的销售率由下式给出

$$f(x) = 100 - 90e^{-x},$$

式中 x 是产品上市的天数,前四天的销售总数是曲线 $y = f(x)$ 与 x 轴在之间的面积,求前四天总的销售量.

6. 设某城市人口总数为 F,已知 F 关于时间 t(年)的变化率为

$$\frac{\mathrm{d}F}{\mathrm{d}t} = \frac{1}{\sqrt{t}},$$

假设在计算的初始时间($t=0$),城市人口数为 100 万,试求 t 年中该城市人口总数.

7. 若边际消费倾向在收入为 Y 时为 $\frac{3}{2}Y^{-\frac{1}{2}}$,且当收入为零时总消费支出 $C_0 = 70$.

(1) 求消费函数 $C(Y)$;

(2) 求收入由 100 增加到 196 时消费支出的增加数.

8. 设储蓄边际倾向(即储蓄额 S 的变化率)是收入 y 的函数:

$$S'(y) = 0.3 - \frac{1}{10\sqrt{y}},$$

求收入从 100 元增加到 900 元时储蓄的增加额.

9. 如果需求曲线为 $D(q) = 50 - 0.025q^2$,并已知需求量为 20 个单位,试求消费者剩余 CS.

10. 某投资项目的成本为 100 万元,在 10 年中每年可收益 25 万元,投资率为 5%,试求这 10 年中该项投资的纯收入的贴现值.

11. 一位居民准备购买一栋别墅,现价为 300 万元,如果以分期付款的方式,要求每年付款 21 万元,且 20 年付清,而银行贷款的年利率为 4%,按连续复利计息,请你帮这位购房者作一决定:是采用一次付款合算还是分期付款合算?

总习题 5

1. 填空题

(1) 函数 $f(x)$ 在 $[a,b]$ 上有界是 $f(x)$ 在 $[a,b]$ 上可积的_____条件,而 $f(x)$ 在 $[a,b]$ 上连续是 $f(x)$ 在 $[a,b]$ 上可积的_____条件;

(2) 对 $[a,+\infty)$ 上非负、连续的函数 $f(x)$,它的变上限积分 $\int_a^x f(t)\mathrm{d}t$ 在 $[a,+\infty)$ 上有界是反常积分 $\int_a^{+\infty} f(x)\mathrm{d}x$ 收敛的_____条件;

(3) 绝对收敛的反常积分 $\int_a^{+\infty} f(x)\mathrm{d}x$ 一定_____;

(4) 函数 $f(x)$ 在 $[a,b]$ 上有定义且 $|f(x)|$ 在 $[a,b]$ 上可积,此时积分 $\int_a^b f(x)\mathrm{d}x$ _____存在.

2. 设 $f(5) = 2$,$\int_0^5 f(x)\mathrm{d}x = 3$,则 $\int_0^5 xf'(x)\mathrm{d}x = $ _____.

3. 利用积分中值定理证明：$\lim\limits_{n\to\infty}\int_n^{n+p}\dfrac{\sin x}{x}\mathrm{d}x=0$.

4. 求极限 $\lim\limits_{n\to\infty}\int_n^{n+2}\dfrac{x^2}{\mathrm{e}^{x^2}}\mathrm{d}x$.

5. 用定积分的定义求下列极限：

(1) $\lim\limits_{n\to\infty}\sum\limits_{k=1}^{n}\sqrt{\dfrac{(n+k)(n+k+1)}{n^4}}$；

(2) $\lim\limits_{n\to\infty}\sum\limits_{i=1}^{n}\dfrac{\mathrm{e}^{\frac{i}{n}}}{n+n\mathrm{e}^{\frac{2i}{n}}}$；

(3) $\lim\limits_{n\to\infty}\dfrac{1}{n}\sum\limits_{i=1}^{n}\sqrt{1+\dfrac{i}{n}}$；

(4) $\lim\limits_{n\to\infty}\dfrac{1^p+2^p+\cdots+n^p}{n^{p+1}}(p>0)$；

(5) $\lim\limits_{n\to\infty}\ln\dfrac{\sqrt[n]{n!}}{n}$.

6. 计算下列极限：

(1) $\lim\limits_{x\to0}\dfrac{1}{x}\int_0^x(1+\sin 2t)^{\frac{1}{t}}\mathrm{d}t$；

(2) $\lim\limits_{x\to a}\dfrac{x}{x-a}\int_a^x f(t)\mathrm{d}t$（其中 $f(x)$ 连续）；

(3) $\lim\limits_{x\to+\infty}\dfrac{\int_0^x(\arctan t)^2\mathrm{d}t}{\sqrt{x^2+1}}$.

(4) $\lim\limits_{x\to+\infty}\left(\int_0^x\mathrm{e}^{t^2}\mathrm{d}t\right)^{\frac{1}{x^2}}$.

7. 利用函数的奇偶性计算定积分 $\int_{-1}^{1}(x+\sqrt{1-x^2})^2\mathrm{d}x$.

8. 设函数 $f(x)$ 在区间 $[a,b]$ 上连续，且 $f(x)>0$，证明：

$$\ln\left[\dfrac{1}{b-a}\int_a^b f(x)\mathrm{d}x\right]\geqslant\dfrac{1}{b-a}\int_a^b\ln f(x)\mathrm{d}x.$$

9. 利用函数的周期性计算定积分 $\int_a^{a+\pi}(\sin 2x)^2(\tan x+1)\mathrm{d}x$.

10. 设 $f(x)$ 在 $[0,1]$ 上连续且单调减少，试证：对任何 $a\in(0,1)$，有

$$\int_0^a f(x)\mathrm{d}x\geqslant a\int_0^1 f(x)\mathrm{d}x.$$

11. 设 $f(t)$ 在 $0\leqslant t\leqslant+\infty$ 上连续，若 $\int_0^{x^2}f(t)\mathrm{d}t=x^2(1+x)$，求 $f(2)$.

12. 求函数 $F(x)=\int_0^x t(t-3)\mathrm{d}t$ 在 $[-1,5]$ 上的最大值与最小值.

13. 计算下列定积分：

(1) $\int_0^\pi(1-\sin^3 x)\mathrm{d}x$；

(2) $\int_{\sqrt{\mathrm{e}}}^{\mathrm{e}}\dfrac{1}{x\sqrt{\ln x(1-\ln x)}}\mathrm{d}x$；

(3) $\int_0^1\dfrac{\sqrt{x}}{2-\sqrt{x}}\mathrm{d}x$；

(4) $\int_0^a x^2\sqrt{a^2-x^2}\,\mathrm{d}x(a>0)$；

(5) $\int_0^{\frac{\pi}{2}}\dfrac{x+\sin x}{1+\cos x}\mathrm{d}x$；

(6) $\int_0^{\frac{\pi}{4}}\ln(1+\tan x)\mathrm{d}x$；

(7) $\int_0^a\dfrac{1}{x+\sqrt{a^2-x^2}}\mathrm{d}x(a>0)$；

(8) $\int_0^{\frac{\pi}{2}}\sqrt{1-\sin 2x}\,\mathrm{d}x$；

(9) $\int_{-1}^1(2x+|x|+1)^2\mathrm{d}x$；

(10) $\int_{-\pi}^{\pi}(\sqrt{1+\cos 2x}+|x|\sin x)\mathrm{d}x$.

14. 设 $f(x)$ 在区间 $[a,b]$ 上连续, $g(x)$ 在区间 $[a,b]$ 上连续且不变号. 证明至少存在一点 $\xi \in [a,b]$, 使下式成立

$$\int_a^b f(x)g(x)\mathrm{d}x = f(\xi)\int_a^b g(x)\mathrm{d}x \quad (积分第一中值定理).$$

15. 证明 $\displaystyle\int_x^1 \frac{1}{1+x^2}\mathrm{d}x = \int_1^{\frac{1}{x}} \frac{1}{1+x^2}\mathrm{d}x \, (x > 0)$.

16. 设函数 $f(x)$ 在 $(-\infty, +\infty)$ 内连续, 并满足条件

$$\int_0^x f(x-u)\mathrm{e}^u\mathrm{d}u = \sin x,$$

求 $f(x)$.

17. 证明 $\displaystyle\int_{-a}^a f(x)\mathrm{d}x = \int_0^a [f(x)+f(-x)]\mathrm{d}x$, 并求 $\displaystyle\int_{-\frac{\pi}{4}}^{\frac{\pi}{4}} \frac{\mathrm{d}x}{1+\sin x}$.

18. 求界于直线 $x=0$、$x=2\pi$ 之间, 由曲线 $y=\sin x$ 和 $y=\cos x$ 所围成的平面图形的面积.

19. 求椭圆 $x^2+\frac{1}{3}y^2=1$ 和 $\frac{1}{3}x^2+y^2=1$ 的公共部分的面积.

20. 求曲线 $y=\mathrm{e}^x$ 及该曲线的过原点的切线和 x 轴的负半轴所围成的平面图形的面积.

21. 将抛物线 $y=x^2-ax$ 在横坐标 0 与 $c(c>a>0)$ 之间的弧段绕 x 轴旋转, 问 c 为何值时, 所得旋转体体积 V 等于弦 OP (P 为抛物线与 $x=c$ 的交点) 绕 x 轴旋转所得椎体体积.

习题答案与提示

习题 1-1

1. (1) $[-1,0)\bigcup(0,1]$; (2) $(1,2]$; (3) $[-1,3]$; (4) $(-\infty,0)\bigcup(0,3]$;
   (5) $(-\infty,-1]\bigcup(1,3)$; (6) $(-1,0)\bigcup(0,1)$.

2. (1) $y=\dfrac{1-x}{1+x}$; (2) $y=\log_2\dfrac{x}{x-1}$.

3. $\dfrac{x}{1-2x}$.

4. (1) 偶函数; (2) 既非奇函数又非偶函数; (3) 偶函数; (4) 偶函数;
   (5) 既非奇函数又非偶函数; (6) 奇函数.

5. $f(g(x))=\begin{cases}1, & x<0,\\ 0, & x=0,\\ -1, & x>0;\end{cases}$ $g(f(x))=\begin{cases}\mathrm{e}, & |x|<1,\\ 1, & |x|=1,\\ \mathrm{e}^{-1}, & |x|>1.\end{cases}$

6. (1) $y=\sqrt{u},u=\ln v,v=\sqrt{x}$; (2) $y=u^2,u=\lg v,v=\arccos t,t=x^3$;
   (3) $y=\mathrm{e}^u,u=v^2,v=\sin x$; (4) $y=u^2,u=\tan v,v=\sqrt{t},t=5-2x$.

7. $y=4000000+\dfrac{2000000}{x}+80x,x\in(0,1000]$.

8. $\begin{cases}x=r(1+\sin\theta),\\ y=r\cos\theta.\end{cases}$ 9. $x^2-y^2=4$,双曲线. 10. $y^2-3x^2-12x=9$.

11. $r=2\cos\theta$.

习题 1-2

1.～2. 略.

3. (1) $\dfrac{1}{3}$; (2) 0; (3) 2; (4) $\dfrac{1}{2}$; (5) $\dfrac{1}{4}$. 4. 1. 5.～7. 略.

习题 1-3

1. $\lim\limits_{x\to3^-}f(x)=3,\lim\limits_{x\to3^+}f(x)=8$.

2. (1) $\lim\limits_{x\to0^-}f(x)=\lim\limits_{x\to0^-}\dfrac{-x}{x}=-1,\lim\limits_{x\to0^+}f(x)=\lim\limits_{x\to0^+}\dfrac{x}{x}=1,\lim\limits_{x\to0}f(x)$不存在.

   (2) $\lim\limits_{x\to0^-}f(x)=\lim\limits_{x\to0^-}\dfrac{1}{2-x}=\dfrac{1}{2},\lim\limits_{x\to0^+}f(x)=\lim\limits_{x\to0^+}\left(x+\dfrac{1}{2}\right)=\dfrac{1}{2},\lim\limits_{x\to0}f(x)=\dfrac{1}{2}$.

(3) $\lim\limits_{x \to 0^-} \cos x = -1$, $\lim\limits_{x \to 0^+} x = 0$, $\lim\limits_{x \to 0} f(x)$ 不存在.

习题 1-4

1. (1) 5; (2) -9; (3) 0; (4) 0; (5) 2; (6) 0; (7) $\dfrac{2}{3}$; (8) $\dfrac{1}{2}$; (9) $2x$;

(10) 2; (11) 0; (12) 0; (13) -2; (14) ∞.

2. (1) 0; (2) 0; (3) 0. 3. $k=-3$. 4. $a=1,b=-1$.

习题 1-5

1. (1) 3; (2) 0; (3) 1; (4) $\dfrac{1}{2}$; (5) 2; (6) $\sqrt{2}$; (7) 1; (8) $\dfrac{2}{3}$; (9) 0.

2. (1) $\dfrac{1}{e}$; (2) e^2; (3) e^2; (4) e^{-k}; (5) $\dfrac{1}{e}$; (6) e^{2a}.

3. (1) $-\dfrac{2}{5}$; (2) 2; (3) 1; (4) $\dfrac{1}{2}$.

习题 1-6

1. (1) $f(x)$ 在 $[0,2]$ 上连续;

(2) $f(x)$ 在 $(-\infty,-1)$ 与 $(-1,+\infty)$ 内连续,$x=-1$ 为跳跃间断点.

2. (1) 连续; (2) 连续.

3. (1) $x=-2$ 为第二类的无穷间断点;

(2) $x=1$ 为第一类的可去间断点,补充 $y(1)=-2$,$x=2$ 为第二类的无穷间断点;

(3) $x=0$ 为第一类的可去间断点,补充 $y(0)=-1$;

(4) $x=0$ 为第二类的振荡间断点;

(5) $x=1$ 为第一类的跳跃间断点;

(6) $x=1$ 为第一类的跳跃间断点.

4. $a=1$. 5. $a=1,b=e$. 6. $\sim$ 8. 略.

9. 提示: $m \leqslant \dfrac{f(x_1)+f(x_2)+\cdots+f(x_n)}{n} \leqslant M$,其中 m,M 分别为 $f(x)$ 在 $[x_1,x_n]$ 上的最小值及最大值.

10. 略.

总 习 题 1

1. (1) 1; (2) $-\dfrac{3}{2}$; (3) e^6; (4) $\ln 2$; (5) 充分必要.

2. $[-1,3]$. 3. $[0,+\infty)$. 4. 略.

5. $f(x)=\begin{cases} \dfrac{1}{x}+\dfrac{\sqrt{1+x^2}}{x}, & x>0, \\[2mm] \dfrac{1}{x}-\dfrac{\sqrt{1+x^2}}{x}, & x<0. \end{cases}$

6. $\varphi(x)=\begin{cases} (x-1)^2, & 1\leqslant x\leqslant 2, \\ 2(x-1), & 2<x\leqslant 3. \end{cases}$

7. $\varphi(x)=\sqrt{\ln(1-x)}, x\leqslant0$.

8. (1) n; (2) $\dfrac{2\sqrt{2}}{3}$; (3) $\dfrac{p+q}{2}$; (4) 0.

9. $\lim\limits_{x\to0}f(x)$ 不存在; $\lim\limits_{x\to2}f(x)=0$; $\lim\limits_{x\to-\infty}f(x)=0$; $\lim\limits_{x\to+\infty}f(x)=+\infty$.

10. (1) x; (2) $\dfrac{6}{5}$; (3) $\dfrac{1}{2}$.

11. (1) e; (2) e^2; (3) $e^{\frac{1}{2}}$.

12. (1) $\begin{cases}0, & n>m,\\ 1, & n=m,\\ \infty, & n<m;\end{cases}$ (2) 0; (3) $\dfrac{a}{n}$; (4) -3; (5) 4.

13. $a=1, b=-2$. 14. (1) 连续; (2) 不连续. 15. $a=0$.

16. $f(x)=\begin{cases}x, & |x|<1,\\ 0, & |x|=1, x=1 \text{ 和 } x=-1 \text{ 为第一类的跳跃间断点}.\\ -x, & |x|>1;\end{cases}$

17. 略.

习题 2-1

1. -20. 2. 12(m/s).

3. (1) $-f'(x_0)$; (2) $2f'(x_0)$; (3) $\dfrac{3}{2}f'(x_0)$; (4) $f'(0)$.

4. 2. 5. 切线方程：$y=x+1$, 法线方程：$y=-x+3$.

6. 切线方程：$\sqrt{3}x+2y=\dfrac{\sqrt{3}}{3}\pi+1$, 法线方程：$\dfrac{2}{3}\sqrt{3}x-y+\dfrac{1}{2}-\dfrac{2\sqrt{3}}{9}\pi=0$.

7. 切线方程：$x-y+1=0$, 法线方程：$x+y-1=0$.

8. (1) $\dfrac{2}{3}x^{-\frac{1}{3}}$; (2) $-\dfrac{1}{2}x^{-\frac{3}{2}}$; (3) $\dfrac{3}{4}x^{-\frac{1}{4}}$; (4) $\dfrac{4}{3}x^{\frac{1}{3}}$.

9. 不可导 $(f'_-(1)\neq f'_+(1))$.

10. $f'(0)=1, f'(x)=\begin{cases}\cos x, & x<0,\\ 1, & x\geqslant0.\end{cases}$

11. 在 $x=0$ 处连续且可导.

12. 在 $x=0$ 处连续但不可导.

13. $a=0, b=1$. 14. (1) B; (2) A.

习题 2-2

1. (1) $3+\dfrac{5}{2\sqrt{x}}-\dfrac{1}{x^2}$; (2) $\dfrac{1-\ln x}{x^2}$; (3) $\sec x(2\sec x+\tan x)$; (4) $\cos 2x$;

(5) $x^3(4\ln x+1)$; (6) $4e^x(\cos x-\sin x)$; (7) $\dfrac{e^x(x-2)}{x^3}$; (8) $-\dfrac{2\csc x[(1+x^2)\cot x+2x]}{(1+x^2)^2}$.

2. (1) $\dfrac{dy}{dx}\Big|_{x=\frac{\pi}{6}}=\dfrac{\sqrt{3}+1}{2}, \dfrac{dy}{dx}\Big|_{x=\frac{\pi}{4}}=\sqrt{2}$; (2) $y'(0)=\dfrac{3}{25}$.

3. $y+x+3=0$.

4. 切线方程为 $2x-y=0$, 法线方程为 $x+2y=0$.

5. (1) $-\dfrac{1}{2}\mathrm{e}^{-\frac{x}{2}}(\cos 3x+6\sin 3x)$;   (2) $\dfrac{1}{(1-x)\sqrt{x}}$;   (3) $\csc x$;

    (4) $\dfrac{2\arcsin\left(\dfrac{x}{2}\right)}{\sqrt{4-x^2}}$;   (5) $2\sqrt{1-x^2}$;   (6) $\dfrac{1}{x\ln x}$.

6. (1) $4x^3 f'(x^4)$;   (2) $\sin 2x[f'(\sin^2 x)-f'(\cos^2 x)]$;   (3) $\dfrac{-1}{|x|\sqrt{x^2-1}}f'\left(\arcsin\dfrac{1}{x}\right)$;

    (4) $y=f'(\mathrm{e}^x)\mathrm{e}^{f(x)+x}+f(\mathrm{e}^x)\mathrm{e}^{f(x)}f'(x)$.

7. (1) $\arctan x$;   (2) $\dfrac{4}{(\mathrm{e}^x+\mathrm{e}^{-x})^2}$.

习题 2-3

1. (1) $6(5x^4+6x^2+2x)$;   (2) $16\mathrm{e}^{4x-3}$;   (3) $-2\sin x-x\cos x$;   (4) $-2\mathrm{e}^{-t}\cos t$;

    (5) $-\dfrac{a^2}{\sqrt{(a^2-x^2)^3}}$;   (6) $-\dfrac{2(1+x^2)}{(1-x^2)^2}$;   (7) $2\sec^2 x\tan x$;   (8) $\dfrac{6x^2-2}{(x^2+1)^3}$.

2. (1) $6xf'(x^3)+9x^4 f''(x^3)$;   (2) $\dfrac{f''(x)f(x)-[f'(x)]^2}{[f(x)^2]}$;

    (3) $\dfrac{2}{x^3}f'\left(\dfrac{1}{x}\right)+\dfrac{1}{x^4}f''\left(\dfrac{1}{x}\right)$;   (4) $\mathrm{e}^{-f(x)}[(f'(x))^2-f''(x)]$.

3. (1) $n!$;   (2) $(-1)^n n!\left[\dfrac{1}{(x-3)^{n+1}}-\dfrac{1}{(x-2)^{n+1}}\right]$.

4. (1) $-4\mathrm{e}^x\cos x$;   (2) $\dfrac{24}{(x-1)^5}-\dfrac{24}{x^5}$.

习题 2-4

1. (1) $\dfrac{\mathrm{e}^{x+y}-y}{x-\mathrm{e}^{x+y}}$;   (2) $\dfrac{y}{2\pi y\cos(\pi y^2)-x}$;   (3) $\dfrac{5-y\mathrm{e}^{xy}}{x\mathrm{e}^{xy}+3y^2}$;

    (4) $-\dfrac{\mathrm{e}^y}{1+x\mathrm{e}^y}$;   (5) $\dfrac{\ln y-\dfrac{y}{x}}{\ln y-\dfrac{x}{y}}$;   (6) $\dfrac{x+y}{x-y}$.

2. 切线方程: $x+y-\dfrac{\sqrt{2}}{2}a=0$, 法线方程: $x-y=0$.

3. (1) $-\dfrac{b^4}{a^2 y^3}$;   (2) $-\dfrac{(x+y)\cos^2 y-(x+y)\sin y}{[(x+y)\cos y-1]^3}$;   (3) $\dfrac{\mathrm{e}^{2y}(3-y)}{(2-y)^3}$;

    (4) $-2\csc^2(x+y)\cot^3(x+y)$.

4. (1) $(1+x)^{\tan x}\left[\sec^2 x\ln(1+x^2)+\dfrac{2x\tan x}{1+x^2}\right]$;

    (2) $\dfrac{\sqrt[5]{x-3}\sqrt[3]{3x-2}^4}{(x+1)^5}\left[\dfrac{1}{5(x-3)}-\dfrac{4}{3x-2}-\dfrac{5}{2(x+2)}\right]$;

    (3) $\dfrac{x(1-x)^2}{(1+x)^3}\left[\dfrac{1}{x}-\dfrac{2}{1-x}-\dfrac{3}{x+1}\right]$;   (4) $-(1+\cos x)^{\frac{1}{x}}\left[\dfrac{x\tan\dfrac{x}{2}+\ln(1+\cos x)}{x^2}\right]$.

5. $y'(0)=1$, 切线方程为 $y=x+1$, 法线方程为 $y=-x+1$.   6. $y''(0)=-2$.

7. 切线方程 $y-\dfrac{\pi}{4}=\dfrac{1}{2}(x-\ln 2)$, 法线方程为 $y-\dfrac{\pi}{4}=-2(x-\ln 2)$.

8. (1) $\dfrac{3}{2}(1+t)$;   (2) $\dfrac{\cos t-\sin t}{\sin t+\cos t}$;   (3) $\dfrac{\cos t-t\sin t}{1-\sin t-t\cos t}$.

9. (1) $\dfrac{1}{t^3}$;   (2) $-\dfrac{b}{a^2\sin^3 t}$;   (3) $\dfrac{1}{f'(t)}$.

10. $144\pi(\mathrm{m^2/s})$.

习题 2-5

1. $\Delta x=1$ 时,$\Delta y=19$,$\mathrm{d}y=12$;$\Delta x=0.1$ 时,$\Delta y=1.261$,$\mathrm{d}y=1.2$;$\Delta x=0.01$ 时,$\Delta y=0.120601$,$\mathrm{d}y=0.12$.

2. (1) $\left(\dfrac{1}{x}+\dfrac{1}{\sqrt{x}}\right)\mathrm{d}x$;   (2) $-\dfrac{3x^2}{2(1-x^3)}\mathrm{d}x$;   (3) $(\sin 2x+2x\cos 2x)\mathrm{d}x$;

   (4) $2x(1+x)\mathrm{e}^{2x}\mathrm{d}x$;   (5) $2x\mathrm{e}^{\sin x^2}\cos x^2\mathrm{d}x$;   (6) $8x\tan(1+2x^2)\sec^2(1+2x^2)\mathrm{d}x$;

   (7) $-\dfrac{2x}{1+x^4}\mathrm{d}x$;   (8) $\dfrac{\mathrm{d}x}{\sqrt{x^2\pm a^2}}$.

3. $\dfrac{2+\ln(x-y)}{3+\ln(x-y)}\mathrm{d}x$.   4. $-\dfrac{y}{x}\mathrm{d}x$.   5. 略.

6. (1) 1.0247;   (2) 0.87476;   (3) $30°47''$.

习题 2-6

1. (1) 880;   (2) 740;   (3) 略.   2. (1) 5;   (2) 略.

3. (1) $C'(x)=400+0.04x$;   (2) $L(x)=40x-0.02x^2-2000$,$L'(x)=40-0.04x$;   (3) 1000(吨).

4. $\eta(1)=-\dfrac{1}{3}$,$\eta(2)=-1$,$\eta(3)=-3$.   5. $\eta(P)=-0.66$.

6. 销售量可增加 $15\%\sim20\%$.

总 习 题 2

1. (1) 3;   (2) -1;   (3) $\dfrac{\sin t-t\cos t}{4t^3}$;   (4) $\dfrac{y\sin(xy)-\mathrm{e}^{x+y}}{\mathrm{e}^{x+y}-x\sin(xy)}$;

   (5) $y=x-1$;   (6) 充分条件,必要条件.

2. $1000!$.   3. $2C$.   4. $(2,4)$.

5. $y-9x-10=0$ 及 $y-9x+22=0$.   6. 可导.   7. $a=2,b=-1$.   8. $a=b=-1$.

9. (1) $(3x+5)^2(5x+4)^4(120x+161)$;   (2) $-\dfrac{1}{x^2+1}$;   (3) $\dfrac{1}{\sqrt{1-x^2}+1-x^2}$;

   (4) $\dfrac{1-n\ln x}{x^{n+1}}$;   (5) $\dfrac{4}{(\mathrm{e}^t+\mathrm{e}^{-t})^2}$;   (6) $ax^{a-1}+a^x\ln a$;   (7) $-\dfrac{1}{x^2}\sec^2\dfrac{1}{x}\cdot\mathrm{e}^{\tan\frac{1}{x}}$;

   (8) $\dfrac{2\sqrt{x}+1}{4\sqrt{x}\sqrt{x+\sqrt{x}}}$;   (9) $\arcsin\dfrac{x}{2}$.   10. $-\dfrac{1}{(2x+x^3)\sqrt{1+x^2}}$.

11. (1) $f'(\mathrm{e}^x+x^\mathrm{e})\cdot(\mathrm{e}^x+\mathrm{e}x^{\mathrm{e}-1})$;   (2) $\mathrm{e}^{f(x)}+[f'(\mathrm{e}^x)\mathrm{e}^x+f(\mathrm{e}^x)f'(x)]$.

12. $f'(x)=2+\dfrac{1}{x^2}$.   13. (1) $2\arctan x+\dfrac{2x}{1+x^2}$;   (2) $-\dfrac{x}{(1+x^2)^{3/2}}$.

14. (1) $2^{n-1}\sin\left[2x+(n-1)\dfrac{\pi}{2}\right]$;   (2) $(-1)^n n!\left[\dfrac{1}{(x-3)^{n+1}}+\dfrac{1}{(x-2)^{n+1}}\right]$.

15. 切线方程为 $x+y-\dfrac{\sqrt{2}}{2}a=0$,法线方程 $x-y=0$.   16. 1.

17. (1) $\dfrac{1}{2}\sqrt{x\sin x\sqrt{1-\mathrm{e}^x}}\left[\dfrac{1}{x}+\cot x-\dfrac{\mathrm{e}^x}{2(1-\mathrm{e}^x)}\right]$;

   (2) $(\tan x)^{\sin x}(\cos x\ln\tan x+\sec x)+x^x(\ln x+1)$.

18. e^{-2}.   19. (1) $-2\csc^2(x+y)\cot^3(x+y)$;   (2) $-\dfrac{4\sin y}{(2-\cos y)^3}$.

20. (1) $\mathrm{e}^{-x}[\sin(3-x)-\cos(3-x)]\mathrm{d}x$;   (2) $8x\tan(1+2x^2)\sec^2(1+2x^2)\mathrm{d}x$.

21. $\mathrm{e}^{f(x)}\left[f(\ln x)f'(x)+\dfrac{1}{x}f'(\ln x)\right]$.

22. 40;72.

习题 3-1

1.~4. 略.

5. 提示:设 $f(x)=a_0x^n+a_1x^{n-1}+\cdots+a_{n-1}x$,在 $[0,x_0]$ 上用罗尔定理.

6. 提示:构造辅助函数 $F(x)=\sin x\cdot f(x)$.

7.~8. 略.

习题 3-2

1. (1) 1;   (2) 2;   (3) 1;   (4) 1;   (5) $-1/8$;   (6) 1;   (7) $1/2$;

   (8) 0;   (9) $1/2$;   (10) $+\infty$;   (11) 1;   (12) 0;   (13) $\mathrm{e}^{-1/2}$;   (14) e.

2.~3. 略.

习题 3-3

1. (1) 在 $(-\infty,-1]$,$[3,+\infty)$ 内单调增加,在 $[-1,3]$ 内单调减少;

   (2) 在 $(0,2]$ 内单调减少,在 $[2,+\infty)$ 内单调增加;

   (3) 在 $(-\infty,0]$,$[1,+\infty)$ 内单调增加,在 $[0,1]$ 内单调减少;

   (4) 在 $(-1,+\infty)$ 上单调增加,在 $(-\infty,-1)$ 上单调减少;

   (5) 在 $\left(0,\dfrac{1}{2}\right)$ 上单调减少,在 $\left(\dfrac{1}{2},+\infty\right)$ 上单调增加;

   (6) 在 $(-\infty,+\infty)$ 上单调增加.

2. 略.

习题 3-4

1. (1) 极小值 $y(3)=-47$,极大值 $y(-1)=17$;   (2) 极小值 $y(0)=0$;

   (3) 极小值 $y(1)=0$,极大值 $y(\mathrm{e}^2)=4/\mathrm{e}^2$;   (4) 极大值 $y(3/4)=5/4$;

   (5) 极大值 $f(0)=0$,极小值 $f(2/5)=-\dfrac{3}{5}\sqrt[3]{\dfrac{4}{25}}$;

   (6) 极小值 $y\Big|_{x=0}=0$,极大值 $y\Big|_{x=2}=4\mathrm{e}^{-2}$.

2. $a=2$,极大值为 $f(\pi/3)=\sqrt{3}$.

3. (1) 最小值 $y\Big|_{x=0}=0$,最大值 $y\Big|_{x=4}=8$;

(2) 最小值 $y\big|_{x=2}=2$,最大值 $y\big|_{x=10}=66$;

(3) 最小值 $y\big|_{x=1}=2$,最大值 $y\big|_{x=0.01}=100.01$,$y\big|_{x=100}=100.01$;

(4) 最小值 $y\big|_{x=0}=-1$,最大值 $y\big|_{x=4}=\dfrac{3}{5}$.

4. 底边为 10m 高为 5m 时,所用材料最省.

5. 矩形长为 $\sqrt{2}a$,宽为 $\sqrt{2}b$ 时面积最大,面积为 $2ab$.

6. 圆柱体底面半径为 $r=\sqrt{\dfrac{2}{3}}R$,高 $h=\dfrac{2R}{\sqrt{3}}$ 时,圆柱体的最大体积为 $\dfrac{4\pi}{3\sqrt{3}}R^3$.

习题 3-5

1. (1) 拐点为 $(1/2,13/2)$,在 $(-\infty,1/2)$ 上是凸的,在 $(1/2,+\infty)$ 上是凹的;

(2) 没有拐点,在 $(0,+\infty)$ 上是凹的;

(3) 拐点为 $(0,0)$,在 $(-\infty,-1)$,$[0,1)$ 上是凸的,在 $(-1,0)$,$(1,+\infty)$ 上是凹的;

(4) 没有拐点,在 $\mathbb{R}$ 上是凹的;

(5) 没有拐点,在 $\mathbb{R}$ 上是凹的;

(6) 拐点为 $(-1,\ln2)$,$(1,\ln2)$,在 $(-\infty,-1]$,$[1,+\infty)$ 上是凸的,在 $[-1,1]$ 上是凹的.

2. $a=-3/2,b=9/2$.

习题 3-6

1. (1) $y=2x$; (2) $y=1,x=0$; (3) $y=x$; (4) $y=0,x=-1$.

2. 略.

习题 3-7

1. 当日产量是 50 吨时可使平均成本最低,最低平均成本 300 元/吨.

2. (1) $R(x)=800x-x^2$; (2) $L(x)=-x^2+790x-2000$; (3) 395; (4) 154025; (5) 405.

总 习 题 3

1. 填空题

(1) $-\dfrac{1}{\ln2}$; (2) $a=4,b=5$; (3) 不存在,小; (4) $a=-20,b=4$; (5) 小; (6) $\dfrac{1}{6}$.

2. $\dfrac{1}{2}$. 3. $\mathrm{e}^{-\frac{2}{\pi}}$. 4.～11. 略.

12. (1) 1; (2) $-1/2$; (3) $2/\pi$; (4) $-1/2$; (5) $\mathrm{e}^{-1/3}$; (6) $\mathrm{e}^{-\frac{2}{\pi}}$.

13. 略.

14. (1) 极大值 $y(0)=7$,极小值 $y(2)=3$; (2) 极大值 $y(0)=1$;

(3) 极大值 $f\left(\dfrac{8}{5}\right)=\dfrac{108}{5^5}$,极小值 $f(2)=0$; (4) 极小值 $y\left(-\dfrac{1}{2}\ln2\right)=2\sqrt{2}$.

15. (1) 最小值 $y(\pm1)=4$,最大值 $y(\pm2)=13$;

(2) 最小值 $y(1)=1$,最大值 $y(-1)=3$.

16. (1) 拐点为 $\left(\dfrac{5}{3},\dfrac{20}{27}\right)$，在 $\left(-\infty,\dfrac{5}{3}\right]$ 内上凸，在 $\left[\dfrac{5}{3},+\infty\right)$ 内上凹的；

    (2) 无拐点，在 $(-\infty,+\infty)$ 内上凹；

    (3) 拐点为 $(-1,\ln2)$，$(1,\ln2)$，在 $(-\infty,-1]$ 与 $[1,+\infty)$ 内上凸，在 $[-1,1]$ 内上凹的.

17. $a=0$，$b=-3$，极值点为 $x=1$ 和 $x=-1$，拐点为 $(0,0)$.

18. (1) $y=0$，$x=0$； (2) $x=-1$，$y=0$.

19. 略.

习题 4-1

1. (1) $x-\dfrac{x^2}{2}+\dfrac{x^4}{4}-3\sqrt[3]{x}+C$； (2) $\dfrac{x^3}{3}+\ln|x|-\dfrac{4}{3}\sqrt{x^3}+C$； (3) $\dfrac{2^x}{\ln2}+\dfrac{1}{3}x^3+C$；

    (4) $x^3+\arctan x+C$； (5) $x-\arctan x+C$； (6) $3\arctan x-2\arcsin x+C$；

    (7) $\dfrac{8}{15}x^{\frac{15}{8}}+C$； (8) $-\dfrac{1}{x}-\arctan x+C$； (9) $e^x+\dfrac{(2e)^x}{1+\ln2}+\dfrac{3^x}{\ln3}+\dfrac{6^x}{\ln6}+C$；

    (10) $\dfrac{e^{3x}}{3}-3e^x-3e^{-x}+\dfrac{e^{-3x}}{3}+C$； (11) $2x-\dfrac{5(2/3)^x}{\ln(2/3)}+C$； (12) $2\arcsin x+C$；

    (13) $-\cot x-x+C$； (14) $\dfrac{x+\sin x}{2}+C$； (15) $\sin x-\cos x+C$；

    (16) $-(\cot x+\tan x)+C$.

2. $\dfrac{-1}{x\sqrt{1-x^2}}$. 3. $x+e^x+C$. 4. $y=\ln|x|+1$.

5. (1) $v=t^3+\cos t+2$； (2) $s=\dfrac{1}{4}t^4+\sin t+2t+2$.

习题 4-2

1. (1) $1/7$； (2) $-1/2$； (3) $1/12$； (4) $1/2$； (5) $-1/5$；

    (6) 2； (7) $-2/3$； (8) $1/2$； (9) $1/3$.

2. (1) $-\dfrac{1}{25}(3-5x)^5+C$； (2) $\dfrac{1}{2}\ln|3+2x|+C$； (3) $-\dfrac{1}{2}(5-3x)^{\frac{2}{3}}+C$；

    (4) $2\sin\sqrt{t}+C$； (5) $-\dfrac{1}{7}\sqrt{2-7x^2}+C$； (6) $-\dfrac{1}{3}e^{\frac{3}{x}}+C$；

    (7) $\ln|\ln x|+C$； (8) $\arctan e^x+C$； (9) $\dfrac{2^{2x+2}}{\ln2}+C$；

    (10) $\dfrac{1}{4}\sec^4 x+C$； (11) $\arcsin(\tan x)+C$； (12) $-\dfrac{10^{\arccos x}}{\ln10}+C$；

    (13) $-\dfrac{1}{\arcsin x}+C$； (14) $\dfrac{1}{3}\arctan\dfrac{x-4}{3}+C$； (15) $\dfrac{1}{4}\arctan\dfrac{x^2}{2}+C$；

    (16) $\dfrac{1}{2\sqrt{2}}\ln\left|\dfrac{\sqrt{2}x-1}{\sqrt{2}x+1}\right|+C$； (17) $-\dfrac{1}{97(x-1)^{97}}-\dfrac{1}{49(x-1)^{98}}-\dfrac{1}{99(x-1)^{99}}+C$；

    (18) $\dfrac{1}{2}\arcsin\dfrac{2x}{3}+\dfrac{1}{4}\sqrt{9-4x^2}+C$； (19) $\dfrac{1}{5}\cos^5 x-\dfrac{1}{3}\cos^3 x+C$；

    (20) $\dfrac{1}{4}[\ln(1+x)^2]^2+C$； (21) $-\ln|e^{-x}-1|+C$； (22) $\csc x-\dfrac{1}{3}\csc^3 x+C$；

    (23) $-\ln|\cos\sqrt{1+x^2}|+C$； (24) $\dfrac{1}{2}(\ln\tan x)^2+C$； (25) $-\dfrac{1}{x\ln x}+C$.

3. (1) $-\sqrt{9-x^2}+C$;   (2) $\dfrac{x}{a^2\sqrt{x^2+a^2}}+C$;   (3) $\sqrt{x^2-4}-2\arccos\dfrac{2}{|x|}+C$;

   (4) $\dfrac{9}{2}\arcsin\dfrac{x+2}{3}+\dfrac{x+2}{2}\sqrt{5-4x-x^2}+C$;   (5) $\dfrac{1}{2}\ln\left(\dfrac{\sqrt{1+x^4}-1}{x^2}\right)+C$;

   (6) $2[\sqrt{1+x}-\ln(1+\sqrt{1+x})]+C$;   (7) $2\ln(\sqrt{1+e^x}-1)-x+C$;

   (8) $\dfrac{1}{4}\ln x-\dfrac{1}{24}\ln(x^6+4)+C$;   (9) $-\dfrac{1}{7x^7}-\dfrac{1}{5x^5}-\dfrac{1}{3x^3}-\dfrac{1}{x}-\dfrac{1}{2}\ln\left|\dfrac{1-x}{1+x}\right|+C$.

4. (1) $\dfrac{[f(x)]^{a+1}}{a+1}+C$;   (2) $\arctan[f(x)]+C$;   (3) $\ln|f(x)|+C$;

   (4) $e^{f(x)}+C$;   (5) $\dfrac{f(x^2)}{2}+C$;   (6) $2\sqrt{f(\ln x)}+C$.

5. $-\dfrac{1}{2}(1-x^2)^2+C$.   6. $-\dfrac{1}{x-2}-\dfrac{1}{3}(x-2)^3+C$.

习题 4-3

1. (1) $2x\sin\dfrac{x}{2}+4\cos\dfrac{x}{2}+C$;   (2) $-(x^2+2x+2)e^{-x}+C$;   (3) $x\arcsin x+\sqrt{1-x^2}+C$;

   (4) $x\ln(x^2+1)-2x+2\arctan x+C$;   (5) $\dfrac{1}{3}x^3\arctan x-\dfrac{1}{6}x^2+\dfrac{1}{6}\ln(1+x^2)+C$;

   (6) $\dfrac{1}{2}(x^2-1)\ln(x-1)-\dfrac{1}{4}x^2-\dfrac{1}{2}x+C$;   (7) $-\dfrac{1}{x}(\ln^2 x+2\ln x+2)+C$;

   (8) $(x-1)\ln(1+\sqrt{x})+\sqrt{x}-\dfrac{x}{2}+C$;   (9) $x(\arccos x)^2-2\sqrt{1-x^2}\arccos x-2x+C$;

   (10) $-\dfrac{2}{17}e^{-2x}\left(\cos\dfrac{x}{2}+4\sin\dfrac{x}{2}\right)+C$;   (11) $\dfrac{x}{2}(\cos\ln x+\sin\ln x)+C$;

   (12) $-\dfrac{1}{2}x^2+x\tan x+\ln|\cos x|+C$;   (13) $\tan x\ln(\sin x)-x+C$;

   (14) $-\dfrac{1}{4}\left(x^2-\dfrac{3}{2}\right)\cos 2x+\dfrac{x\sin 2x}{4}+C$;   (15) $\dfrac{x^3}{6}+\dfrac{x^2\sin x}{2}+x\cos x-\sin x+C$;

   (16) $(\ln\ln x-1)\ln x+C$;   (17) $\dfrac{e^x}{2}-\dfrac{e^x\sin 2x}{5}-\dfrac{e^x\cos 2x}{10}+C$;

   (18) $2\sqrt{x}\ln(1+x)-4\sqrt{x}+4\arctan\sqrt{x}+C$;   (19) $-\dfrac{\ln(1+e^x)}{e^x}-\ln(e^{-x}+1)+C$;

   (20) $\dfrac{1}{2}(x^2-1)\ln\dfrac{1+x}{1-x}+x+C$.

2. $\cos x-\dfrac{2\sin x}{x}+C$.   3. $\left(1-\dfrac{2}{x}\right)e^x+C$.

习题 4-4

1. (1) $\dfrac{x^3}{3}+\dfrac{x^2}{2}+x+\ln|x-1|+C$;   (2) $\ln|x-2|+\ln|x+5|+C$;

   (3) $\dfrac{1}{3}x^3+\dfrac{1}{2}x^2+x+8\ln|x|-3\ln|x-1|-4\ln|x+1|+C$;

   (4) $\ln|x+1|-\dfrac{1}{2}\ln(x^2-x+1)+\sqrt{3}\arctan\dfrac{2x-1}{\sqrt{3}}+C$;

   (5) $2\ln\left|\dfrac{x}{x+1}\right|+\dfrac{4x+3}{2(x+1)^2}+C$;   (6) $\ln\left(\dfrac{x+3}{x+2}\right)^2-\dfrac{3}{x+3}+C$;

(7) $\dfrac{2x+1}{2(x^2+1)}+C$;　(8) $2\ln|x+2|-\dfrac{1}{2}\ln|x+1|-\dfrac{3}{2}\ln|x+3|+C$;

(9) $\ln|x|-\dfrac{1}{2}\ln(x^2+1)+C$;　(10) $\dfrac{\sqrt{2}}{4}\arctan\dfrac{x^2-1}{\sqrt{2}\,x}-\dfrac{\sqrt{2}}{8}\ln\dfrac{x^2-\sqrt{2}\,x+1}{x^2+\sqrt{2}\,x+1}+C$;

(11) $\dfrac{1}{2}\ln\dfrac{x^2+x+1}{x^2+1}+\dfrac{\sqrt{3}}{3}\arctan\dfrac{2x+1}{\sqrt{3}}+C$;　(12) $-\dfrac{4}{\sqrt{3}}\arctan\dfrac{2x+1}{\sqrt{3}}-\dfrac{x+1}{x^2+x+1}+C$.

(13) $\dfrac{1}{2\sqrt{3}}\arctan\dfrac{2\tan x}{\sqrt{3}}+C$;　(14) $\dfrac{1}{2}\arctan\left(2\tan\dfrac{x}{2}\right)+C$;

(15) $\dfrac{2}{\sqrt{3}}\arctan\dfrac{2\tan\frac{x}{2}+1}{\sqrt{3}}+C$;　(16) $\dfrac{1}{2}\left[\ln|1+\tan x|+x-\dfrac{1}{2}\ln(1+\tan^2 x)\right]+C$;

(17) $\dfrac{x}{2}+\ln\left|\sec\dfrac{x}{2}\right|-\ln\left|1+\tan\dfrac{x}{2}\right|+C$;

(18) $-\dfrac{4}{9}\ln|5+4\sin x|+\dfrac{1}{2}\ln|1+\sin x|-\dfrac{1}{18}\ln|1-\sin x|+C$;

(19) $\dfrac{3}{2}\sqrt[3]{(x+1)^2}-3\sqrt[3]{x+1}+3\ln|1+\sqrt[3]{x+1}|+C$;　(20) $\dfrac{1}{2}x^2-\dfrac{2}{3}\sqrt{x^3}+x+C$;

(21) $x-4\sqrt{x+1}+4\ln(\sqrt{x+1}+1)+C$;　(22) $2\sqrt{x}-4\sqrt[4]{x}+4\ln(\sqrt[4]{x}+1)+C$;

(23) $\dfrac{1}{3}\sqrt{(1+x^2)^3}-\sqrt{1+x^2}+C$;　(24) $-\dfrac{3}{2}\sqrt[3]{\dfrac{x+1}{x-1}}+C$.

总 习 题 4

1. $-\dfrac{1}{3}\sqrt{(1-x^2)^3}+C$.　2. $\dfrac{1}{x}+C$.　3. $-\dfrac{x}{2}+\dfrac{\sin 2x}{4}+C$.　4. $\dfrac{\sin^2 2x}{\sqrt{x-\frac{1}{4}\sin 4x+1}}$.

5. (1) $-\dfrac{30x+8}{375}(2-5x)^{3/2}+C$;　(2) $-\arcsin\dfrac{1}{x}+C$;

(3) $2\ln(\sqrt{x}+\sqrt{1+x})+C$;　(4) $\dfrac{1}{2}\ln|x|-\dfrac{1}{20}\ln(x^{10}+2)+C$;

(5) $\dfrac{1}{8}\ln\left|\dfrac{x^2-1}{x^2+1}\right|-\dfrac{1}{4}\arctan x^2+C$;　(6) $x+\ln|5\cos x+2\sin x|+C$.

6. (1) $\dfrac{1}{2}\left[\ln(\sqrt{1+x^4}+x^2)+\ln\left(\dfrac{\sqrt{1+x^4}-1}{x^2}\right)\right]+C$;　(2) $\dfrac{\sqrt{x^2-1}}{x}-\arcsin\dfrac{1}{x}+C$;

(3) $\ln\left|\dfrac{1}{x}-\dfrac{\sqrt{1-x^2}}{x}\right|-\dfrac{2\sqrt{1-x^2}}{x}+C$;　(4) $\dfrac{1}{\sqrt{2}}\arctan\dfrac{\sqrt{2}\,x}{\sqrt{1-x^2}}+C$;

(5) $\dfrac{1}{4}\ln\left|\dfrac{\sqrt{4-x^2}-2}{\sqrt{4-x^2}+2}\right|+C$;　(6) $\dfrac{2}{3}\left(\dfrac{x}{1-x}\right)^{3/2}+C$.

7. (1) $x\ln(x+\sqrt{1+x^2})-\sqrt{1+x^2}+C$;　(2) $\dfrac{x}{4\cos^4 x}-\dfrac{1}{4}\left(\tan x+\dfrac{1}{3}\tan^3 x\right)+C$;

(3) $x\arctan x-\dfrac{1}{2}\ln(1+x^2)-\dfrac{1}{2}(\arctan x)^2+C$;　(4) $\ln\dfrac{x}{\sqrt{1+x^2}}-\dfrac{\ln(1+x^2)}{2x^2}+C$;

(5) $-\sqrt{1-x^2}\arcsin x+x+C$;　(6) $\dfrac{1}{3}x^3 e^{x^3}+C$.

8. $\dfrac{1}{4}\cos 2x-\dfrac{1}{4x}\sin 2x+C$.

9. $xf^{-1}(x)-F(f^{-1}(x))+C$.

10. (1) $(4-2x)\cos\sqrt{x}+4\sqrt{x}\sin\sqrt{x}+C$;　(2) $x\ln(1+x^2)-2x+2\arctan x+C$;

　　(3) $(x+1)\arctan\sqrt{x}-\sqrt{x}+C$;　(4) $\ln\dfrac{x}{(\sqrt[6]{x}+1)^6}+C$;

　　(5) $\dfrac{1}{1+e^x}+\ln\dfrac{e^x}{1+e^x}+C$;　(6) $-\ln|\csc x+1|+C$;

　　(7) $\dfrac{1}{\sqrt{2}}\ln|\csc x-\cot x|+C$;　(8) $\dfrac{2}{3}(x+1)^{\frac{3}{2}}-\dfrac{2}{3}x^{\frac{3}{2}}+C$.

11. $\dfrac{1}{2}\ln|(x-y)^2-1|+C$.　12. $(x^2-6)\cos x-4x\sin x+C$.

13. $x+2\ln|x-1|+C$.　14. $\dfrac{1-2\ln 2x}{8x}+C$.

15. $\ln|x|-\dfrac{1}{2}\ln(1+x^2)+C$.

习题 5-1

1. (1) b^2-a^2;　(2) $e-1$.

2. $\dfrac{1}{3}(b^3-a^3)+b-a$.　3. 略.　4. $\displaystyle\int_0^1 \sqrt[n]{1+x}\,dx$.

5. (1) $9\leqslant\displaystyle\int_1^4(x^2+2)dx\leqslant 54$;　(2) $\dfrac{3\pi}{4}\leqslant\displaystyle\int_{\frac{\pi}{4}}^{\frac{3\pi}{4}}(1+\sin^2 x)dx\leqslant\pi$;

　　(3) $\dfrac{\pi}{9}\leqslant\displaystyle\int_{\frac{1}{\sqrt{3}}}^{\sqrt{3}}x\arctan x\,dx\leqslant\dfrac{2\pi}{3}$;　(4) $1\leqslant\displaystyle\int_0^1 e^{x^2}dx\leqslant e$;

　　(5) $\dfrac{2}{5}\leqslant\displaystyle\int_1^2\dfrac{x}{x^2+1}dx\leqslant\dfrac{1}{2}$;　(6) $1\leqslant\displaystyle\int_0^{\frac{\pi}{2}}\dfrac{\sin x}{x}dx\leqslant\dfrac{\pi}{2}$.

6. (1) $\displaystyle\int_0^{\frac{\pi}{2}}\sin^3 x\,dx<\int_0^{\frac{\pi}{2}}\sin^2 x\,dx$;　(2) $\displaystyle\int_1^2 x^2\,dx<\int_1^2 x^3\,dx$;

　　(3) $\displaystyle\int_1^2\ln x\,dx>\int_1^2(\ln x)^2\,dx$;　(4) $\displaystyle\int_1^0\ln(x+1)dx<\int_1^0\dfrac{x}{1+x}dx$.

7. (1) 0;　(2) 0.

习题 5-2

1. (1) $\varphi'(x)=\sin x^2$;　(2) $\varphi'(x)=-2xe^{-x^4}$;　(3) $\varphi'(x)=\dfrac{2x^3}{1+x^4}-\dfrac{1}{2(1+x)}$;

　　(4) $\varphi'(x)=\cos(\pi\sin^2 x)(\sin x-\cos x)$;　(5) $\varphi'(x)=2x\sqrt{1+x^4}$;

　　(6) $\varphi'(x)=\dfrac{3x^2}{\sqrt{1+x^{12}}}-\dfrac{2x}{\sqrt{1+x^8}}$.

2. (1) 1;　(2) 12;　(3) $\dfrac{1}{4}$;　(4) $\dfrac{1}{2}$;　(5) 2;　(6) $\dfrac{1}{2}$.

3. $\dfrac{dy}{dx}=\dfrac{\cos x}{\sin x-1}$.　4. $\dfrac{dy}{dx}=\dfrac{\cos t}{\sin t}$.

5. $x=0$ 取极小值 0，$x=1$ 取极大值 $\dfrac{1}{2e^2}$.

6. 最大值 $F(0)=0$，最小值 $F(4)=-\dfrac{32}{3}$.

7. (1) $\dfrac{59}{10}$；　(2) -2；　(3) 0；　(4) $2\mathrm{e}-1$；　(5) $\dfrac{\pi}{2}$；　(6) $1-\dfrac{\pi}{4}$；　(7) $\dfrac{\pi}{6}$；

(8) $1-\dfrac{\pi}{4}$；　(9) $\dfrac{\pi}{2}$；　(10) $\dfrac{271}{6}$；　(11) $\dfrac{\pi}{4}+1$；　(12) -1；　(13) 4；　(14) $\dfrac{11}{6}$.

习题 5-3

1. (1) 0；　(2) $\dfrac{51}{512}$；　(3) $\dfrac{1}{4}$；　(4) $\pi-\dfrac{4}{3}$；　(5) $\dfrac{\pi}{6}-\dfrac{\sqrt{3}}{8}$；　(6) $\dfrac{\pi}{2}$；

(7) $\mathrm{e}-\sqrt{\mathrm{e}}$；　(8) $\dfrac{8}{3}$；　(9) $\dfrac{a^4\pi}{16}$；　(10) $\arctan\mathrm{e}-\dfrac{\pi}{4}$；　(11) $\dfrac{1}{6}$；　(12) $2+2\ln\dfrac{2}{3}$；

(13) $1-2\ln2$；　(14) $(\sqrt{3}-1)a$；　(15) $1-\mathrm{e}^{-\frac{1}{2}}$；　(16) $2(\sqrt{3}-1)$；

(17) $\dfrac{\pi}{2}$；　(18) $\dfrac{2}{3}$；　(19) $\dfrac{4}{3}$；　(20) $2\sqrt{2}$.

2. (1) 0；　(2) $\dfrac{16}{15}$；　(3) $\dfrac{\pi^3}{324}$；　(4) 0；　(5) 0.

3. $\sim$5. 略.　6. -1.　7. $\sim$8. 略.

9. (1) $1-\dfrac{2}{\mathrm{e}}$；　(2) $\dfrac{1}{4}(\mathrm{e}^2+1)$；　(3) $-\dfrac{2\pi}{\omega^2}$；　(4) $\left(\dfrac{1}{4}-\dfrac{\sqrt{3}}{9}\right)\pi+\dfrac{1}{2}\ln\dfrac{3}{2}$；

(5) $4(2\ln2-1)$；　(6) $\dfrac{\pi}{4}-\dfrac{1}{2}$；　(7) $\dfrac{\pi^3}{6}-\dfrac{\pi}{4}$；　(8) $2\left(1-\dfrac{1}{\mathrm{e}}\right)$.

10. $\ln|x|+1$.　11. $\dfrac{\pi}{4-\pi}$.

习题 5-4

1. (1) $\dfrac{1}{3}$；　(2) 发散；　(3) $\dfrac{1}{a}$；　(4) 1；　(5) $\dfrac{\pi}{2}$；　(6) π；　(7) 发散；　(8) $2\dfrac{2}{3}$.

2. $n!$.　3. $c=\dfrac{5}{2}$.　4. $\dfrac{\pi}{3}$（提示：令 $t=\sqrt{x-2}$）.

习题 5-5

1. (1) $\dfrac{3}{2}-\ln2$；　(2) $\mathrm{e}+\dfrac{1}{\mathrm{e}}-2$；　(3) $\dfrac{9}{2}$；　(4) $\dfrac{3}{4}(2\sqrt[3]{2}-1)$.

2. $k=\dfrac{1}{\sqrt[3]{2}}$.　3. $\dfrac{9}{4}$.　4. $\dfrac{16p^2}{3}$.　5. $\dfrac{3}{8}\pi a^2$.　6. πa^2.　7. $18\pi a^2$.

8. (1) $\dfrac{1}{2}a^3\pi$；　(2) $4\pi^2$；　(3) $V_x=\pi(\mathrm{e}-2),V_y=\dfrac{\pi}{2}(\mathrm{e}^2+1)$.　9. $7\pi^2a^3$.　10. $2\pi^2a^2b$.

习题 5-6

1. $C(q)=25q+15q^2-3q^3+55,\overline{C}(q)=25+15q-3q^2+\dfrac{55}{q}$，变动成本为 $25+15q-3q^2$.

2. $R(q)=3q-0.1q^2$，当 $q=15$ 时收入最高为 22.5.

3. (1) 9987.5；　(2) 19850.

4. $C(q)=0.2q^2-12q+500,L(q)=32q-0.2q^2-500,q=80$ 时获得最大利润.

5. $310+90\mathrm{e}^{-4}$.　6. $F(t)=2\sqrt{t}+100$.

7. (1) $C(Y)=3\sqrt{Y}+70$； (2) 12. 8. 236. 9. $\dfrac{400}{3}$.

10. 96.73 万元. 11. 分期付款合算(租金总费用的现值约为 289.1 万元).

总 习 题 5

1. (1) 必要,充分； (2) 充分必要； (3) 收敛； (4) 不一定.

2. 7. 3. 略.

4. 0. 5. (1) $\dfrac{3}{2}$； (2) arctane$-\dfrac{\pi}{4}$； (3) $\dfrac{2}{3}(2\sqrt{2}-1)$； (4) $\dfrac{1}{p+1}$； (5) -1.

6. (1) e^2； (2) $af(a)$； (3) $\dfrac{\pi^2}{4}$； (4) e.

7. 2. 8. 略. 9. $\dfrac{\pi}{2}$. 10. 略.

11. $1+\dfrac{3\sqrt{2}}{2}$. 12. $F(0)=0$ 为最大值, $F(3)=-\dfrac{9}{2}$ 为最小值.

13. (1) $\pi-\dfrac{4}{3}$； (2) $\dfrac{\pi}{2}$； (3) $8\ln2-5$； (4) $\dfrac{\pi a^4}{16}$； (5) $\dfrac{\pi}{2}$；

   (6) $\dfrac{\pi}{8}\ln2$；提示令 $x=\dfrac{\pi}{4}-t$. (7) $\dfrac{\pi}{4}$； (8) $2(\sqrt{2}-1)$；

   (9) $\dfrac{22}{3}$； (10) $4\sqrt{2}$.

14. ~15. 略. 16. $\cos x-\sin x$.

17. 2. 18. $4\sqrt{2}$. 19. $\dfrac{2}{3}\sqrt{3}\pi$ 20. $\dfrac{e}{2}$. 21. $\dfrac{5}{4}a$.